Die asynchronen Drehstrommaschinen
mit und ohne Stromwender

Darstellung ihrer Wirkungsweise und
Verwendungsmöglichkeiten

von

Dipl.-Ing. Franz Sallinger
Professor an der Staatl. Höheren Maschinenbauschule
Eßlingen

Mit 159 Textabbildungen

Berlin
Verlag von Julius Springer
1928

Alle Rechte, insbesondere das der Übersetzung
in fremde Sprachen, vorbehalten.

Softcover reprint of the hardcover 1st edition 1928

ISBN 978-3-642-47274-9   ISBN 978-3-642-47690-7 (eBook)
DOI 10.1007/978-3-642-47690-7

Vorwort.

Das vorliegende Buch entstand in der Absicht, meinen Schülern zur Erleichterung ihres Studiums den Inhalt meines Vortrags über die asynchronen Drehstrommotoren an Hand zu geben und sie darüber hinaus über die mannigfaltige Anwendung dieser am häufigsten gebauten elektrischen Maschine zu orientieren. Insbesondere diese Erweiterung des Vortrags veranlaßte mich, das Manuskript zu veröffentlichen, weil ich glaube, damit einem weiteren Kreis von jungen Elektrotechnikern zu dienen, der sich nicht nur aus Studierenden von Technischen Hochschulen und Höheren Maschinenbauschulen zusammensetzt, sondern auch Ingenieure der Praxis umfaßt, denen eine derartige kurze Zusammenfassung des in der Literatur weitverstreuten Stoffes erwünscht sein dürfte.

Voraussetzung für das Verständnis des Buches ist die Kenntnis der Grundgesetze der Starkstromtechnik. Der erste Teil bringt eine knappe Aufstellung der allgemeinen theoretischen Grundlagen der Drehstrommaschinen, so die Erzeugung der EMK und des Drehfeldes, und die Berechnung der Streuung und des Magnetisierungsstroms. Eingehender wird dann im zweiten Teil die Arbeitsweise der Induktionsmaschine erklärt, das Kreisdiagramm abgeleitet und die Verwendung der Induktionsmaschine als Motor, Generator, Induktionsregler und Drosselspule, die Regelung der Drehzahl und der Anlauf besprochen. Bei Ableitung des Kreisdiagramms wurde die graphische Methode der analytischen vorgezogen, da sie, obwohl umständlicher als diese, aber dafür anschaulicher ist. Der dritte Teil des Buches behandelt die Drehstromkommutatormaschinen und die Verwendung des Kommutators zur Kompensierung und Drehzahlregelung der Induktionsmaschine. Schließlich bringt das letzte Kapitel eine Einführung in die Arbeitsweise der neuesten Maschinentype, des selbständigen Asynchrongenerators.

Um den Umfang des Buches nicht in abschreckender Weise anschwellen zu lassen, mußte darauf verzichtet werden, überall dem Stoff bis in die letzten Feinheiten nachzugehen. Ein kurzes Literaturverzeichnis gibt die Quellen an, wo eine ausführliche Behandlung zu finden ist, oder die der Darstellung zugrunde liegen. Im Text wird durch ein L mit der laufenden Nummer des Verzeichnisses darauf verwiesen.

Ebensowenig konnte natürlich auf alle praktischen Lösungen gewisser Probleme, wie etwa dasjenige der Kompensierung des Induktionsmotors oder des Anlaufs von Kurzschlußmotoren eingegangen werden. Hier mußte das Typische an Stelle des Einzelnen treten, entsprechend der Absicht des Buches, dem Leser weniger ein umfangreiches Wissen aller einzelnen Ausführungen, als vielmehr ein Verstehen der angewandten Prinzipien zu vermitteln.

Zwecks Vereinfachung der Herstellung wurden soweit als möglich Abbildungen aus bekannten Werken oder aus Zeitschriften verwertet, deren Druckstöcke dem Verlag zur Verfügung stehen. Den Siemens-Schuckert-Werken habe ich für gefällige Überlassung einer Anzahl von Druckstöcken zu danken.

Eßlingen, Juni 1928.

F. Sallinger.

Inhaltsverzeichnis.

Seite

Einleitung ... 1
I. Allgemeine Grundlagen ... 4
  1. Die Wicklungen ... 4
  2. Die induzierte EMK ... 11
  3. Das Drehfeld ... 14
  4. Die Streuung ... 20
  5. Der Magnetisierungsstrom ... 31
II. Die Induktionsmaschine ... 34
  1. Der Motor im Stillstand ... 36
  2. Der Motor im Lauf ... 37
  3. Drehmoment und Leistung ... 41
  4. Das Heylanddiagramm ... 45
  5. Leerlauf und Kurzschluß ... 50
  6. Die Induktionsmaschine als Generator ... 55
  7. Das genaue Kreisdiagramm ... 60
  8. Einfluß der Spannung und Wicklungswiderstände ... 70
  9. Das Anlassen des Induktionsmotors ... 73
    a) Schleifringmotor ... 73
    b) Kurzschlußmotor ... 76
  10. Drehzahlregelung des Induktionsmotors ... 90
    a) Widerstände im Läuferkreis ... 90
    b) Polumschaltung ... 91
    c) Kaskadenschaltung ... 94
    d) Regelsatz ... 97
  11. Die Induktionsmaschine als Periodenumformer ... 102
  12. Der Kaskadenumformer ... 110
  13. Die Induktionsmaschine als Drosselspule ... 113
  14. Der Induktionsregler ... 117
III. Die Kommutatormaschinen ... 125
  1. Der Kommutatoranker im Drehfeld ... 128
    a) Ströme, Durchflutung und magnetische Achse des Dreiphasenankers ... 128
    b) Der Kommutator als Periodenumformer ... 130
    c) Die Phase der Ständer- und Läufer-EMKe ... 133
    d) Das Drehmoment ... 134
    e) Die Kommutierung ... 136

2. Der Drehstrom-Reihenschlußmotor 140
   a) Schaltung und Drehmoment 140
   b) Aufteilung der Spannung 142
   c) Der Reihenschlußmotor mit doppeltem Bürstensatz ... 146
3. Der Drehstrom-Nebenschlußmotor 148
   a) Der ständergespeiste Nebenschlußmotor 149
   b) Der läufergespeiste Nebenschlußmotor 151
   c) Der Leistungsfaktor 151
   d) Die kompensierten Asynchronmotoren 154
   e) Das Diagramm des Nebenschlußmotors 156
   f) Die Kommutierung 160
4. Die Drehstrom-Erregermaschinen 161
5. Der synchronisierte Asynchronmotor und der Synchronmotor mit Anlaufwicklung 169
6. Drehstromregelsätze 171
   a) Begrenzung der Leistungsfähigkeit von Kommutatormaschinen 171
   b) Regelsatz mit Läufer-Fremderregung 175
   c) Regelsatz Brown-Boveri-Scherbius 180
7. Asynchrone Blindleistungsmaschinen und Generatoren ... 184
   a) Die Selbsterregung der Drehstrom-Kommutatormaschine . 185
   b) Asynchrone Generatoren 190

Literaturverzeichnis 195
Sachverzeichnis 196

Einleitung.

Während bei der Gleichstrommaschine zwischen Generator und Motor keinerlei Unterschied im Aufbau besteht, hat die Praxis für Drehstrom neben der Generatorform, die als Motor verhältnismäßig selten Verwendung findet, eine besondere Motorform gefordert und ausgebaut. Der Grund zu dieser Entwicklung liegt in der durch die Bauart des normalen Wechselstromerzeugers bedingten Ungeeignetheit für den gewöhnlichen Motorbetrieb. Da sein Magnetfeld mit Hilfe von Gleichstrom erzeugt wird, muß der Läufer erst mittels einer Antriebsmaschine auf eine der Frequenz des Netzstroms entsprechende Drehzahl gebracht werden, ehe der Ständer an das Netz geschaltet werden kann. Von dieser Drehzahl, die man die synchrone nennt, kann der Motor überhaupt nicht abweichen, da nur durch sie die der Klemmenspannung entsprechende Gegen-EMK im Ständer erzeugt werden kann. Man nennt diese Maschinentype daher Synchronmaschine. Ihr Hauptmerkmal ist die synchrone Drehzahl, mit der sie allein laufen kann und die durch die Netzfrequenz f und die Polpaarzahl p gegeben ist zu

$$n = 60 \cdot \frac{f}{p}. \tag{1}$$

Ihr Hauptnachteil als Motor liegt darin, daß sie nicht ohne weiteres durch Anlegen an die Netzspannung angelassen werden kann und außerdem zur Schaffung des Feldes Gleichstrom benötigt.

Alle anderen Wechselstrommaschinen haben das gemeinsame Merkmal, daß sie nicht an eine bestimmte (synchrone) Drehzahl gebunden sind, weswegen man sie als Asynchronmaschinen bezeichnet. Sie haben außerdem die Eigenschaft, bei Anlegen an die Netzspannung anzulaufen. Mit der Synchronmaschine in der Ausführung gleich ist derjenige Teil der Asynchronmaschine, meist der Ständer, dem der Netzstrom zugeführt wird. Man nennt ihn daher auch häufig Primäranker. In ihm läuft das vom Strom gebildete Drehfeld mit der synchronen Geschwindigkeit um. Der Unterschied liegt also im andern Teil, der meist der Läufer ist. Während beim Synchronmotor der Läufer Gleichstrom führt, fließt im Läufer des Asynchronmotors stets Wechselstrom, der beim sog. Induktionsmotor durch das Drehfeld des Primärankers „induziert" wird, wie der Sekundärstrom beim Transformator, beim Kommutatormotor aber durch den Kommutator von außen zugeführt wird. Im ersten Fall trägt der „Sekundäranker" eine der Primärwicklung ähnliche Wechselstromwicklung, die sich bei kleinen Maschinen zur Käfigwicklung vereinfacht, im zweiten Fall eine Gleichstromwicklung.

Der Induktionsmotor gestattet zwar ein einfaches Anlassen, ist aber in seiner Drehzahl nicht ohne Verluste regelbar und belastet das Netz mit Blindstrom. Diese beiden Nachteile des im übrigen wegen seiner Einfachheit idealen Motors zwangen zur Ausbildung der Kommutatormotoren.

Um die Unvollkommenheiten der bisher beschriebenen Maschinentypen zu umgehen, ohne ihre Vorteile preiszugeben, ist man zu verschiedenen Kombinationen geschritten. So versieht man den Läufer des Synchronmotors mit einer kurzgeschlossenen Käfigwicklung für asynchronen Leeranlauf oder mit einer Anlaufwicklung zum Anschluß eines Anlassers für Vollastanlauf. Umgekehrt „synchronisiert" man die Asynchronmaschine durch Beschickung der Sekundärwicklung nach dem Anlauf mit Gleichstrom und erhält dadurch die Möglichkeit, den Blindstrom nach Belieben einzustellen. Ein anderes Mittel, den Blindstrom des Induktionsmotors zu „kompensieren", ergibt sich durch Zufuhr von Strom in den Läuferkreis aus einer eigen- oder fremderregten Kommutatormaschine. Diese Verbindung von zwei Asynchronmaschinen dient neben der Kompensation des Blindstroms auch zur verlustlosen Drehzahlregelung in einem sog. Regelsatz. Handelt es sich bloß um die Verbesserung des Leistungsfaktors, so baut man bei den sog. kompensierten Asynchronmotoren eine Hilfswicklung mit Kommutator in den Läufer ein und führt die in ihr erzeugte Spannung dem Sekundäranker zu.

Alle hier in kurzer Übersicht erwähnten Asynchronmaschinen sind nicht nur als Motoren, sondern auch als Generatoren zu verwenden; die reinen Induktionsmaschinen allerdings nur, wenn sie auf ein Netz arbeiten, an das zugleich eine Synchronmaschine

Einleitung. 3

angeschlossen ist, die durch ihren Blindstrom das Drehfeld erzeugt. Die Kommutatormaschinen dagegen können auch als ,,selbständige" Generatoren laufen. Die Induktionsmaschine dient außer ihrer Verwendung als Erzeuger und Verbraucher mechanischer Energie auch noch zu rein elektrischer Umformung als ,,Allgemeiner Induktionsapparat". Bei stillstehendem Sekundäranker als Drehtransformator: Verdreht man den Läufer gegen den Ständer, so erhalten die vom Drehfeld induzierten EMKe in Ständer und Läufer eine Phasenverschiebung gegeneinander, wodurch es möglich wird, den Apparat als sog. Induktionsregler zur Spannungsregelung zu benützen. Schaltet man Ständer- und Läuferwicklung so hintereinander, daß beide Drehfelder gleichen Drehsinn haben, so kann man den Induktionsapparat als Drosselspule gebrauchen. Schließlich ist noch infolge der Differenz der Drehzahlen des Drehfeldes und des Läufers eine Verwendung der Induktionsmaschine als Periodenumformer möglich.

I. Allgemeine Grundlagen.

1. Die Wicklungen.

Es soll in diesem Abschnitt nur soviel über die Wicklungen von Drehstrommaschinen angeführt werden, als zum Verständnis der späteren Abschnitte erforderlich ist. Für ein genaueres Studium dieses umfangreichen Gebietes sei auf die Spezialliteratur (L 1) verwiesen.

Der symmetrische Dreiphasenstrom, kurz Drehstrom genannt, erfordert zu seiner Aufnahme drei Wicklungsstränge, deren Achsen um $2/3$ der Polteilung gegeneinander versetzt sind, bei der zweipoligen Maschine also um 120° (s. Abb. 1). Die konstruktive Ausbildung der Wicklung kann auf zweierlei Art geschehen: als eigentliche Wechselstromwicklung und als angezapfte oder aufgeschnittene Gleichstromwicklung.

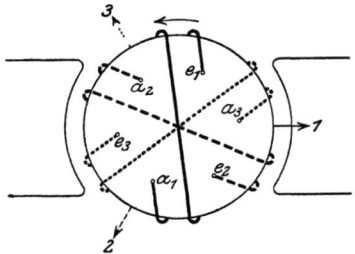

Abb. 1. Dreiphasengenerator. (Aus Richter, Elektr. Masch.)

Die Wechselstromwicklungen unterscheiden sich von der normalen Gleichstromwicklung meist dadurch, daß sie als Einschichtwicklungen ausgeführt sind, d. h. daß nur eine Spulenseite in jeder Nut liegt, während bei der Gleichstromwicklung der Nutinhalt von zwei vollständig gleichen, voneinander isolierten Spulenseiten gebildet wird. Es gibt allerdings auch zweischichtige Wechselstromwicklungen, die sich aber von einer mehrgängigen Gleichstromwicklung nur wenig unterscheiden.

Die zu einem Wicklungsstrang gehörigen Leiter unter jedem Pol, die also stets gleichsinnig vom Strom durchflossen sind, werden meist nicht in einer Nut untergebracht, sondern auf zwei oder mehr Nuten verteilt. Man spricht dann von Zweiloch-, Dreiloch- und Mehrlochwicklungen. Die Zahl q der Nuten pro Strang und Pol ist in der Regel eine ganze Zahl, kann aber auch gebrochen sein. Man nennt solche Wicklungen dann Bruchlochwicklungen.

Die einzelnen Ausführungen von Wicklungen unterscheiden sich nun durch die Art der Querverbindungen von Pol zu Pol, der sog. Wickelköpfe. Wenn man das magnetische Feld an den Stirnflächen des Ankers außer acht läßt, ist es vollkommen gleichgültig, in welcher Reihenfolge die unter einem Pol liegenden Spulenseiten eines Wicklungsstrangs mit den unter dem Nachbarpol liegenden verbunden werden.

Man bezeichnet mit Spulenweite die Entfernung der Spulenseiten, gemessen am Ankerumfang, zwischen den Mittelebenen durch die Nuten, in denen die Spule liegt. Nach der Spulenweite kann man nun die Wicklungen in zwei Gruppen einteilen; nämlich in solche mit gleicher Spulenweite, die dann auch nach Art der Gleichstromwicklungen Spu-

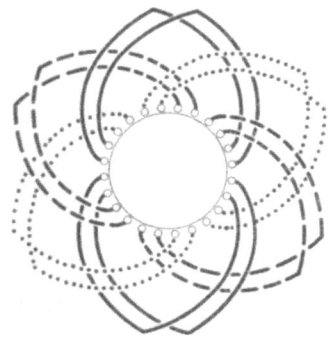

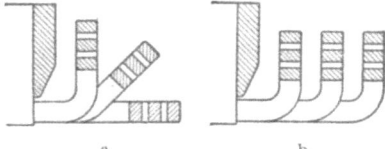

Abb. 2. Dreiphasenwicklung mit Spulen gleicher Weite und dreifachen gleichmäßig verteilten Wicklungsköpfen. (Aus Richter, Ankerwicklungen.)

Abb. 3. Form der in 3 Etagen angeordneten Wicklungsköpfe. (Aus Richter, Ankerwicklungen.)

len gleicher Form ermöglichen (s. Abb. 2), und solche mit verschiedener Spulenweite, deren Spulenköpfe dann auch verschiedene Form haben.

Da die Spulenköpfe der einzelnen Wicklungsstränge sich überschneiden, können sie nicht alle auf derselben Rotationsfläche oder Ebene liegen. Man sagt die Wickelköpfe liegen in verschiedenen „Etagen". Das Nächstliegende für die Dreiphasenwicklung ist die Anwendung von drei Etagen: jeder Strang hat seine Etage für sich, die Spulenköpfe haben die in Abb. 3 dargestellte Form. Man erhält diese Wicklung, wenn man die q-Spulenköpfe zur Hälfte nach der einen Seite, zur Hälfte nach der anderen Seite abbiegt

(s. Abb. 4). Auf diese Weise ergeben sich pro Polpaar 6 „Spulengruppen" mit je $q/2$ gleichlaufenden Querverbindungen. Man kann aber eine Dreiphasenwicklung auch als Zweietagenwicklung ausführen mit Wicklungsköpfen nach Abb. 5, wenn man alle q-Spulen zu einer Spulengruppe zusammenfaßt.

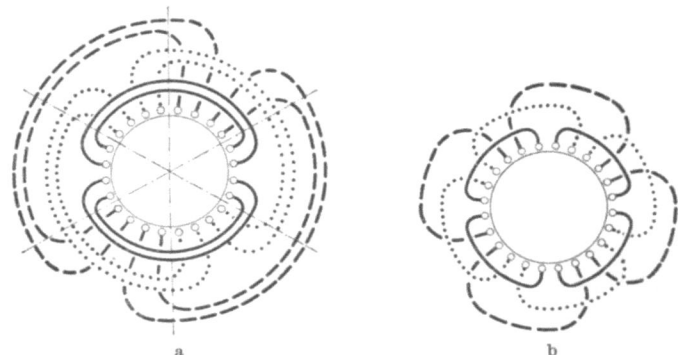

Abb. 4. Dreiphasenwicklung mit Spulen verschiedener Form; Wicklungsköpfe in 3 Etagen und gleichmäßig verteilt. a) $p=1$, $q=4$; b) $p=2$, $q=2$. (Aus Richter, Ankerwicklungen.)

Die Zahl der Spulengruppen ist dann pro Polpaar nur mehr 3, also insgesammt $3p$; jeder der 3 Stränge hat die gleiche Anzahl von Spulengruppen in der inneren wie in der äußeren Etage,

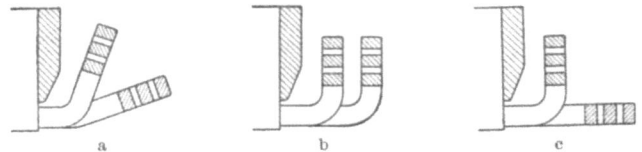

Abb. 5. Formen der in 2 Etagen angeordneten Wicklungsköpfe. $q=3$.
(Aus Richter, Elektr. Masch.)

s. Abb. 6. Ist die Zahl der Spulengruppen nicht durch 2 teilbar, also bei ungerader Polpaarzahl, so erhält man auf jeder Stirnseite eine „gekröpfte" Spule, s. Abb. 6a u. c.

Man kann endlich auch Wicklungen aus Spulen verschiedener Weite ausführen, bei denen die Spulengruppen gleichgeformt sind: jeder Wickelkopf geht hier mehr oder minder plötzlich von einer Etage in die andere über; auch hier kann man wie bei den Spulen gleicher Weite alle q-Spulen oder jeweils die Hälfte zu einer Spulengruppe zusammenfassen. Da man im ersten Fall durch einen Radialschnitt höchstens 2 Spulengruppen, im zweiten Fall

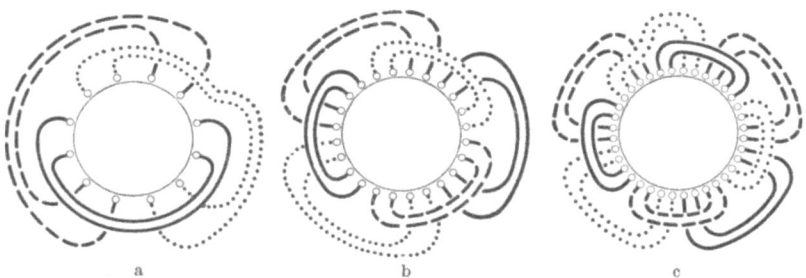

Abb. 6. Dreiphasenwicklungen mit Spulen verschiedener Form; Wicklungsköpfe in 2 Etagen.
a) $p=1$, $q=2$; b) $p=2$, $q=2$; c) $p=3$, $q=2$. (Aus Richter, Ankerwicklungen.)

aber 3 Spulengruppen durchschneidet, so spricht man hier von Wicklungen mit 2 bzw. 3fachen Wickelköpfen (s. Abb. 7).
Bei all diesen Wicklungen werden die Wickelköpfe meist gleichmäßig am Umfang verteilt. Bei der Dreietagenwicklung und den Wicklungen mit gleichen Spulen besteht die Möglichkeit, die Wickelköpfe so zusammen zu drängen, daß an zwei oder mehr-

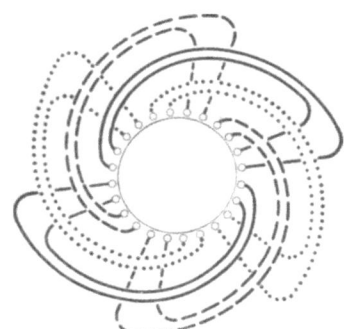

Abb. 7. Dreiphasenwicklung mit Spulen verschiedener Weite und dreifachen Wicklungsköpfen mit gleichgeformten, gleichmäßig verteilten Spulengruppen. $p=1$, $q=4$. (Aus Richter, Ankerwicklungen.)

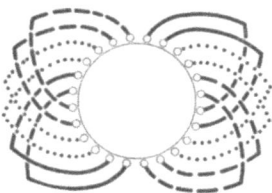

Abb. 8. Dreiphasenwicklung mit Spulen gleicher Weite und zusammengedrängten Wicklungsköpfen. $p=2$, $q=4$. (Aus Richter, Ankerwicklungen.)

fach zwei Stellen des Ankerumfangs keine Spulen von einem Radialschnitt getroffen werden (s. Abb. 8). Dies ist von Vorteil für die Ausführung des Ankers mit geteiltem Gehäuse.

8   Allgemeine Grundlagen.

Wicklungen mit nur einer Windung pro Spule bezeichnet man als **Stabwicklungen**. Alle Spulenwicklungen können auch als Stabwicklungen ausgeführt werden. Die Verbindungen der einzelnen Spulenseiten stellen meist einen fortlaufenden Zug nach Art der Gleichstrom-Wellenwicklung her. Je nachdem man Spulen gleicher oder verschiedener Weite benützen will, erhalten

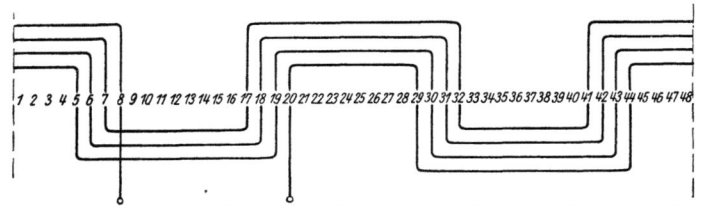

Abb. 9. Wicklungsstrang einer dreiphasigen Stabwicklung mit Bügelverbindungen und zweifachen Wicklungsköpfen. $p=2$, $q=4$. (Aus Richter, Ankerwicklungen.)

die Querverbindungen **Gabel-** oder **Bügelform**. In Abb. 9 ist eine Wicklung mit Bügel und zweifachen Wickelköpfen, in Abb. 10 eine solche mit Gabelverbindungen und dreifachen Wicklungsköpfen dargestellt.

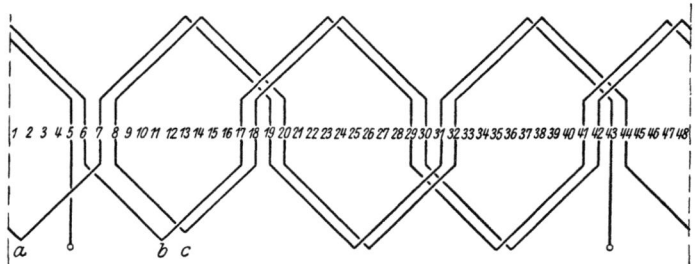

Abb. 10. Wicklungsstrang einer dreiphasigen Stabwicklung mit Gabelverbindungen und dreifachen Wicklungsköpfen. $p=2$, $q=4$. (Aus Richter, Ankerwicklungen.)

Die Wicklungen mit Spulen gleicher Weite können auch leicht als Zweischichtwicklungen ausgeführt werden. Solche Wicklungen kommen hauptsächlich für die Läufer von Induktionsmotoren in Verwendung und stimmen in der technischen Ausführung mit der Gleichstrom-Wellenwicklung überein, da meist Reihenschaltung der Stäbe in Betracht kommt. In Abb. 11 ist eine solche Läuferwicklung für eine vierpolige Maschine mit $q = 2$ Nuten pro Pol und Strang dargestellt.

Die Wicklungen.

Die Gleichstromwicklungen kommen in der Hauptsache nur als Läuferwicklungen für die Kommutatormotoren in Frage, und zwar überwiegend in ihrer einfachsten Form als Schleifenwicklung

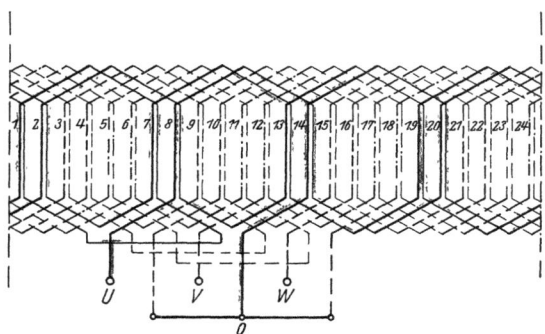

Abb. 11. Vierpolige Läuferwicklung.

mit einer Windung zwischen zwei aufeinanderfolgenden Kommutatorteilen, also ebenfalls als Stabwicklung (s. Abb. 12). Während bei der Gleichstromwicklung zwecks Herstellung in der Werkstatt die Angabe des Abstands der beiden Spulen-

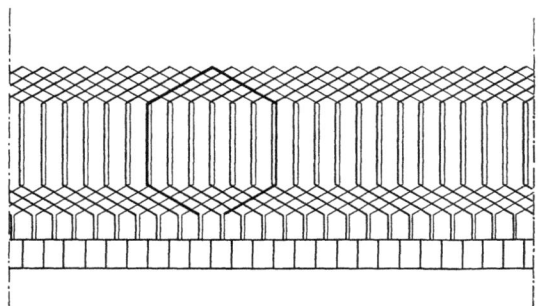

Abb. 12. Gleichstrom-Schleifenwicklung.

seiten und der mit ihnen verbundenen Stromwenderstege, kurz der Wicklungsschritte, genügt, muß bei Wechselstromwicklungen mit mehreren Polpaaren und Strängen ein Schaltplan vorliegen, der gewöhnlich die ganze Wicklung aufgerollt in die Papierebene darstellt. Für die Stabwicklung haben wir schon in Abb. 11 diesen

Schaltplan gegeben. Der Schaltplan soll außer der Lage der Spulen selbst vor allem die Schaltleitungen zeigen, die die Spulen zu einer in Stern oder Dreieck geschalteten Dreiphasenwicklung verbinden. Wenn die Nutenzahl pro Pol und Strang eine ganze Zahl

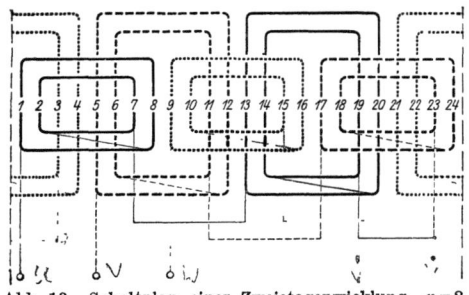

Abb. 13. Schaltplan einer Zweietagenwicklung. $p=2$, $q=2$, Reihenschaltung und Sternschaltung.
(Aus Richter, Ankerwicklungen.)

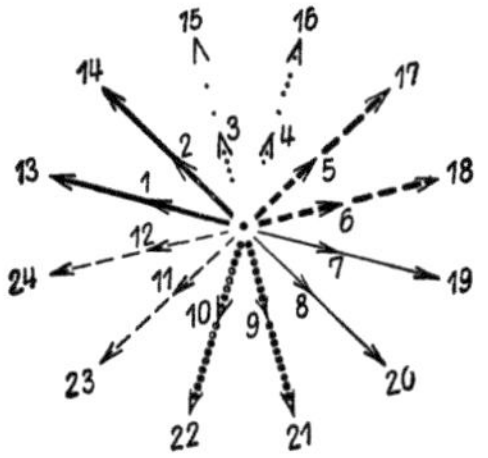

Abb. 14. Nutenstern der Dreiphasenwicklung in Abb. 13.
(Aus Richter, Ankerwicklungen.)

ist, ist die Anfertigung eines Schaltplans ohne weiteres möglich, da sich unter jedem Polpaar dieselbe Spulenzahl befindet und der gleiche Stromverlauf sich wiederholt. In Abb. 13 ist der Schaltplan für eine Zweietagenwicklung mit $q = 2$ dargestellt.

Schwieriger ist die Ermittlung von Lage und Sinn der Spulenseiten bei Bruchlochwicklungen. Hier bedient man sich des Polardiagramms der Nutenspannungen, des sog. Nutensterns. In Abb. 14 ist der Nutenstern für die Wicklung in Abb. 13 dargestellt. Der Phasenwinkel zwischen benachbarten Nuten beträgt bei N-Nuten und p Polpaaren

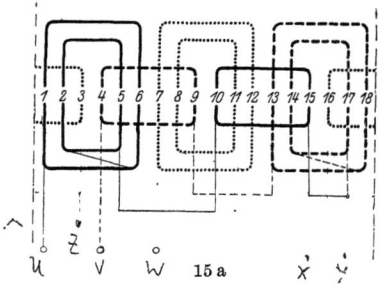

Abb. 15a. Dreiphasige Bruchlochwicklung mit $N=18$, $p=2$, $q=1^1/_2$.
(Aus Richter, Ankerwicklungen.)

$$\alpha = \frac{p}{N} \cdot 360°.$$

Bei ganzem q erhält man p phasengleiche Nutenspannungen.

Aus dem Nutenstern ergeben sich sehr leicht die Nuten, die zu einer Strangspannung zusammengefaßt werden müssen; ebenso die Schaltverbindungen. In Abb. 15 ist eine Bruchlochwicklung für $p = 2$, $N = 18$ dargestellt; auf jeden Strang treffen 3 Spulen,

Die induzierte EMK.

die Zahl der Nuten pro Pol und Strang ist $q = 1^1/_2$. Aus dem Nutenstern ergeben sich die Stäbe, die zu einem Strang zusammengefaßt werden müssen und auch der Sinn, in dem sie anzuschließen sind.

15 b 15 c

Abb. 15 b u. c. Nutenstern und Einzelspannungen der Bruchlochwicklung nach Abb. 15a.
(Aus Richter, Ankerwicklungen.)

2. Die induzierte EMK.

Ist φ der mit einer Windung verkettete Fluß, so ist nach dem Induktionsgesetz die in der Windung induzierte EMK

$$e = -\frac{d\varphi}{dt}. \tag{2}$$

Bei einer in Nuten eingebetteten Spule von w Windungen haben alle Windungen den gleichen „Windungsfluß", und die EMK einer Spule ist

$$e = -w \cdot \frac{d\varphi}{dt}. \tag{2a}$$

Der Fluß schwankt bei allen Wechselstrommaschinen zwischen zwei Grenzwerten $+\Phi$ und $-\Phi$, die im Abstand von einer halben Periode aufeinanderfolgen. Der Mittelwert der in der Spule induzierten EMK über eine Halbperiode $\frac{T}{2}$ ist bestimmt durch diese Grenzwerte und beträgt

$$E_m = \frac{2}{T} \int_0^{\frac{T}{2}} e\,dt = w \cdot \frac{2}{T} \int_{-\Phi}^{+\Phi} d\varphi = \frac{4}{T} \cdot w \cdot \Phi = 4 \cdot f \cdot w \cdot \Phi. \tag{3}$$

Allgemeine Grundlagen.

Der Effektivwert E der ind. EMK dagegen ist von dem Verlauf der Feldänderung, also von der Form der Feldkurve, abhängig. Das Verhältnis des Effektivwertes zum Mittelwert ist der **Formfaktor** ξ_E. Es ist daher

$$E = 4 \cdot \xi_E \cdot f \cdot w \cdot \Phi ; \qquad (4)$$

für sinusförmigen Feldverlauf, der bei allen Maschinen angestrebt wird, ist der Formfaktor

$$\xi_E = \frac{\pi}{2 \cdot \sqrt{2}} = 1{,}11 \qquad (5)$$

und die EMK in einer Spule ist dann

$$E = 4{,}44 \cdot f \cdot w \cdot \Phi . \qquad (6)$$

Wie im vorigen Abschnitt gezeigt wurde, setzt sich die Strangspannung einer Maschine aus einzelnen Nutenspannungen zusammen, die eine Phasenverschiebung von $\alpha = \frac{\pi}{Q}$ haben, wenn $Q = q \cdot m$ die Anzahl der Nuten pro Pol ist. Da die Reihenfolge, in der die Leiter eines Strangs miteinander verbunden werden, keinen Einfluß auf die Größe der EMK hat, kann man lauter Spulen gleicher Weite annehmen und die Strangspannung aus q Teilspannungen mit der Phasendifferenz α zusammensetzen. Die resultierende Spannung wird infolgedessen kleiner, als wenn alle Windungen in einer Nut untergebracht wären; das Verhältnis der resultierenden EMK zur arithmetischen Summe der Teilspannungen bezeichnet man als **Wicklungsfaktor** ξ der Wicklung.

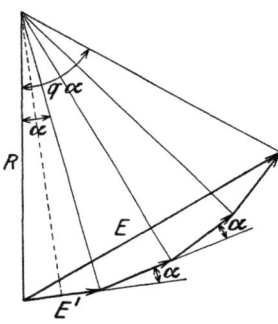

Abb. 16. Erläuterung zu Gl. (7).

In Abb. 16 ist die resultierende Spannung für eine Vierlochwicklung ermittelt. Der Winkel der Teilspannungen beträgt hier $\alpha = \frac{\pi}{Q} = \frac{180}{3 \cdot 4} = 15°$. Der Wicklungsfaktor beträgt, wie aus Abb. 16 hervorgeht, ganz allgemein

$$\xi = \frac{E}{q \cdot E'} = \frac{2R \cdot \sin\frac{q\alpha}{2}}{2R \cdot q \cdot \sin\frac{\alpha}{2}} = \frac{\sin\frac{q\alpha}{2}}{q \cdot \sin\frac{\alpha}{2}} = \frac{\sin\frac{q}{Q} \cdot \frac{\pi}{2}}{q \cdot \sin\frac{1}{Q} \cdot \frac{\pi}{2}}. \qquad (7)$$

Für Dreiphasenwicklungen ergeben sich folgende Werte:

$q = 1 \quad 2 \quad 3 \quad 4 \quad 6 \quad 10 \quad \infty$
$\xi = 1 \quad 0{,}966 \quad 0{,}96 \quad 0{,}958 \quad 0{,}956 \quad 0{,}955 \quad 0{,}955$.

Der Wicklungsfaktor ist stets kleiner als 1; er gibt an, welcher Teil der Wicklung für die Spannungserzeugung wirksam ist. Die Strangspannung beträgt somit

$$E = 4{,}44 \cdot f \cdot \xi \cdot w \cdot \Phi \text{ Volt,} \qquad (8)$$

wenn Φ, der sinusförmige Polfluß, in Voltsec eingesetzt wird. Ist der Verlauf der Induktion im Luftspalt, die sog. Feldkurve, nicht sinusförmig, so ist es zweckmäßig, sie nach Fourrier in eine Reihe von sinusförmigen Teilfeldern, die sog. Harmonischen, zu zerlegen. Fast immer ist die Feldkurve so beschaffen, daß die negative Halbwelle das Spiegelbild der positiven in bezug auf die Abszissenachse ist. Dann fehlen die Einzelwellen gerader Ordnung, und man hat außer der Grundwelle nur die 3., 5., ..., ν Oberwelle. Der Fluß erscheint somit in mehrere Flüsse $\Phi_1, \Phi_3, \ldots, \Phi_\nu$ verschiedener Polteilung zerlegt. Jeder Polteilung entspricht ein Phasenwinkel von 180°. Die Phasenwinkel der in den einzelnen Spulen induzierten Teilspannungen werden ν mal so groß; es ist $\alpha = \nu \cdot \dfrac{\pi}{Q}$, und jeder Oberwelle entspricht somit ein anderer Wicklungsfaktor; dieser ist allgemein

$$\xi_\nu = \frac{\sin \nu \dfrac{q}{Q} \cdot \dfrac{\pi}{2}}{q \cdot \sin \dfrac{\nu}{Q} \cdot \dfrac{\pi}{2}}. \qquad (9)$$

Die Wicklungsfaktoren für die Oberwellen sind gewöhnlich wesentlich kleiner als der der Grundwelle; infolgedessen treten die Oberwellen der EMKe zurück und die Kurve der EMK E eines Wicklungsstrangs als Summe der Einzel-EMKe E' nähert sich weit mehr der Sinusform als die Feldkurve. Da bei der Einlochwicklung diese Wirkung wegfällt, ihre EMK-Kurve also das getreue Abbild der Feldkurve ist, wird sie ungern angewendet. Der Effektivwert der resultierenden EMK ergibt sich aus den Effektivwerten der Harmonischen zu:

$$E = \sqrt{E_1^2 + E_3^2 + E_5^2 + \cdots}. \qquad (10)$$

14 Allgemeine Grundlagen.

Meist liefern die Oberwellen keinen wesentlichen Beitrag, so daß man setzen kann

$$E \approx E_1 = 4{,}44 \cdot \xi_1 \cdot w \cdot f \cdot \Phi_1, \tag{11}$$

und da auch $\Phi_1 \approx \Phi$, d. h. sinusförmiges Feld vorhanden ist, so ist

$$E \approx 4{,}44 \cdot \xi_1 \cdot w \cdot f \cdot \Phi, \tag{12}$$

wobei für ξ_1 die in obiger Tabelle angegebenen Werte zu setzen sind.

Eine besondere Rolle spielen beim Dreiphasensystem jene Oberwellen, deren Ordnungszahl durch 3 teilbar ist, also vornehmlich die dritte. Die drei Grundwellen sind zeitlich um je $1/3$ Periode gegeneinander versetzt; um den gleichen Zeitabstand liegen auch die dritten Oberwellen auseinander; es entspricht aber zugleich diese Zeit der vollen Periodendauer der Oberwelle. Die dritten Oberwellen sind also in allen drei Strängen gleichphasig, wie aus Abb. 17 klar hervorgeht.

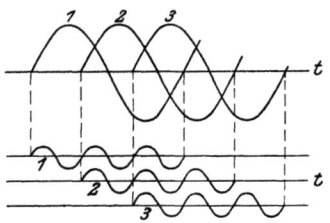

Abb. 17. Die dritten Oberwellen im Dreiphasensystem. (Aus Rüdenberg, Elektr. Schaltvorgange.)

Bei Sternschaltung der drei Stränge, wo die verkettete Spannung gleich der Differenz der Strangspannungen ist, verschwindet also die dritte Oberwelle in der verketteten Spannung. Bei Dreieckschaltung erzeugen die dritten Oberwellen einen inneren Kurzschlußstrom, der zwar eine zusätzliche Erwärmung der Wicklung zur Folge hat, aber durch seine Umlaufspannung die EMKe ausgleicht, so daß diese keinen Beitrag zur Klemmenspannung geben. In der Klemmenspannung einer Dreiphasenmaschine treten also die Oberwellen 3, 9, 15facher Periodenzahl nicht auf.

3. Das Drehfeld.

Wenn eine Ankerwicklung vom Strom durchflossen wird, erregt der Strombelag ein magnetisches Feld, dessen Normalkomponente am Ankerumfang von der Durchflutung und vom magnetischen Widerstand des Kraftlinienweges abhängt. Vernachlässigt man den magnetischen Widerstand im Eisen, so dient die Durchflutung eines bestimmten Teils des Ankerumfangs lediglich zur

Erzeugung der magnetischen Spannungen für die beiden Luftstrecken. Den Verlauf der magnetischen Spannung im Luftspalt bezeichnen wir als Felderregerkurve. Für eine einzelne Spule ist diese Erregerkurve eine rechteckige Linie, deren Höhe bei s-Leitern pro Spulenseite und einem Höchststrom von $\sqrt{2} \cdot J$

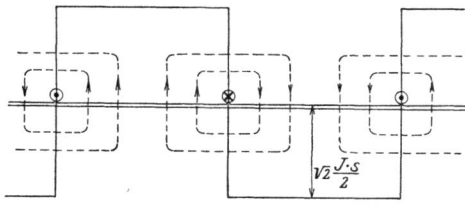

Abb. 18. Felderregerkurve einer Spule.

$$V = \frac{\sqrt{2}}{2} \cdot J \cdot s \text{ Amp.} \tag{13}$$

ist (s. Abb. 18). Zerlegt man diese periodische Rechteckkurve in ihre Harmonischen, so hat die Grundwelle die Amplitude

$$V_{01} = \frac{4}{\pi} \cdot \frac{\sqrt{2}}{2} \cdot J \cdot s = 0{,}9 \cdot J \cdot s, \tag{14}$$

während die Amplituden der 3., 5., ..., ν. Oberwelle $1/3$, $1/5$, ..., $1/\nu$ der Amplitude der Grundwelle betragen (s. Abb. 19). Die Erregerkurve

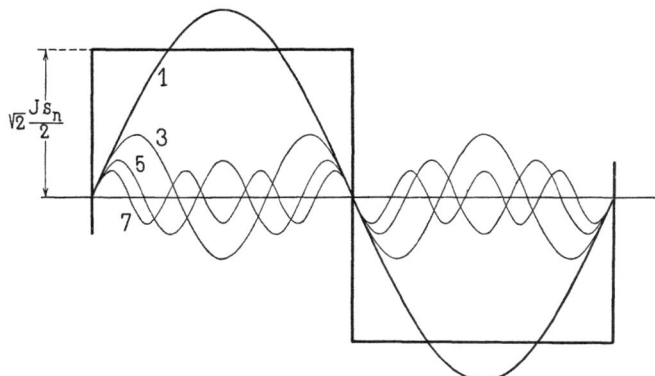

Abb. 19. Grundwelle und Oberwellen einer periodischen Rechteckkurve.
(Aus Arnold, Bd. IV.)

einer in mehreren Nuten untergebrachten Wicklung zeigt einen treppenförmigen Anstieg und kann praktisch durch ein Trapez ersetzt werden, wie in Abb. 20 ausgeführt. So ergibt sich die Erregerkurve einer stromdurchflossenen Dreiphasenwicklung für jeden einzelnen Augenblick durch Addition der trapezförmigen Linien der einzelnen Stränge. In Abb. 21 ist dies für vier Zeitpunkte dargestellt. Die Augenblickswerte der einzelnen magnetischen Spannungen sind aus dem nebengezeichneten Vektordiagramm zu entnehmen. Wie man sieht, schreitet die Felderregerkurve während $1/6$ Periode um $\frac{2\pi}{6}$ am Umfang weiter, genau um denselben Winkel wie das Vektordiagramm, also bei der zweipoligen Maschine synchron mit dem den Dreiphasenstrom erzeugenden Polrad. Die

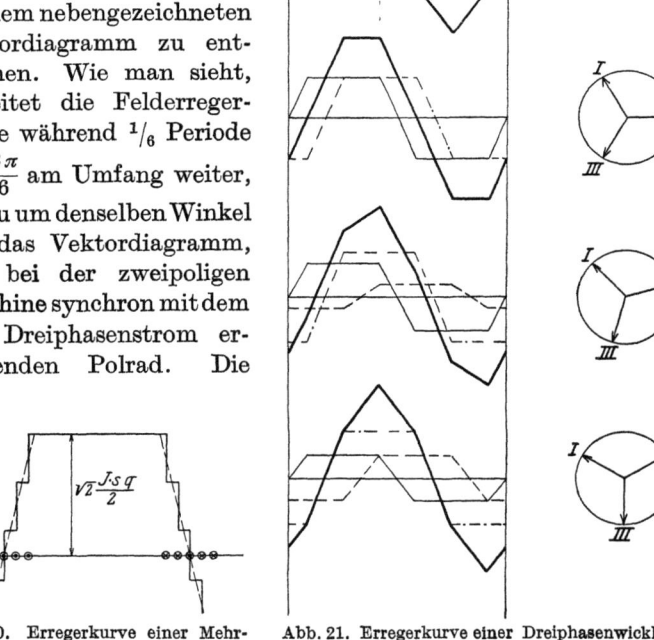

Abb. 20. Erregerkurve einer Mehrlochwicklung.

Abb. 21. Erregerkurve einer Dreiphasenwicklung.

Achse des ,,Drehfelds" fällt mit der Achse einer Spulengruppe zusammen, wenn diese die Amplitude ihres Stromes führt. Die Form des Drehfeldes bleibt nicht gleich, sondern ändert sich periodisch, und zwar mit der 6fachen Periodenzahl des Stromes. Die Grenzwerte, zwischen denen der Höchstwert schwankt, ergeben sich aus Abb. 21. In Abb. 21a ist

Das Drehfeld.

$$V_{max} = \frac{\sqrt{2} \cdot J \cdot s \cdot q}{2} + 2 \cdot \frac{0{,}5 \cdot \sqrt{2} \cdot J \cdot s \cdot q}{2} = \sqrt{2} \cdot J \cdot s \cdot q \quad (15)$$

und in Abb. 21 b

$$\left. \begin{aligned} V_{max} &= \frac{\sqrt{2} \cdot J \cdot s \cdot q \cdot \cos 30°}{2} + \frac{\sqrt{2} \cdot J \cdot s \cdot q \cdot \cos 30°}{2} \\ &= 0{,}866 \cdot \sqrt{2} \cdot J \cdot s \cdot q \end{aligned} \right\} \quad (16)$$

die Höchstwerte verhalten sich also wie $1:0{,}866$; der Mittelwert ist $0{,}933 \cdot \sqrt{2} \cdot J \cdot s \cdot q = 1{,}32 \cdot J \cdot s \cdot q$.

Ersetzt man für die Berechnung die Rechtecke durch Sinuskurven, so sind diese wie die Kurven der EMK um den Winkel $\alpha = \nu \cdot \frac{\pi}{Q}$ gegeneinander räumlich versetzt. Die Amplitude der Grundwelle der Erregerkurve V_{01} eines Strangs in q Nuten pro Pol ergibt sich daher wie oben die resultierende EMK, also im Verhältnis desselben Wicklungsfaktors, kleiner als die arithmetische Summe der Einzelamplituden. Es ist

$$V_{01} = 0{,}9 \cdot J \cdot s \cdot \xi_1 \cdot q \,. \quad (17)$$

Legt man ein Koordinatensystem durch den Scheitel der Grundwelle, so ist die magnetische Spannung an einer Stelle im Abstand x vom Anfangspunkt gleich der Amplitude mal $\cos \frac{x}{\tau} \cdot \pi$, da die Polteilung τ dem Bogen π entspricht. Die Amplitude ändert sich mit dem Strom nach einer Sinusfunktion der Zeit und ist zur Zeit t

$$V_{01} = 0{,}9 \cdot J \cdot s \cdot \xi_1 \cdot q \sin \omega t \,, \quad (18)$$

wo $\omega = 2\pi \cdot f$ die Kreisfrequenz des Stromes ist. Die Gleichung der Erregerkurve eines Strangs ist also

$$V_1 = V_{01} \sin \omega t \cdot \cos \frac{x}{\tau} \cdot \pi = 0{,}9 \cdot J \cdot s \cdot \xi_1 \cdot q \cdot \sin \omega t \cdot \cos \frac{x}{\tau} \cdot \pi \,. \quad (19)$$

Um die Erregerkurve der Dreiphasenwicklung zu erhalten, haben wir, wie in Abb. 21 graphisch ausgeführt, die drei Wechselfelder zu addieren und erhalten als **Gleichung des Drehfeldes**

$$\left. \begin{aligned} V_1 &= V_{01} \sin \omega t \cos \frac{x}{\tau} \cdot \pi + V_{01} \sin(\omega t - 120°) \cos\left(\frac{x}{\tau} \cdot \pi - 120°\right) \\ &\quad + V_{01} \sin(\omega t - 240°) \cdot \cos\left(\frac{x}{\tau} \cdot \pi - 240°\right) \\ V_1 &= \frac{3}{2} \cdot V_{01} \sin\left(\omega t - \frac{x}{\tau} \cdot \pi\right). \end{aligned} \right\} \quad (20)$$

Sallinger, Drehstrommaschinen.

18   Allgemeine Grundlagen.

Diese Gleichung stellt eine fortschreitende Welle dar; nach einer Zeit dt ist die magnetische Spannung an einer Stelle $x + dx$

$$\frac{3}{2} \cdot V_{01} \sin\left[\omega(t+dt) - (x+dx)\frac{\pi}{\tau}\right].$$

Sie hat wieder denselben Wert wie zur Zeit t an der Stelle x, wenn

$$\omega dt = dx \cdot \frac{\pi}{\tau}$$

ist. Hieraus ergibt sich, daß die ganze Welle mit der konstanten Geschwindigkeit

$$\frac{dx}{dt} = \omega \cdot \frac{\tau}{\pi} = \frac{2\tau}{T} \qquad (21)$$

wandert; sie legt also während einer Periode eine doppelte Polteilung zurück. Die Amplitude des Drehfeldes ist

$$V_{01} = \tfrac{3}{2} \cdot 0{,}9 \cdot J \cdot s \cdot \xi_1 \cdot q = 1{,}35 \cdot \xi_1 \cdot J \cdot s \cdot q \approx 1{,}3 \cdot J \cdot s \cdot q. \qquad (22)$$

Wir haben bisher nur die Grundwelle der Erregerkurve betrachtet. Die Amplitude der dritten Oberwelle beträgt $1/3$ derjenigen der Grundwelle und ihre Polteilung ist ebenfalls nur $1/3$ derjenigen der Grundwelle. Für sinusförmigen Strom ist die Gleichung des Wechselfelds der 3. Oberwelle

$$V_3 = \frac{1}{3} \cdot V_{01} \sin\omega t \cos\frac{3x}{\tau} \cdot \pi. \qquad (23)$$

Die 3 Oberwellen mit der Polteilung $\frac{\tau}{3}$ (die räumliche Verteilung der magnetischen Spannung ist durch $\cos\frac{3x}{\tau} \cdot \pi = \cos\frac{x}{\frac{\tau}{3}} \cdot \pi$ gegeben) heben sich beim Dreiphasensystem auf wie die elektromotorischen Kräfte. Es bleiben nur die Oberwellen 5, 7, 11facher Polzahl, die Drehfelder erzeugen, wobei die Drehfelder der 5- und 11fachen Polzahl sich in entgegengesetzter Richtung wie das Grundfeld bewegen. Da dieses sowohl wie die Drehfelder größerer Polzahl vom selben Strom der Frequenz f erzeugt werden, haben die letzteren nach Gleichung (21) entsprechend geringere Geschwindigkeiten; sie spielen praktisch eine Rolle beim Anlauf von Kurzschlußmotoren.

Die „gegenläufigen" Oberfelder erweisen sich für den Anlauf von Käfigankern als hinderlich; sie rufen im Anker Ströme hervor, die je nach der Nutung sekundäre Oberfelder bilden. Die Größe

Das Drehfeld. 19

der sich auf diese Weise bildenden Drehmomente ist vom Schlupf abhängig. Ihre Summe kann besonders bei großem Schlupf, also im Anlauf so groß werden, wie das Moment der Grundwelle und der mitläufigen Drehfelder und so den Anlauf erschweren oder verhindern. Sie sind die Ursache davon, daß die Drehmomentkurve für den Anlauf unstetig wird. Man muß dann zwischen dem **Anzugmoment** und dem **Anlaufmoment** unterscheiden, das erstere ist das Moment, das der Motor im Stillstand besitzt; bei steigender Geschwindigkeit nimmt dieses dann zunächst ab und erreicht sehr bald einen Kleinstwert, eben das Anlaufmoment, mit dem der Motor hochzulaufen beginnt. Um dieses sog. **Schleichen** möglichst zu unterdrücken, sind gewisse Nutenzahlen im Läufer zu vermeiden. Nach Versuchen von Stiel (ETZ 1921, S. 1397) soll die Nutenzahl bei Käfigankern im Läufer bei gerader Polpaarzahl um p, bei ungerader Polpaarzahl um $2p$ niedriger sein als im Stator.

Wird die Reihenfolge der Wicklungsstränge oder die Phasenfolge der Ströme geändert, indem man zwei Zuleitungen miteinander vertauscht, so wechselt der Umlaufsinn des Drehfelds.

Nachdem wir den magnetischen Widerstand des Eisens vernachlässigt haben, gibt uns die Felderregerkurve zugleich den Verlauf der Induktion im Luftspalt, also die sog. **Feldkurve** an. Denn es ist

$$\mathfrak{B} = \Pi_0 \cdot \mathfrak{H} = \Pi_0 \cdot \frac{V}{\delta} = 0{,}4 \cdot \pi \cdot 10^{-8} \frac{V}{\delta} \frac{\text{Voltsec}}{\text{cm}^2}. \tag{24}$$

Wenn V in Amp., δ in cm eingesetzt wird und $\Pi_0 = 0{,}4\pi \cdot 10^{-8}$ die Permeabilität der Luft in Henry/cm bedeutet (L. 3, S. 117).

Ist $\mathfrak{B}_0$ die dem Maximalwert V_0 entsprechende Amplitude der sinusförmigen Feldkurve, so ist der Mittelwert der Induktion über eine Polteilung τ

$$\mathfrak{B}_m = \frac{2}{\pi} \cdot \mathfrak{B}_0 = \frac{2}{\pi} \cdot 0{,}4\pi \cdot 10^{-8} \cdot \frac{V_{01}}{\delta} \tag{25}$$

und der Polfluß Φ bei der ideellen Ankerlänge l_i

$$\Phi = \frac{2}{\pi} \cdot 0{,}4\pi \cdot 10^{-8} \cdot V_{01} \cdot \frac{\tau \cdot l_i}{\delta} \text{ Voltsec.} \tag{26}$$

Aus dem Polfluß ergibt sich die in einem Strang vom Drehfeld induzierte EMK nach Gleichung (8) zu

$$E = 4{,}44 \cdot \xi_1 \cdot w \cdot f \cdot \Phi, \tag{27}$$

wobei $w = p \cdot q \cdot s$ die Windungszahl pro Strang ist.

2*

20   Allgemeine Grundlagen.

Unter Einsetzen der Werte aus Gleichung (26) und (17) in Gleichung (27) ergibt sich die vom Strom J in einem Strang der Dreiphasenwicklung induzierten EMK zu

$$E = 4{,}8 \cdot 10^{-8} \cdot \xi_1^2 \cdot p(q \cdot s)^2 \cdot \frac{\tau \cdot l_i}{\delta} \cdot f \cdot J \text{ Volt.} \qquad (28)$$

4. Die Streuung.

Bei der Aufstellung des Kreisdiagramms zeigt sich, daß die Streuung für die Betriebseigenschaften der Asynchronmaschinen von besonderer Bedeutung ist. Es soll daher im folgenden auf diese Erscheinung, wie sie bei verteilten Wicklungen auftritt, näher eingegangen werden.

Die Streuung ist der Ausdruck für die Tatsache, daß bei allen nach dem Transformatorprinzip arbeitenden Maschinen nicht der volle in einer (Primär) Wicklung erzeugte Induktionsfluß für die Induktion der anderen (Sekundär) Wicklung zur Wirkung kommt. Jener Teil des Gesamtflusses, der somit zur Erzeugung einer EMK in dieser 2. Wicklung unwirksam ist, wird als Streufluß bezeichnet im Gegensatz zu dem die andere Wicklung induzierenden Hauptfluß. Das Verhältnis des nicht induzierenden zum induzierenden Fluß ist der Heylandsche Streukoeffizient. Da es nun bei allen durch gegenseitige Induktion wirkenden Anordnungen nicht allein auf die Flüsse, sondern auch auf ihre Verkettung mit den Windungen ankommt, so muß diese einfache magnetische Definition der Streuung erweitert werden unter Berücksichtigung der Flußverkettung; man erhält statt dem Verhältnis der Flüsse ein Verhältnis der induzierten EMKe, also gewissermaßen eine elektrische Definition. Die Verkettung eines Flusses mit einer Wicklung findet ihren einfachsten Ausdruck im Induktionskoeffizient L der Wicklung, mit Hilfe dessen sich die induzierte EMK berechnet zu

$$e = L \cdot \frac{dJ}{dt}. \qquad (29)$$

Da die Technik stets mit Flüssen rechnet, ersetzt man den Selbstinduktionskoeffizienten durch die Summe aller ,,Windungsflüsse", den sog. Spulenfluß Ψ. Sind die Windungsflüsse Φ einer Wicklung alle gleich groß wie bei konzentrierten Wicklungen, so ist bei w-Windungen einer Spule der Spulenfluß

$$\Psi = w \cdot \Phi. \qquad (30)$$

Die Streuung.

Sind die Windungsflüsse aber nicht gleich groß, ist m. a. W. die Verkettung keine vollkommene, so kann man wohl mit einem Gesamtfluß rechnen, muß aber einen Reduktionsfaktor, den sog. Spulenfaktor ζ, einführen, so daß

$$\Psi = w \cdot \zeta \cdot \Phi = L \cdot J \tag{31}$$

ist. Die induzierte EMK ist dann

$$e = w \cdot \zeta \cdot \frac{d\Phi}{dt} \tag{32}$$

und der Effektivwert für sinusförmige Feldänderung

$$E = 4{,}44 \cdot f \cdot w \cdot \zeta \cdot \Phi. \tag{33}$$

Bei der Ermittlung des Streufaktors verteilter Wicklungen tritt nun eine weitere Schwierigkeit dadurch auf, daß der die zweite Wicklung induzierende Fluß diese nicht vollkommen durchdringt, sondern teilweise als ein mit beiden Wicklungen verketteter Streufluß erscheint. Die Berechnung dieser sog. „doppelt verketteten Streuung" ist nur mit Hilfe genauer Flußbilder möglich, die auch zur Berechnung der Spulenfaktoren dienen.

Zur Aufstellung der Flußbilder eignet sich besonders das von Görges angegebene Vektordiagramm der Feldverteilung, das dadurch ermöglicht ist, daß sich die Durchflutungen in jeder Nut sinusförmig ändern und infolgedessen auch die magnetischen Spannungen im Luftspalt.

Führt man durch die Achse eines mit einer Drehstromwicklung versehenen Ankers in beliebiger Richtung einen Schnitt, so trifft dieser auf jeder Seite eine Anzahl Spulenköpfe. Zählt man deren Durchflutungen zusammen, so findet man nach Verdrehung der Schnittebene in beliebiger Richtung um eine Polteilung in der neuen Stellung dieselbe Durchflutung nur mit entgegengesetztem Vorzeichen. An der einen Schnittstelle treten Induktionslinien in den Anker ein, an der andern aus und man kann sich vorstellen, daß die Durchflutung der an einer Stelle geschnittenen Spulen gerade für die Erzeugung der magnetischen Spannung an der Schnittstelle gebraucht wird. Bezeichnet man mit a, b, c die Nutdurchflutungen der 3 Stränge, so würde in der Abb. 22 einer Dreilochwicklung auf Zahn 1 eine Durchflutung von $3a$, auf Zahn 2 eine solche von $3a-b$ treffen, wobei die Durchflutungen a und b unter Berücksichtigung ihrer Phase zu addieren sind. Man erhält auf diese Weise das Vektordiagramm Abb. 23. Um hieraus die Verteilung der Spannungen am Ankerumfang in jedem Augenblick festzustellen, projiziert man alle Vektoren auf die diesem Augen-

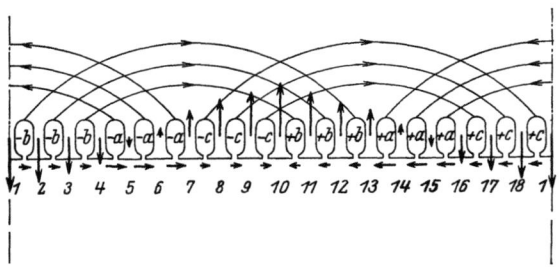

Abb. 22. Hauptfluß und Streufluß einer Dreiphasen-Dreilochwicklung.

blick entsprechende Zeitlinie; die Projektionen sind den augenblicklichen Werten der magnetischen Spannung von Zahn zu Zahn proportional. Man sieht aus Abb. 24, daß, wenn die Zeitlinie durch eine der Ecken des regulären Sechsecks geht, also ein Strang maximalen Strom führt, die spitze Treppenform auftritt, im Fall des Senkrechtstehens einer Seite, also bei Nullstrom einer Phase, die flache Treppenform. Man sieht auch, daß die Zähne, durch die die Wicklung eines Strangs begrenzt ist, den größten Höchstwert haben. Die Amplitude der flachen Treppenlinie ist im Verhältnis $1 : \frac{\sqrt{3}}{2}$ kleiner, wie aus dem Vektordiagramm unmittelbar hervorgeht.

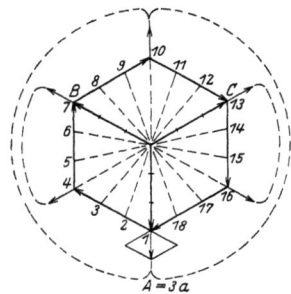

Abb. 23. Vektordiagramm der Durchflutungen.

Wir können nun, nachdem uns der genaue Feldverlauf bekannt ist, dem Spulenfaktor der Wicklung aus Abb. 24 ermitteln. Nehmen wir eine Windung pro Nut an und messen den Induktionsfluß nach der Anzahl der Rechtecke als Induktionslinien, so erhalten wir einen Gesamtfluß von

$$\Phi = 32 \text{ Induktionslinien}.$$

Nur die mittlere Windung ist mit allen 32 Induktionslinien verkettet, die beiden anderen offenbar nur mit je 30; der Spulenfluß ist daher

$$\Psi = 2 \cdot 30 + 1 \cdot 32 = 92 \text{ Induktionslinienwindungen,}$$

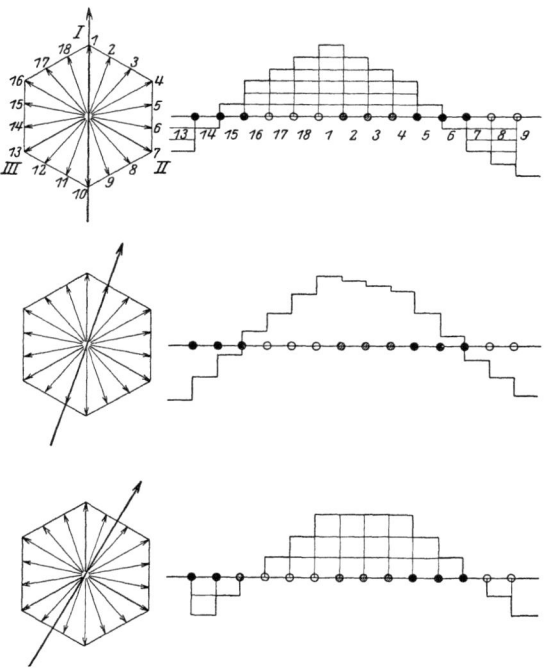

Abb. 24. Felderregerkurve einer Dreiphasenwicklung in drei aufeinanderfolgenden Augenblicken.

während die vollkommene Verkettung (alle Windungen in der mittleren Nut)

$$\Psi'' = 3 \cdot 32 = 96 \text{ Induktionslinienwindungen}$$

wäre. Der Spulenfaktor ist somit

$$\zeta = \frac{92}{96} = 0{,}9583.$$

Der Spulenfaktor hängt natürlich von der Art der Wicklung ab. Es lassen sich sowohl für die Spulenfaktoren wie für die Flüsse allgemeine Formeln aufstellen (L 4). Es sollen hier der Fluß und die EMK für den in Abb. 24 dargestellten Fall berechnet werden.

24   Allgemeine Grundlagen.

Fließt in jedem Draht der Strom I, so ist bei q Nuten pro Pol und Strang und s Leitern pro Nut die maximale Induktion in einem Grenzzahn nach Gleichung (24)

$$\mathfrak{B}_{max} = 0{,}4\pi \cdot \sqrt{2} \cdot \frac{J \cdot s \cdot q}{\delta} \cdot 10^{-8} \frac{\text{Voltsec}}{\text{cm}^2}. \tag{34}$$

Die mittlere Induktion $\mathfrak{B}_m$ verhält sich nach Abb. 24 zur maximalen wie $\frac{32}{9} : 6 = \frac{16}{27}$, folglich ist der Fluß

$$\left.\begin{aligned}\Phi &= \mathfrak{B}_m \cdot \tau \cdot l_i = \frac{16}{27} \cdot 0{,}4\pi \cdot \sqrt{2} \cdot \frac{J \cdot s \cdot q}{\delta} \cdot \tau \cdot l_i \cdot 10^{-8} \\ &= 1{,}05 \cdot \frac{\tau \cdot l_i}{\delta} \cdot s \cdot q \cdot J \cdot 10^{-8} \text{ Voltsec}\end{aligned}\right\} \tag{35}$$

und die EMK durch diesen Fluß

$$E = 4{,}44 \cdot \zeta_1 \cdot w \cdot f \cdot \Phi = 4{,}48 \cdot p(qs)^2 \cdot \frac{\tau \cdot l_i}{\delta} \cdot f \cdot J \cdot 10^{-8} \text{ Volt.} \tag{36}$$

Für dieselbe Wicklung erhalten wir nach Gleichung (22) und (26), also für das sinusförmige Ersatzfeld bei $\xi_1 = 0{,}96$

$$\Phi = 0{,}8 \cdot 1{,}35 \cdot 0{,}96 \cdot \frac{\tau \cdot l_i}{\delta} \cdot s \cdot q \cdot J \cdot 10^{-8}$$

$$= 1{,}036 \cdot \frac{\tau \cdot l_i}{\delta} \cdot s \cdot q \cdot J \cdot 10^{-8} \text{ Voltsec}$$

und

$$E = 4{,}42 \cdot p(qs)^2 \cdot \frac{\tau \cdot l_i}{\delta} \cdot f \cdot J \cdot 10^{-8} \text{ Volt.} \tag{37}$$

Der Faktor ζ_1 dient also zur Berechnung der EMK der Selbstinduktion, soweit sie durch den Gesamtfluß aller 3 Stränge in-

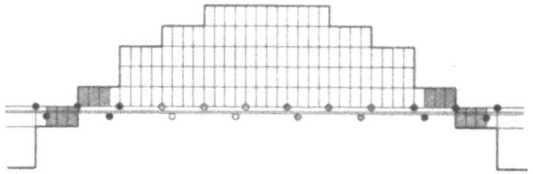

Abb. 25. Spulenfluß, ausgehend von der oberen Wicklung.

duziert wird. Wird nun durch den Fluß der Wicklung eine zweite ruhende Dreiphasenwicklung induziert, so ist für die EMK wieder die Verkettung mit den Windungen maßgebend. Es sei in Abb. 25 angenommen, daß sich Strang I primär mit Strang I sekundär decke. Dann ist der Fluß für Strang I sekundär der gleiche wie primär, und zwar nach Abb. 25, 128 Einheiten, mit der Sekundär-

Die Streuung.

wicklung verkettet sind aber nur je 122, denn die 6 schraffierten Flächeneinheiten wirken in keiner der beiden sekundären Spulen induzierend und sind daher als Streufluß aufzufassen. Das Verhältnis

$$\zeta_{12} = \frac{\text{Verkettete Linienzahl}}{\text{Windungszahl} \cdot \text{Linienzahl}} = \frac{2 \cdot 122}{2 \cdot 128} = 0{,}9531$$

ist der Spulenfaktor der gegenseitigen Induktion, der die EMK

$$E_2 = 4{,}44 \cdot \zeta_{12} \cdot w \cdot f \cdot \Phi \tag{38}$$

entspricht. Der Spulenfaktor ändert sich übrigens nicht unwesentlich mit der gegenseitigen Lage der Wicklungen gegeneinander.

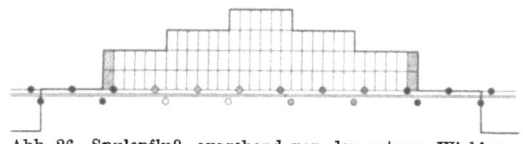

Abb. 26. Spulenfluß, ausgehend von der unteren Wicklung.

Betrachtet man die 2. Wicklung als induzierend, so ergibt sich aus Abb. 26, in der der Fluß ebenfalls in seiner Maximalgröße und die gegenseitige Lage der Wicklungen wie in Abb. 25 dargestellt ist, für die 2. Wicklung mit $q = 2$ ein Spulenfaktor

$$\zeta = 1,$$

während der gegenseitige Spulenfaktor

$$\zeta_{21} = 0{,}9682$$

ist. Auch hier ändert sich der Wert mit der gegenseitigen Lage. Nimmt man gleiche Windungszahlen an, so ergibt sich, wenn Wicklung 1 induziert

$$\frac{E_2}{E_1} = \frac{\zeta_{12}}{\zeta_1} = \frac{0{,}9531}{0{,}9583} = 0{,}99.$$

Ein Teil des von der Primärwicklung erzeugten und mit der Sekundärwicklung verketteten Flusses geht für die Induzierung der EMK in der Sekundärwicklung verloren und ist somit als Streufluß aufzufassen; es ist dies der Betrag, der der Differenz $\zeta_1 - \zeta_{12}$ entspricht. Bezieht man diesen Betrag auf den mit der

Sekundärwicklung verketteten Fluß, so erhält man einen primären Streukoeffizienten

$$\sigma_1 = \frac{\zeta_1 - \zeta_{12}}{\zeta_{12}} = 0{,}0054 \tag{39}$$

als Verhältnis vom Streufluß zum nutzbaren Fluß.

Man hat also bei der gegenseitigen Induktion verteilter Wicklungen einen Verlust an wirksamem Fluß, obwohl der ganze Primärfluß die Sekundärwicklung durchdringt, also eine reine Streuung nicht angenommen ist. Das ist die schon erwähnte doppelt verkettete Streuung.

Wirkt die Sekundärwicklung induzierend, so erhält man als Streukoeffizienten

$$\sigma_2 = \frac{\zeta_2 - \zeta_{21}}{\zeta_{21}} = \frac{1 - 0{,}9682}{0{,}9682} = 0{,}033. \tag{40}$$

Man bezeichnet als totalen Streuungskoeffizienten den Betrag

$$\sigma = \sigma_1 + \sigma_2 + \sigma_1 \cdot \sigma_2 \approx \sigma_1 + \sigma_2, \tag{41}$$

in unserem Fall wäre dieser

$$\sigma = 0{,}0054 + 0{,}033 = 0{,}038.$$

Wir haben hier nur die Spulenfaktoren für eine Hauptstellung der beiden Wicklungen gegeneinander berechnet. Für eine 2. Hauptstellung ergibt sich $\sigma = 0{,}05$. Führt man den Mittelwert der beiden Grenzwerte ein, so erhält man einen Streukoeffizienten von $\sigma = 0{,}044$, d. h. ein mit einer solchen Wicklung ausgeführter Motor hätte, selbst wenn er keine reine Streuung besäße, bereits einen Streukoeffizienten von 4,4%. Aus der Arbeit von Rogowski und Simons ETZ 1909 ergeben sich folgende mittlere Koeffizienten von Dreiphasenmaschinen:

$q_1 =$	2	3	4	5	6
$q_2 = 2$	0,010	0,044	0,041	0,035	0,028
3	0,044	0,020	0,022	0,020	0,021
4	0,041	0,022	0,006	0,015	0,014
5	0,035	0,020	0,015	0,010	0,011
6	0,028	0,021	0,014	0,011	0,005

Man sieht hieraus, daß die doppelt verkettete Streuung bei größeren Nutzahlen abnimmt.

Die Streuung.

Außer dem mit beiden Wicklungen verketteten Fluß entstehen noch Induktionslinien, die nur mit der stromführenden Wicklung selbst verkettet sind: die Linien der reinen Streuung. Sie verlaufen quer zur Nut von Nutenwand zu Nutenwand — Nutstreuung, von Zahnkopf zu Zahnkopf über den Luftspalt — Zahnkopfstreuung — und um die Spulenköpfe — Spulenkopf oder Stirnstreuung. Streng genommen ist nur die letztere als reine Streuung anzusehen, während der Nuten- und Zahnkopfstreufluß sich mit dem Hauptfluß zusammensetzt und im wesentlichen die Verkettung der Wicklungen verschlechtert. Für die Berechnung dieser Streuungen kann man jedoch, so lange die Sättigung nicht zu stark ist, vom Grundsatz der Superposition Gebrauch machen und die Streuflüsse so berechnen, als wäre der Hauptfluß nicht vorhanden.

Die Nut- und Zahnkopfstreuung kann sehr klar aus dem Görges schen Vektordiagramm entnommen werden. Die magnetische Spannung zwischen den Zahnköpfen zweier Zähne ist gegeben durch die Durchflutung der Nut, die sich aus dem Diagramm nach Größe und Phase ergibt. Die Spannung zwischen Zahn 2 und 3 z. B. ist durch die Differenz der Vektoren 02 und 03 dargestellt, also durch den Teil der Polygonseite zwischen 2 und 3. Man sieht, daß die Streuung zwischen den Zähnen einer Spulengruppe konstant ist; von 2 auf 3 treten ebensoviele Induktionslinien über wie von 3 auf 4. Erst an einem Grenzzahn erfolgt eine Änderung und es muß hier ein Streufluß durch den Zahn ein- oder austreten. Geht die Zeitlinie etwa durch Zahn 1, so sind die magnetischen Spannungen in Zahn 2 und 18 kleiner als in Zahn 1. Die Spannungsdifferenz erzeugt Streuflüsse von 1 nach 2 und 18 von gleicher Größe. In Abb. 22 ist die in diesem Augenblick herrschende Flußverteilung dargestellt. Abb. 23 zeigt die aus dem Grenzzahn austretenden Streuflüsse vektoriell. In dem bezeichneten Augenblick (I_a ein Max.) tritt aus Zahn 1 der Maximalbetrag der Streuung aus und in Zahn 10 ein; aus 4 und 13 treten halb so große Streuflüsse aus und in 7 bzw. 16 ein. Zwischen den Zähnen 4 und 7 sowie 13 und 16 herrscht der maximale Streufluß Φ_s; das sind die Zähne, zwischen denen der Strom a fließt. Der ganze auf den Strang a wirkende Streufluß hat also den maximalen Betrag $2\Phi_s$. Die Größe der Nutenstreuspannung pro Strang beträgt somit
$$E_{sn} = 4{,}44 \cdot f \cdot p \cdot q \cdot s \cdot 2\Phi_s. \tag{42}$$

Um den Streufluß zu berechnen, braucht man nur eine einzige Nut zu betrachten. Es ist in Voltsec

$$\Phi_s = \Lambda_n \cdot V, \qquad (43)$$

wobei $V = \sqrt{2} \cdot J \cdot s$ die magnetische Spannung ist, und Λ_n den magnetischen Leitwert in Henry darstellt. Setzt man nach **Richter**

$$\Lambda_n = \Pi \cdot l_i \cdot \lambda_n, \qquad (44)$$

so ist λ_n eine dimensionslose Zahl, die mit der ideellen Ankerlänge l_i und der Permeabilität Π im Nutenraum multipliziert den Leitwert ergibt.

Für die Berechnung des Leitwerts berücksichtigt man nur den Kraftlinienweg in der Luft und hat also

$$\Pi = \Pi_0 = 0{,}4\pi \cdot 10^{-8}. \qquad (45)$$

Setzt man diesen Wert in Gleichung 42 ein, so ergibt sich für die EMK der Nutenstreuung

$$E_{sn} = 15{,}8 \cdot f \cdot p \cdot q \cdot s^2 \cdot l_i \cdot \lambda_n \cdot J \cdot 10^{-8} \text{ Volt}. \qquad (46)$$

Die „Leitwertzahl" ist bei einer Nut mit den Dimensionen der Abb. 27

$$\lambda_n = \frac{h_1}{3a} + \frac{h_2}{a} + 0{,}66 + \frac{h_4}{a_4} \qquad (47)$$

und für eine kreisförmige Nut nach Abb. 28:

$$\lambda_n = 0{,}66 + \frac{h_4}{a_4}. \qquad (48)$$

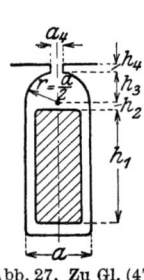

Abb. 27. Zu Gl. (47). (Aus Richter, Elektr. Masch.).

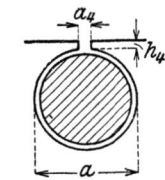

Abb. 28. Zu Gl. (48). (Aus Richter, Elektr. Masch.).

Die Größe des Zahnkopf-Streuflusses hängt von der gegenseitigen Lage der beiden Anker ab und wechselt während der Bewegung ständig von einem Höchstwert, wenn Nut gegen Zahn, bis zu Null, wenn Nut gegen Nut steht. Da die Nutenzahlen in beiden Ankern verschieden sind, kann man mit einem konstanten Mittelwert der Leitwertzahl rechnen. Diese ist nach Richter mit den Dimensionen der Abb. 29 für den Anker 2

$$\lambda_{k_2} \approx \frac{[t_1 - 0{,}75(s_1 + s_2)]^2}{6 t_1 \cdot \delta} \qquad (49)$$

Die Streuung.

und somit die EMK der Zahnkopfstreuung

$$E_{sk} = 15{,}8 \cdot f \cdot p \cdot q \cdot s^2 \cdot l_i \cdot \lambda_k \cdot J \cdot 10^{-8} \text{ Volt.} \tag{50}$$

Die Linien der Stirnstreuung schließen sich um die Stirnverbindungen und verlaufen teilweise im Eisen des Ankers, der

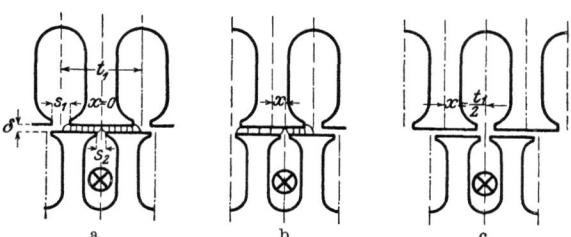

Abb. 29 a—c. Zu Gl. (49). (Aus Richter, Elektr. Masch.).

Druckplatten und Schutzschilder. Ihre Berechnung ist daher sehr unsicher. Es ist vor allem zu unterscheiden, ob alle q-Spulen eines Stranges zu einer Spulengruppe zusammengefaßt oder ob sie geteilt sind, also ob man 2- oder 3-Etagenwicklung hat, da im ersten Fall die Windungszahl für die EMK der Selbstinduktion doppelt so groß ist. Es ist nach Richter (L. 2, S. 292)

für 3-Etagenwicklung $\lambda_s = 0{,}225$,

für 2-Etagenwicklung $\lambda_s = 0{,}3$,

wobei diese Werte noch wesentlich vergrößert werden müssen, wenn die Spulenköpfe gegen die Stirnwand zu gebogen sind. Die EMK der Stirnstreuung ist dann

$$E_{ss} = 15{,}8 \cdot f \cdot p \cdot q^2 \cdot s^2 \cdot l_s \cdot \lambda_s \cdot J \cdot 10^{-8} \text{ Volt.} \tag{51}$$

Um einen Begriff von der Größe der Streuung zu geben, sei sie berechnet für einen Drehstrommotor mit folgenden Daten:

$d = 84$ cm, $p = 4$, $l_i = 18{,}5$ cm, $\delta = 0{,}12$ cm.

$q_1 = 4$ Nutform Abb. 27 $s_1 = 31$, $l_{s_1} = 50$ cm.

$q_2 = 7$ $s_2 = 2$, $l_{s_2} = 33$ cm.

Nutdimensionen:	h_1	h_2	h_3	h_4	a	a_4
Ständer:	4	0	0,5	0,05	1,5	0,35
Läufer:	2,2	0	0,3	0,05	0,7	0,15

Allgemeine Grundlagen.

Bezeichnet man als Streukoeffizienten der Primärwicklung σ_1 das Verhältnis der für die volle Verkettung verloren gehenden Induktionslinien zu den mit der Sekundärwicklung verketteten, so ist

$$\sigma_1 = \frac{\zeta_1 - \zeta_{12}}{\zeta_{12}} + \frac{\Phi_{s_1}}{\zeta_{12} \cdot \Phi_{12}}, \qquad (52)$$

wobei das erste Glied die doppelt verkettete Streuung, das zweite die reine Streuung darstellt. Die Flüsse sind natürlich fiktiv; statt ihrer kann man besser das Verhältnis der EMKe einsetzen. Es ist nach Gleichung (36), (46), (50) und (51)

$$\frac{\Phi_s}{\zeta_{12}\,\Phi_{12}} = \frac{E_s}{E_1} = \frac{15{,}8}{4{,}48} \cdot \frac{1}{q} \cdot \frac{\delta'}{\tau} \cdot \left(\lambda_n + \lambda_K + q\,\frac{l_s}{l_i} \lambda_s \right), \qquad (53)$$

wobei statt δ ein (die Nutung berücksichtigender) reduzierter Luftspalt δ' einzusetzen ist, der in unserem Fall 0,135 cm beträgt.

Die Leitwertzahlen ergeben sich für die Primäranker zu:

$$\lambda_{n_1} = 1{,}65; \qquad \lambda_{k_1} = 1{,}27; \qquad \lambda_{s_1} = 0{,}3 \cdot 1{,}3 \approx 0{,}4;$$

unter Berücksichtigung des Umstandes, daß die Hälfte der Spulenköpfe gegen die Stirnwand zu gebogen ist. Für den Sekundäranker zu:

$$\lambda_{n_2} = 2{,}18; \qquad \lambda_{k_2} = 2{,}85; \qquad \lambda_{s_2} = 0{,}3$$

für die Mantelwicklung des Läufers. Dann sind die Anteile der reinen Streuung

$$\text{primär:} \quad \frac{E_{s_1}}{E_1} = 0{,}0345,$$

$$\text{sekundär:} \quad \frac{E_{s_2}}{E_2} = 0{,}024,$$

die Anteile der doppelt verketteten Streuung

primär: $\dfrac{0{,}9643 - 0{,}9564}{0{,}9564} = 0{,}0082$ und $\dfrac{0{,}9643 - 0{,}9520}{0{,}9520} = 0{,}013$

im Mittel 0,01,

sekundär: $\dfrac{0{,}9570 - 0{,}9563}{0{,}9563} = 0{,}00073$ und $\dfrac{0{,}9570 - 0{,}9519}{0{,}9519} = 0{,}0053$

im Mittel 0,003.

Somit

$$\sigma_1 = 0{,}01 + 0{,}0345 = 0{,}0445,$$
$$\sigma_2 = 0{,}003 + 0{,}024 = 0{,}027,$$
$$\sigma = 0{,}0715.$$

5. Der Magnetisierungsstrom.

Nächst der Streuung ist für das Verhalten der Asynchronmaschinen der Magnetisierungsstrom von maßgebender Bedeutung. Er hat 2 Komponenten: die der Erzeugung des Feldes entsprechende Blindkomponente und die den Ummagnetisierungsverlusten zukommende Wirkkomponente. Es sei zunächst die weitaus wichtigere von beiden, die Blindkomponente, besprochen. Wir haben auf Seite 19 Beziehungen für die EMK., die in einer Dreiphasenwicklung induziert wird und dem das Feld und damit die Spannung hervorrufenden Strom abgeleitet. Es war

$$E = 4{,}8 \cdot \xi_1^2 \cdot p \cdot (q \cdot s)^2 \cdot \frac{\tau \cdot l_i}{\delta} f \cdot J \cdot 10^{-8} \text{ Volt.}$$

Dabei wurde die vereinfachende Annahme zugrunde gelegt, daß der Verlauf der Induktion am Ankerumfang Sinusform habe, und daß der magnetische Widerstand allein durch einen Luftspalt von der Länge δ ohne Berücksichtigung des Eisens gegeben sei.

In Wirklichkeit sind diese Voraussetzungen nicht erfüllt, da durch die Sättigung, die vor allem in den Zähnen auftritt, die Feldkurve trotz sinusförmiger Erregerkurve nicht mehr sinusförmig und außerdem der magnetische Widerstand des Kreises mit dem Strom veränderlich ist. Statt der durch obige Gleichung ausgedrückten Proportionalität zwischen Erregerstrom und induzierter Spannung erhalten wir eine Magnetisierungscharakteristik, die man in folgender Weise berechnen kann.

Die von der Durchflutung des Primärankers erzeugte magnetische Spannung wird im wesentlichen zur Überwindung des magnetischen Widerstands der Luft und der Zähne verbraucht, so daß es genügt, die magnetische Charakteristik für Luft und Zähne zu ermitteln. Man nimmt zu diesem Zweck einige Feldstärken im Luftraum an, berechnet dafür die magnetische Spannung $V_l + V_{zs} + V_{zl}$ für den Luftraum, die Ständer- und Läuferzähne. So erhält man die Charakteristik in Abb. 30. Bei der Berechnung von V_l muß die Nutung berücksichtigt werden, mit Hilfe der Kuttaschen Formel (s. L. 5, S. 320); für V_z kann bei Zahninduktionen unter $B = 18000$ angenommen werden, daß der gesamte Fluß durch die Zähne geht, andernfalls muß die Entlastung der Zähne durch die Nut berücksichtigt werden.

32 Allgemeine Grundlagen.

Aus der magnetischen Charakteristik läßt sich nun die wahre Feldkurve bei gegebener Erregerkurve ermitteln. Sie verläuft stets flacher als diese, s. Abb. 31. Diese Feldkurve müßte nun

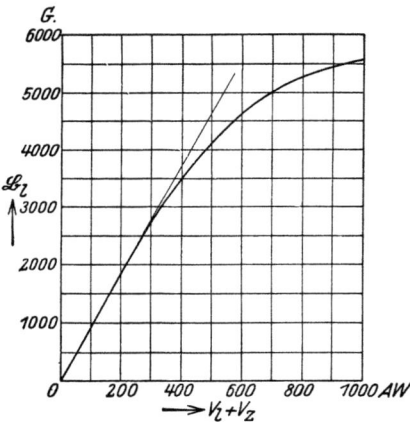

Abb. 30. Magnetische Charakteristik fur Luft und Zahne.

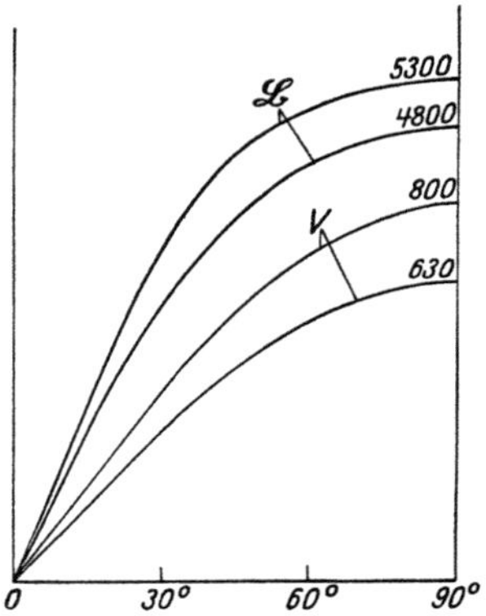

Abb. 31. Zusammengehörige Erreger- und Feldkurven.

strenggenommen in ihre Harmonischen zerlegt werden, um die Harmonischen der EMK zu erhalten. Es genügt jedoch gewöhnlich, sie durch eine flächengleiche Sinuslinie zu ersetzen. Man erhält so durch Planimetrieren den Mittelwert $\mathfrak{B}_m$ und den sinusförmigen Ersatzfluß

$$\Phi = \mathfrak{B}_m \cdot \tau \cdot l_i.$$

Die dazugehörige EMK ist dann

$$E = 4{,}44 \cdot \xi_1 \cdot w \cdot \Phi \cdot f \cdot 10^{-8} \text{ Volt}.$$

Anderseits ist nach Gleichung (22) unter Vernachlässigung der für die Kernlängen der beiden Anker benötigten Spannungsbeträge

$$V_0 = (V_l + V_{zs} + V_{zl}) = 1{,}3 \cdot J_m \cdot s \cdot q \quad \text{und} \quad J_m = \frac{V_0}{1{,}3 \cdot s \cdot q}.$$

Man hat somit zwei zusammengehörige Werte von E und J_m. Es genügt, diese Rechnung für zwei Werte von V_0 oder J_m durchzuführen und durch Interpollation für die gegebene EMK den Magnetisierungsstrom zu finden. Ein Beispiel soll das Verfahren näher erläutern.

Der Magnetisierungsstrom.

Ein 8poliger Asynchronmotor mit einem Durchmesser von $d = 64$ cm und einer ideellen Ankerlänge von $l_i = 185$ cm, dessen Ständerwicklung eine Vierlochwicklung mit je 31 Leiter pro Nut hat, soll eine Leerlaufspannung von 3000 V in Sternschaltung liefern. Aus den Dimensionen der Nuten und dem Luftspalt wurde eine magnetische Charakteristik für Luft und Zähne nach Abb. 30 ermittelt. Der Strangspannung von

$$E = \frac{3000}{\sqrt{3}} = 1730 \text{ Volt}$$

entspricht ein Fluß von

$$\Phi = \frac{E \cdot 10^8}{4{,}44 \cdot \xi_1 \cdot p \cdot q \cdot s \cdot f} = 1{,}65 \cdot 10^6 \text{ Maxwell}$$

und bei einer Polteilung von

$$\tau = \frac{64 \cdot \pi}{8} = 25{,}1 \text{ cm} \quad \text{und} \quad l_i = 18{,}5 \text{ cm}$$

eine mittlere Induktion

$$\mathfrak{B}_m = 3550 \text{ G}.$$

Die dieser mittleren Induktion entsprechende maximale kennen wir nicht, sie ist aber wegen der Verflachung zweifellos kleiner als $\frac{\pi}{2} \cdot 3550 = 5600$. Wir nehmen nun schätzungsweise zwei maximale Induktionen, zwischen denen vermutlich die richtige liegen wird, an, und zwar $\mathfrak{B}_{\text{max}} = 1{,}5 \mathfrak{B}_m = 5300$ und $\mathfrak{B}_{\text{max}} = 1{,}35 \mathfrak{B}_m = 4800$, entnehmen dafür aus Abb. 30 die Maximalwerte V_0, zeichnen die Feldkurven und ermitteln die EMKe. Man erhält für

$\mathfrak{B}_{\text{max}}$	V	$\mathfrak{B}_m$	Φ	E	J_m
5300	800	3860	$1{,}8 \cdot 10^6$	1890	4,96
4800	630	3380	$1{,}57 \cdot 10^6$	1650	3,91

Einen weiteren Punkt der auf diese Weise entstehenden Magnetisierungscharakteristik erhalten wir ohne weiteres etwa für $V = 200$ AW entsprechend $J_m = 1{,}24$ A, wofür nach Abb. 30 $\mathfrak{B}_{\text{max}} = 1900$, $\mathfrak{B}_m = 1210$, $\Phi = 0{,}562$, $E = 590$ ist. Für $E = 1730$ V entnehmen wir dann der Magnetisierungscharakteristik Abb. 32 einen Magnetisierungsstrom von $J_m = 4{,}18$ A, was einem $V_{\text{max}} = 4{,}18 \cdot 1{,}3 \cdot 31{,}4 = 675$ AW und $\mathfrak{B}_{\text{max}} = 4950$ G. entspricht. Zu diesem Magnetisierungsstrom käme noch ein der Durchmagnetisierung der Ankerkerne entsprechender Anteil, der sich aus dem gegebenen Fluß und den Querschnitten unschwer errechnen läßt. Hätte man die Formänderung der Feldkurve vernachlässigt, so hätte einer mittleren Induktion von 3550 G. ein $\mathfrak{B}_{max} = 1{,}57 \cdot 3550 = 5570$ G. und ein V_{max} nach Abb. 30 von 1000 AW und ein Erregerstrom von $J_m = 6{,}2$ A entsprochen.

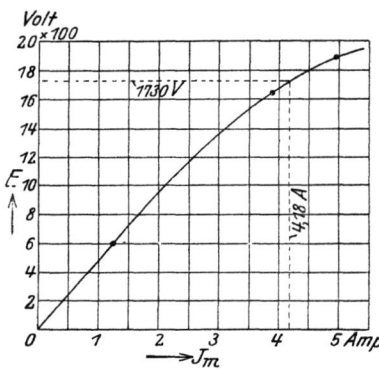

Abb. 32. Magnetisierungscharakteristik.

Die Wirkkomponente des Magnetisierungsstroms ergibt sich aus den Eisenverlusten V_e zu

$$J_w = \frac{V_e}{3 \cdot E_1}. \quad (54)$$

Die Eisenverluste bestehen aus Wirbelstrom- und Hystereseverlusten, die für die Zähne und die Kerne je besonders berechnet werden müssen. Hierzu kommt beim Lauf noch zusätzliche Eisenverluste als Folge der durch die Nutung des Ankers hervorgerufenen Flußschwankungen. Es entsteht nämlich eine Wirbelströmung einmal dadurch, daß die Induktion an der Oberfläche des einen Teils mit der Periode der Nutteilung des andern Teils schwankt. Man bezeichnet diese Verluste als Oberflächenverluste. Außerdem treten aber auch Änderungen der Zahninduktionen auf, je nach der relativen Lage der Zähne gegeneinander, die ebenfalls Wirbelströme, die sog. Pulsationsverluste, ergeben (s. L. 2, S. 229).

Der gesamte Magnetisierungsstrom der stillstehenden Asynchronmaschine ist

$$J_{10} = \sqrt{J_{1m}^2 + J_{1w}^2}. \quad (55)$$

II. Die Induktionsmaschine.

Die Dreiphasenwicklung des Ständers ist an das Netz angeschlossen, während die Läuferwicklung mit dem Netz in keiner Verbindung steht und ihren Strom „durch Induktion" erhält. Die Energie wird mittels des Drehfelds auf den Läufer übertragen.

Der Motor im Stillstand. 35

Die Läuferwicklung ist daher auch nicht an eine bestimmte Phasenzahl gebunden. Sie wird meist als Dreiphasenwicklung oder bei kleinen Maschinen als Käfigwicklung ausgeführt. Im ersten Fall werden die Enden der Wicklung zu Schleifringen geführt, daher die Bezeichnung Schleifringanker im Gegensatz zum Kurzschlußanker. Um die Ausbildung von Wirbelströmen durch den Wechselfluß zu vermeiden, werden Ständer und Läufer aus Blechen zusammengesetzt. Die Wirbelströme im Läufer würden zwar ein nützliches Drehmoment ergeben, aber bei verhältnismäßig großem Strom und schlechtem Leistungsfaktor. Abb. 33 zeigt die Teile eines Induktionsmotors mit Schleifringanker der SSW für 25 kW und 965 Umdr. Der Läufer trägt in ganz geschlossenen Nuten eine Stabwicklung mit Kupferfahnen zur Lüftung und Kühlung. Die Scheibe rechts von den drei Schleifringen dient zum Kurzschließen und Abheben der Bürsten, so daß im Betrieb kein Bürstenverschleiß und keine Reibungs- und Stromwärmeverluste an den Bürsten auftreten.

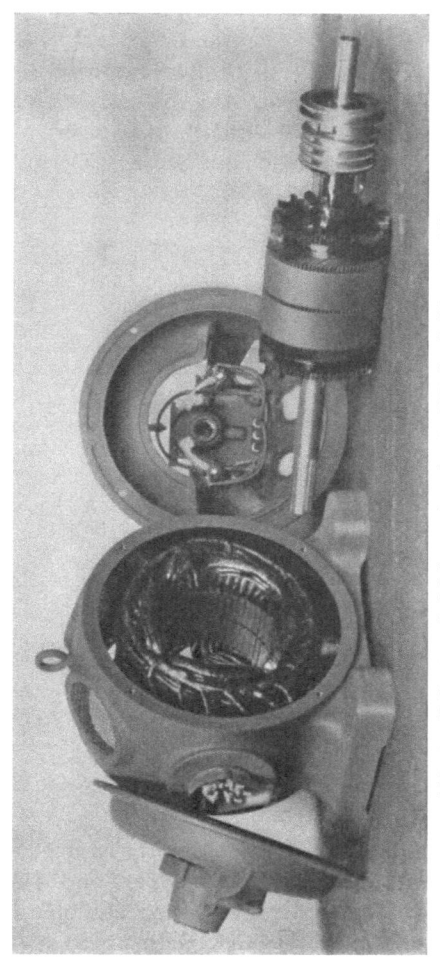

Abb. 33. Teile eines Induktionsmotors für 25 kW der SSW. (965 U/min.)

3*

36   Die Induktionsmaschine.

1. Der Motor im Stillstand.

Es sei ein Motor mit dreiphasiger Läuferwicklung angenommen, an dessen Schleifringen ein Ohmscher Widerstand angeschlossen ist (s. Abb. 34). Halten wir den Läufer fest, so verhält sich die Maschine wie ein Dreiphasentransformator, denn das induzierende Drehfeld kann in jeder Lage in 2 Wechselfelder gleicher Amplitude wie das Drehfeld zerlegt werden, von denen das eine (I) mit der Achse irgendeiner Strangwicklung zusammenfällt, das andere (II) senkrecht dazu steht, wie aus Abb. 35 ersichtlich ist. Nur

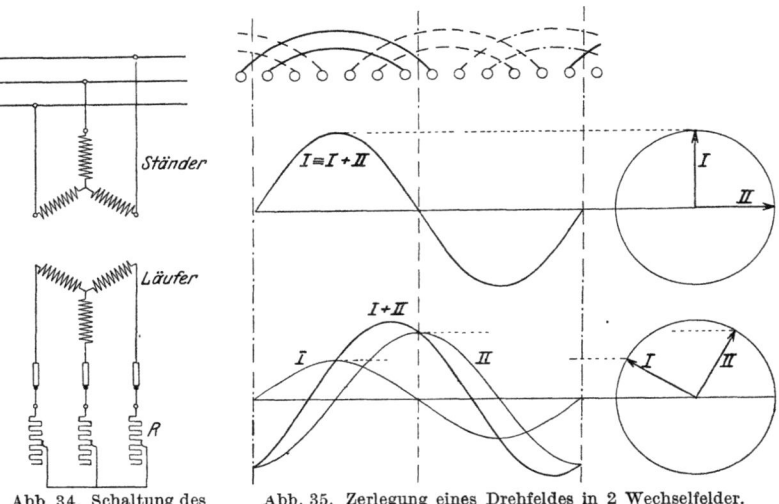

Abb. 34. Schaltung des Induktionsmotors.

Abb. 35. Zerlegung eines Drehfeldes in 2 Wechselfelder.

das erstere Wechselfeld induziert eine EMK in dem betreffenden Strang, deren Größe nach Gl. (28) berechnet werden kann. Es gilt also für jeden Strang das Vektordiagramm des Transformators. Der Ständerstrom ergibt sich als geometrische Summe des Magnetisierungsstroms und des im umgekehrten Verhältnis der Windungszahlen reduzierten Läuferstroms. Die EMKe in Ständer und Läufer unterscheiden sich von den Klemmenspannungen um die Beträge der Streuspannungen und der Ohmschen Spannungsabfälle. Der Unterschied gegen den gewöhnlichen Transformator besteht in einem größeren Magnetisierungsstrom und größerer Streuspannung. Der größere Magnetisierungsstrom ist bedingt durch den unvermeidlichen Luftspalt und beträgt bei Induktionsmotoren 20 bis 40% des Nennstroms gegen 5 bis 10% beim Transformator. Die größere Streuspannung ist eine Folge der schlechteren Verkettung der beiden Wicklungen. Sie bewirkt, daß der Kurzschlußstrom des Induktionsmotors nur das 6,5- bis 3,5fache des Nennstroms gegenüber dem 40- bis 12fachen beim Transformator ist.

Durch die Ströme im Läufer wird ebenfalls ein Drehfeld hervorgerufen, unabhängig von der Phasenzahl des Läufers, die zu diesem Zweck nur größer als 1 sein muß. Natürlich muß die Polzahl der Läuferwicklung mit der des Drehfelds übereinstimmen, damit eine vollkommene Übertragung der Leistung vom Drehfeld auf den Läufer möglich ist. Die beiden Drehfelder laufen also mit gleicher synchroner Geschwindigkeit um, stehen gegeneinander still und bilden das resultierende Feld, das die der aufgedrückten Spannung etwa gleich große EMK im Ständer erzeugt. Diese Tatsache bleibt auch beim Lauf des Sekundärankers bestehen, wie im nächsten Abschnitt gezeigt werden soll.

2. Der Motor im Lauf.

Ein stromdurchflossener Leiter erfährt im magnetischen Feld einen Antrieb. Auf den Läufer des Induktionsmotors wird daher bei geschlossenem Läuferkreis ein Drehmoment ausgeübt, sobald im Ständer Strom fließt. Wird der Läufer nicht festgehalten, so fängt er in der Richtung des Drehfelds zu laufen an. Dies folgt ohne weiteres aus den beiden elektromagnetischen Richtungsregeln: Der Rechten Handregel für die Richtung

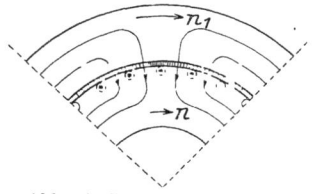

Abb. 36. Drehfeld, Strom und Drehrichtung

des induzierten Stroms und der Linken Handregel für die Richtung der Antriebskraft. In Abb. 36 ist für eine vierpolige Maschine ein etwa sinusförmiges Feld angenommen, das sich im Uhrzeigersinn mit der synchronen Drehzahl n_1 dreht und dadurch im Läufer die eingezeichneten Ströme induziert. Sehr einfach ergibt sich die Drehrichtung auch nach dem Lenzschen Gesetz, wonach jeder induzierte Strom stets so gerichtet ist, daß seine Rückwirkung die

Ursache seiner Erzeugung aufzuheben sucht. Diese Ursache liegt hier in der Relativbewegung des Feldes gegen die Leiter. Diese suchen somit die Geschwindigkeit des Feldes anzunehmen. Vollkommen gleich der Drehzahl n_1 des Feldes kann aber die Drehzahl n des Läufers nicht werden, denn sonst würde kein Strom mehr induziert und damit kein Drehmoment mehr ausgeübt werden. Man nennt diese Erscheinung, daß der Läufer in seiner Geschwindigkeit hinter dem Drehfeld zurückbleibt, mit diesem also nicht synchron, sondern asynchron läuft, die **Schlüpfung** und bezeichnet das Verhältnis

$$s = \frac{n_1 - n}{n_1} \qquad (56)$$

als den **Schlupf** des Motors. Vielfach wird der Schlupf in Prozenten der synchronen Drehzahl angegeben. Dann ist

$$s = \frac{n_1 - n}{n_1} \cdot 100\% \ . \qquad (56\,\text{a})$$

Der Schlupf ist also das charakteristische Merkmal der Asynchronmaschine und eine ihrer wichtigsten Rechengrößen. Je kleiner der Schlupf ist, um so kleiner ist die Relativgeschwindigkeit zwischen Läufer und Drehfeld und um so kleiner auch die im Läufer induzierte EMK. Da der Läuferstrom einerseits der induzierten EMK und dem Leitwert der Läuferwicklung proportional ist und anderseits die Größe des Drehmoments bestimmt, so folgt, daß bei einem bestimmten Drehmoment der Schlupf um so größer wird, je größer der Läuferwiderstand ist. Es bedarf eben bei größerem Widerstand einer größeren Geschwindigkeit, um den vom Drehmoment geforderten Strom zu erzeugen. Mit dem größeren Widerstand wachsen aber auch porportional die Läuferkupferverluste, von denen der Wirkungsgrad des Induktionsmotors in derselben Weise abhängt wie der Wirkungsgrad einer Gleichstrommaschine von deren Ankerverlusten. Der Schlupf ist also auch eine für den Wirkungsgrad wichtige Größe. Von zwei gleich großen Motoren, die aus magnetisch gleichwertigem Material hergestellt sind, hat derjenige den besseren Wirkungsgrad, der den kleineren Schlupf aufweist.

Der Schlupf ist zugleich ein Maß für die jeweilige Belastung eines Motors. Im Leerlauf, wo nur die Reibungswiderstände zu überwinden sind, ist der Läuferstrom ein Minimum; die Dreh-

Der Motor im Lauf.

zahl des Läufers beinahe gleich der Drehzahl des Drehfelds, der **synchronen Drehzahl**. Wird die Läuferwelle mechanisch belastet, so tritt eine Verzögerung des Läufers ein, da das vom Strom mit dem Feld gebildete Drehmoment dem Lastmoment nicht gewachsen ist. Der Schlupf vergrößert sich so weit, bis der damit wachsende Strom dem Belastungsmoment entspricht. Je größer also das Lastmoment, um so größer der Schlupf. Die Proportionalität zwischen diesen beiden Größen geht bis etwa zur Nennlast des Motors.

Im folgenden soll nun gezeigt werden, daß auch der laufende Induktionsmotor sich wie ein Transformator verhält.

Die beim Schlupf s im Läufer induzierte EMK E_{2s} verhält sich zu der im Stillstand ($s = 1$) induzierten EMK E_2 wie die entsprechenden Relativgeschwindigkeiten zwischen Drehfeld und Läuferwicklung. Somit ist

$$E_{2s} = E_2 \cdot \frac{n_1 - n}{n_1} = s \cdot E_2; \qquad (57)$$

ebenso ist die Frequenz des Läuferstroms

$$f_2 = s \cdot f_1. \qquad (58)$$

Im Läufer hat also der Strom niedrige Frequenz. Man kann an einem in den Rotorkreis eingebauten Drehspulen-Stromzeiger mit doppelseitigem Ausschlag leicht die wechselnde Stromrichtung beobachten und damit den Schlupf messen. Es ist

$$s = \frac{f_2}{f_1} \cdot 100\%. \qquad (59)$$

Beobachtet man also zum Beispiel während einer Zeit von 30 Sekunden bei einer Primärfrequenz von $f_1 = 50$ Per. 60 Vollschwingungen des Zeigers, so ist der Schlupf $s = \frac{60}{30} \cdot \frac{1}{50} \cdot 100 = 4\%$.

Aus der Schlupffrequenz f_2 ergibt sich die Schlupfdrehzahl, das ist die Differenz zwischen Drehfeld- und Läuferdrehzahl zu

$$n_s = n_1 - n = \frac{60 \cdot f_2}{p}. \qquad (60)$$

Die Läuferdrehzahl ist

$$n = n_1 - n_s. \qquad (61)$$

Wenn in obigem Beispiel ein 4poliger Motor angenommen wird, so ist nach (60) und (56) die Schlupfdrehzahl

$$n_s = s \cdot n_1 = \frac{4}{100} \cdot 1500 = 60 \text{ Umdr./min}$$

und die Läuferdrehzahl

$$n = 1500 - 60 = 1440 \text{ Umdr./min}.$$

Die Läuferströme erzeugen natürlich auch ein Drehfeld, das mit der Drehzahl n_s in bezug auf den Läufer umläuft. Da der Läufer sich in derselben Richtung mit der Drehzahl n dreht, so ist die Drehzahl des Läuferfelds gegenüber dem Ständer $n_s + n = n_1$, also ebenso groß wie diejenige des Ständerfelds. Die beiden Felder stehen also gegeneinander still bei allen Drehzahlen des Läufers genau wie im Stillstand. Das Sekundärfeld übt dieselbe Rückwirkung auf den Primärkreis aus wie beim Transformator und ermöglicht die Aufnahme eines entsprechenden primären Nutzstroms.

Um im Stillstand des Läufers dieselbe Stromaufnahme wie im Lauf zu haben, müßte man entweder nur eine der Sekundärspannung $s \cdot E_2$ entsprechende Primärspannung zuführen oder bei normaler Klemmenspannung einen Widerstand in den Läuferkreis einschalten. Bezeichnet R_2 den Widerstand und L_2 die Induktivität eines Strangs der Läuferwicklung, so ist der Läuferstrom

$$J_2 = \frac{s \cdot E_2}{\sqrt{R_2^2 + (2\pi f_2 L_2)^2}} \qquad (62)$$

oder im 2. Fall

$$J_2 = \frac{E_2}{\sqrt{\left(\frac{R_2}{s}\right)^2 + \left(\frac{2\pi f_2}{s} L_2\right)^2}} = \frac{E_2}{\sqrt{\left(\frac{R_2}{s}\right)^2 + (2\pi f_1 L_2)^2}}. \qquad (63)$$

Man würde im 2. Fall also denselben elektromagnetischen Zustand erhalten wie im Lauf, wenn man der Läuferwicklung pro Strang einen Widerstand

$$R = \frac{R_2}{s} - R_2 = R_2 \cdot \frac{1-s}{s} \qquad (64)$$

vorschalten würde. Dieser Widerstand entspricht dem Nutzwiderstand eines belasteten Transformators. Der laufende Induktionsmotor verhält sich also wie ein auf einen Ohmschen

Widerstand belasteter Transformator. Von der im Stillstand induzierten Spannung E_2 bleibt als Spannung aber nur der kleine Teil $s \cdot E_2$ übrig, während der weitaus größere Teil $(1 - s) \cdot E_2$ gewissermaßen als Geschwindigkeit auftritt. Daß als Ersatz für die mechanische Leistung des Induktionsmotors nur ein Ohmscher Widerstand und nicht etwa auch ein Blindwiderstand auftreten kann, ergibt sich auch daraus, daß eine Wirkleistung nur durch einen Ohmschen Widerstand, nicht durch einen induktiven ausgedrückt werden kann. Die Spannung $(1 - s) E_2 = J_2 R$ stellt die bei der Umwandlung elektrischer in mechanische Leistung zu erwartende Gegen-EMK dar.

Erteilen wir dem Schlupf s verschiedene Werte, so ergeben sich interessante Aufschlüsse über das Verhalten des Induktionsmotors.

Dem Stillstand entspricht $s = 1$; der „Nutzwiderstand" ist $R = 0$, d. h. es wird keine mechanische Leistung abgegeben.

Im synchronen Lauf ist $s = 0$ und $R = \infty$, aber $J = 0$, also auch hier keine Leistung.

Dem übersynchronen Lauf entspricht ein negativer Schlupf, daher nach Gl. (64) ein negativer Nutzwiderstand, d. h. der Widerstand verzehrt keine Leistung mehr, sondern gibt solche ab — Generatorwirkung. Für $s = +\infty$, das ist der Antrieb gegen das Drehfeld, und $s = -\infty$, das ist übersynchroner Antrieb mit großer Geschwindigkeit, ergibt sich das gleiche Resultat, nämlich

$$R = -R_2,$$

d. h. der gesamte Läuferverlust $J_2^2 \cdot R_2$ wird von der mechanisch zugeführten Leistung gedeckt. Dem Ständer des Motors braucht in diesem Fall nur die Leistung zugeführt werden, die den Kupferverlusten in der Ständerwicklung entspricht.

3. Drehmoment und Leistung.

Wir haben in Abb. 36 einen Schnitt durch den Rotor mit seinen Stäben dargestellt, ohne auf die Verbindung der einzelnen Stäbe zu achten. Um das auf den Läufer ausgeübte Drehmoment zu untersuchen, müssen wir auf die Art der Läuferwicklung näher eingehen.

Es sei zunächst eine in sich geschlossene Spule, die eine Polteilung umfaßt, auf dem Läufer angenommen. Die Linie $\mathfrak{B}$ in

Abb. 37 stellt dann den zeitlichen Verlauf der Induktion über einer Spulenseite dar, der sinusförmig ist bei Annahme eines sinusförmigen Drehfelds. Die in den Spulenseiten induzierte EMK fällt zeitlich mit dem Verlauf der Induktion zusammen. Zwischen dem Strom und der EMK in der Spule herrscht nun beinahe Phasengleichheit, denn der Blindwiderstand $2\pi f_2 L_2$ ist bei der im Lauf herrschenden geringen Frequenz $f_2 = 0{,}01 \div 0{,}06\, f_1$ sehr klein im Vergleich zum Ohmschen Widerstand R_2. Nehmen wir Phasengleichheit an, so zeigt die i-Linie in Abb. 37 den Verlauf des Stroms. Das Produkt von Strom und Induktion ist proportional dem Drehmoment, dessen Verlauf also durch eine $\sin^2$-Linie gegeben ist. Das bei einer einphasigen Läuferwicklung entstehende Drehmoment ist also stets positiv, aber schwankt mit der doppelten Frequenz des Primärstroms von Null bis zu einem Maximalwert.

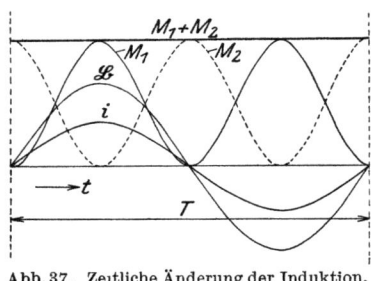

Abb. 37. Zeitliche Änderung der Induktion, des Stroms und des Drehmoments einer Spule.

Ordnet man eine zweite, um 90° versetzte Wicklung an, so ergibt die Summe der beiden Drehmomentlinien eine Gerade ($\sin^2 \alpha + \cos^2 \alpha = 1$), d. h. das Drehmoment ist zeitlich konstant. Statt eines Zweiphasensystems kann jedes beliebige Mehrphasensystem auf den Läufer angeordnet werden; es entsteht immer ein Drehmoment gleichbleibender Größe.

Man verwendet für Schleifringanker fast ausnahmslos die Dreiphasenwicklung, die der Zweiphasenwicklung sowohl in elektrischer Hinsicht wie in der Raumausnützung überlegen ist. Eine besonders einfache Läuferwicklung für kleine Motoren ergibt sich durch Anordnung vieler Stäbe am Läuferumfang, die an beiden Stirnseiten durch je einen Kurzschlußring verbunden sind. Diese schon erwähnte Käfigwicklung stellt eine Vielphasenwicklung dar, bei welcher der Strom eines Stabes durch einen diametral gelegenen Stab zurückfließt.

Bei größerem Schlupf ist der Einfluß des Blindwiderstands der Läuferwicklung nicht mehr zu vernachlässigen. Der Strom eilt der EMK nach, das Drehmoment wird zeitweise negativ und sein

Mittelwert kleiner. Dies ist besonders beim Anlauf von Bedeutung (s. Abb. 55).

Das durch Vermittlung des Flusses zwischen den vom Strom durchflossenen Ständer- und Läuferstäben gebildete Drehmoment greift nach dem Gesetz von Wirkung und Gegenwirkung in gleicher Größe am Läufer wie am Ständer an.

Die vom Drehfeld, das ja mit der Drehzahl n_1 umläuft, auf den Läufer übertragene Leistung, die sog. **Drehfeldleistung**, ergibt sich zu

$$N_2 = \frac{M \cdot n_1}{0{,}975} \text{ Watt,} \tag{65}$$

wenn M das in mkg gemessene Drehmoment ist.

Der Läufer hat nur die Drehzahl n, folglich beträgt seine mechanische Leistung

$$N_m = \frac{M \cdot n}{0{,}975} \text{ Watt.} \tag{66}$$

Die Differenz dieser beiden Leistungen wird im Läufer zur Erzeugung des Stroms verbraucht, geht also als elektrische Leistung N_e im Läufer verloren und ist mit dessen Stromwärmeverlusten identisch. Es ist also

$$N_e = N_2 - N_m = \frac{M}{0{,}975} \cdot (n_1 - n) = \frac{M}{0{,}975} \cdot n_s. \tag{67}$$

Die gesamte, auf den Läufer übertragene Leistung zerfällt also in zwei Teile, die Nutzleistung N_m und die Verlustleistung N_e, die sich verhalten wie die auf sie treffenden Anteile der Drehfelddrehzahl. Es ist:

$$N_m = N_2 \cdot \frac{n}{n_1} = N_2 \cdot \frac{n_1 - n_s}{n_1} = N_2 \cdot (1 - s), \tag{68}$$

und

$$N_e = N_2 \cdot \frac{n_s}{n_1} = N_2 \cdot s, \tag{69}$$

$$\frac{N_m}{N_e} = \frac{n}{n_s} = \frac{1 - s}{s}. \tag{70}$$

Die elektrische Leistung des Läufers ist also nach Gl. 69 proportional dem Schlupf. Der prozentuale Schlupf gibt unmittelbar den prozentualen Verlust an Drehfeldleistung an, der als Stromwärme im Läufer auftritt. Da der Schlupf anderseits vom Läuferwiderstand abhängt, so muß dieser zwecks Erreichung eines guten Wirkungsgrads möglichst klein gehalten werden.

Wir haben oben das Drehmoment eines einzelnen Leiters proportional dem Produkt aus Induktion und Strom gesetzt. Eine rechnerische Beziehung zwischen dem Drehfluß und dem Drehmoment ergibt sich aus Gl. 65, wenn man für N_2 die elektrischen Größen einsetzt. Es ist

$$N_2 = m_2 \cdot E_2 \cdot J_2 \cdot \cos\vartheta_2, \qquad (71)$$

wobei ϑ_2 der Phasenwinkel zwischen der im Stillstand induzierten EMK E_2 und dem Strom J_2 ist, also

$$\operatorname{tg}\vartheta_2 = \frac{2\pi \cdot f_1 \cdot L_2}{R_2} \qquad (72)$$

und
$$E_2 = 4{,}44 \cdot f_1 \xi_2 \cdot w_2\, \Phi \cdot 10^{-8}. \qquad (73)$$

Somit nach den Gleichungen 65 und 71

$$M = 7{,}22 \cdot m_2 \xi_2 \cdot p \cdot w_2 \cdot J_2 \cdot \Phi \cos\vartheta_2 \cdot 10^{-6}\ \text{mkg}. \qquad (74)$$

Zwischen dem mit einer Spule verketteten Fluß und der EMK in dieser Spule besteht eine Phasenverschiebung von 90°, somit zwischen dem Strom J_2 und dem Fluß eine solche von $(90° - \vartheta_2)$. Man kann also statt $\cos\vartheta_2$ $\sin 90 - \vartheta_2$ setzen und erhält für das Drehmoment

$$M = \text{Konst} \cdot (m_2 w_2 \cdot J_2) \cdot (p \cdot \Phi) \cdot \sin(\Phi J) \qquad (75)$$

Das Drehmoment der mehrphasigen Asynchronmaschine ist somit gleich einer Konstanten mal der effektiven Durchflutung des Läufers mal dem gesamten Induktionsfluß mal dem Sinus der Phasenverschiebung zwischen Strom und Fluß.

Die an der Welle des Motors zur Verfügung stehende Leistung ist um die Reibungsverluste V_R geringer als die mechanische Leistung N_m. Die Eisenverluste des Rotors sind wegen der geringen Frequenz der Ummagnetisierung vernachlässigbar klein. Geringe zusätzliche Verluste entstehen jedoch durch die Schwankungen des Flusses in den Läuferzähnen, die davon herrühren, daß ein Läuferzahn bald einer Ständernut, bald einem Ständerzahn gegenüber steht. Diese Schwankungen haben Wirbelstromverluste in den Zähnen, die sog. Zahnpulsationsverluste V_P, zur Folge. Sie betragen bei halbgeschlossenen Nuten etwa 20% der Ständereisenverluste und sind von der mechanischen Leistung gleichfalls abzuziehen. Es ist somit

$$N = N_\text{mech} - V_R - V_P. \qquad (76)$$

Dem Ständer sind außer der Drehfeldleistung noch die primären Kupfer- und Eisenverluste zuzuführen. Die Primärleistung beträgt somit

$$N_1 = 3 U_1 \cdot J_1 \cos\varphi_1 = N_2 + 3 J_1^2 R_1 + V_{e_1}. \qquad (77)$$

4. Das Heylanddiagramm.

Das Verhalten der Asynchronmaschinen im Betrieb läßt sich am besten mittels des Kreisdiagramms verfolgen. Es zeigt sich nämlich, daß bei konstanter Klemmenspannung der geometrische Ort für die Endpunkte des primären Stromvektors ein Kreis ist für alle möglichen Werte des Sekundärstroms oder, was dasselbe ist, für alle Belastungen und Schlüpfungen.

Die Konstruktion des Kreises ist besonders einfach, wenn man nach Heyland gewisse Vernachlässigungen vornimmt. Man setzt den primären Widerstand $R_1 = 0$, vernachlässigt also die primären Kupferverluste, was gleichbedeutend ist mit konstanter EMK E_1 und somit konstantem primären Fluß. Ferner wird die Wirkkomponente des Magnetisierungsstroms vernachlässigt, wodurch ein Gleichsetzen der Flüsse mit ihren Ursachen den MMKen oder den Strömen ermöglicht wird. Natürlich kann infolge dieser Vernachlässigungen das Heyland-Diagramm nicht zur genauen Bestimmung des Wirkungsgrads und des Schlupfs benutzt werden. Trotzdem wird es wegen seiner Einfachheit dem genauen Kreisdiagramm vielfach vorgezogen, besonders wenn es sich um qualitative Betrachtungen handelt.

Das Kreisdiagramm geht aus dem allgemeinen Transformatordiagramm hervor. Der Luftspalt verursacht beim Motor allerdings

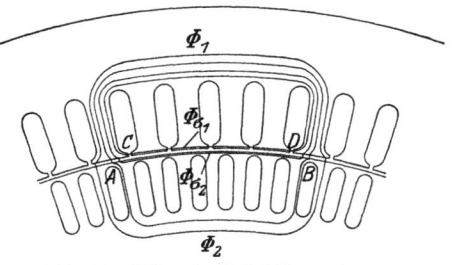

Abb. 38. Flüsse im Induktionsmotor.

eine bedeutendere Einwirkung der Streuung und des Magnetisierungsstroms auf das Verhalten. In Abb. 38 sind die Flüsse dargestellt, wie man sie sich etwa bei der Aufstellung des Diagramms vorzustellen hat. Man geht etwa vom Fluß Φ_2 aus, der nur mit der Läuferwicklung verkettet ist und in ihr die wahre EMK E_2 induziert. Der in der Läuferwicklung fließende Strom J_2 ist in Phase mit E_2 (s. Abb. 39). Er erfordert zur Aufrechterhaltung des Flusses eine magnetische Spannung V_2 nach Gl. 22, so daß die magnetische Spannung zwischen den Punkten A und B sich ergibt zu $V_{AB} = V_2 + H_2$, wenn H_2 die zur Magnetisierung des Eisens benötigte magnetische Spannung ist. V_{AB} erzeugt den sekundären Streufluß Φ_{σ_2}, der proportional und phasengleich mit V_{AB} ist. Durch den Luftspalt dringt daher der Induktionsfluß $\Phi_l = \Phi_2 + \Phi_{\sigma_2}$. Die Durchmagnetisierung der Luft erfordert einen weiteren Spannungsbetrag, um welchen die magnetische Spannung V_{CD} zwischen den Punkten C und D größer ist als V_{AB}. V_{CD} erzeugt den primären Streufluß Φ_{σ_1}, der zu Φ_l addiert den primären Fluß Φ_1 ergibt. Vom Fluß Φ_1 wird die EMK E_1 induziert, die nur um den Ohmschen Spannungsabfall kleiner ist als die primäre Klemmenspannung. Vernachlässigt man die Eisenverluste und die zur Durchmagnetisierung des Eisens nötigen MMKe, so ist die magnetische Spannung V_{AB} lediglich durch die „Gegen-MMK" des Sekundärstroms gegeben und Φ_{σ_2} ist in Gegenphase mit J_2. Ebenso ist Φ_{σ_1} proportional und in Phase mit J_1.

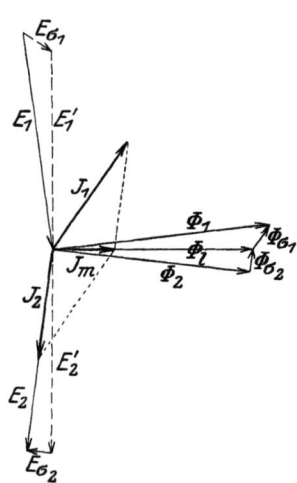

Abb. 39. Vektordiagramm des Induktionsmotors.

Als Magnetisierungsstrom bleibt nur der zur Magnetisierung der Luft nötige Strom J_m, der in Phase mit dem Fluß Φ_l ist.

Nimmt man gleiche Phasenzahlen, Windungszahlen und Wicklungsfaktoren im Ständer und im Läufer an, so ergibt sich der Primärstrom J_1 als geometrische Summe von $-J_2$ und J_m.

In dem so gezeichneten Diagramm Abb. 39 fehlen die sonst im Trans.-Diagr. üblichen Streuspannungen. Statt ihrer sind hier die Streuflüsse und die mit den Wicklungen verketteten Flüsse Φ_1 und Φ_2 eingezeichnet. Die EMKe E_1 und E_2 sind die wahrhaft induzierten EMKe, während die sonst vom Hauptfluß Φ_l und den Streuflüssen induzierten EMKe E_1', E_2' bzw. E_{σ_1} und E_{σ_2}

einer fiktiven Trennung ihr Dasein verdanken. Zum Vergleich mit den üblichen Trans.-Diagr. sind diese fiktiven Teilspannungen in Abb. 39 gestrichelt eingezeichnet.

Durch Einführung der Streuungskoeffizienten σ_1 und σ_2 ergeben sich die Streuflüsse zu

$$\Phi_{\sigma_1} = \sigma_1 \cdot \Phi_1 \qquad (78)$$

und

$$\Phi_{\sigma_2} = \sigma_2 \cdot \Phi_2 . \qquad (79)$$

Setzen wir nun die Flüsse proportional den MMKen und damit den Strömen, so erhält man folgende Identitätsbeziehungen:

$$\Phi_l \equiv J_m , \qquad (80)$$
$$\Phi_{\sigma_1} \equiv \sigma_1 \cdot J_1 , \qquad (81)$$
$$\Phi_{\sigma_2} \equiv \sigma_2 \cdot J_2 , \qquad (82)$$
$$\Phi_1 = \Phi_l \mp \sigma_1 \Phi_1 \equiv J_m \mp \sigma_1 \cdot J_1 \qquad (83)$$
$$\Phi_2 = \Phi_l \mp \sigma_2 \Phi_2 \equiv J_m \mp \sigma_2 \cdot J_2 \qquad (84)$$

und statt des Flußdiagramms das Stromdiagramm Abb. 40.

Bei konstanter primärer EMK E_1, die Voraussetzung für den Heyland-Kreis, muß nun auch der primäre Fluß konstant sein und somit die Strecke OP unveränderlich. Es ist nun in den beiden ähnlichen Dreiecken OBH und HPG

$$OH : HP = J_1 : \sigma_1 J_1 = 1 : \sigma_1 \qquad (85)$$

Punkt H, der charakteristische Punkt des Heyland-Diagramms, ist, solange die Streuung σ_1 unveränderlich bleibt, somit ein fester Punkt bei allen Belastungen, da er die unveränderliche Strecke OP immer im gleichen Verhältnis teilt. Im synchronen Leerlauf, wo der Strom $J_2 = 0$ ist, zerfällt der konstante Primärfluß in den mit beiden Wicklungen verketteten Fluß Φ_l

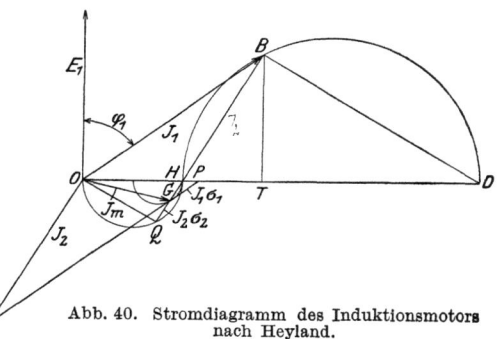

Abb. 40. Stromdiagramm des Induktionsmotors nach Heyland.

und dem primären Streufluß Φ_{σ_1}, die sich verhalten wie $1 : \sigma_1$. Die Strecke OH stellt also nach Gl. 81 den Magnetisierungsstrom

48   Die Induktionsmaschine.

im Leerlauf oder, da von den Eisenverlusten abgesehen wurde, den synchronen Leerlaufstrom selbst dar.

Bei Belastung ändert sich sowohl Φ_l als auch Φ_2 in Abhängigkeit vom Sekundärstrom und folglich auch der Magnetisierungsstrom.

Der Punkt Q bildet stets die Spitze eines rechten Winkels über QH, denn QH ist gleichgerichtet mit J_2, das in Phase mit E_2 ist und OQ um $90°$ nacheilt. Q bewegt sich demnach auf einem Halbkreis über OH.

Die Strecke $GB = I_2$ wird ferner durch H in gleichbleibendem Verhältnis geteilt. Es ist

$$GH : HB = \sigma_1 : 1, \tag{86}$$

hieraus

$$GH = HB \cdot \frac{\sigma_1}{1} = GB \cdot \frac{\sigma_1}{1+\sigma_1} = J_2 \frac{\sigma_1}{1+\sigma_1}, \tag{87}$$

folglich

$$HB = J_2 \frac{1}{1+\sigma_2}, \tag{88}$$

$$GQ = J_2 \sigma_2, \tag{89}$$

$$QH = \overline{GH} + \overline{GQ} = J_2 \cdot \left(\frac{\sigma_1}{1+\sigma_1} + \sigma_2\right) = \frac{\sigma_1 + \sigma_2 + \sigma_1 \cdot \sigma_2}{1+\sigma_1} \cdot J_2, \tag{90}$$

$$QH : HB = (\sigma_1 + \sigma_2 + \sigma_1 \cdot \sigma_2) : 1. \tag{91}$$

QH und HB stehen also ebenfalls in einem festen Verhältnis zueinander. Bewegt sich Q auf einem Kreis, so muß auch B, der Endpunkt des primären Stromvektors, stets auf einem Kreis liegen. Die Durchmesser der beiden Kreise verhalten sich wie die Strecken $QH : HB$. Es ist also

$$OH : HD = (\sigma_1 + \sigma_2 + \sigma_1 \cdot \sigma_2) : 1 = \sigma : 1 \tag{92}$$

wenn man mit $\sigma = \sigma_1 + \sigma_2 + \sigma_1 \sigma_2$ den sog. resultierenden Streukoeffizienten einführt.

Den Punkt D findet man, indem man von B aus eine Parallele zu QO bis zum Schnitt mit der Verlängerung von OH zieht. Auch D ist natürlich ein von allen Belastungen unabhängig fester Punkt des Diagramms.

Da BD proportional OQ ist, so stellt BD auch in einem andern Maßstab den sekundären Fluß Φ_2 dar.

Der Strom J_2 ist durch die Strecke BG dargestellt. Auch Punkt G bewegt sich auf einem Kreis, dessen Durchmesser man

Das Heylanddiagramm. 49

erhält, wenn man durch G wieder eine Parallele zu OQ bis zum Schnitt OH zieht.

Die Mittelpunkte aller dieser Kreise liegen auf der Geraden durch OH. Der wichtigste Kreis ist der, den die Spitze B des Primärstroms beschreibt. Sein Durchmesser ist durch zwei sehr wichtige Größen bestimmt. Die Strecke OH ist ja der Magnetisierungsstrom bei synchronem Leerlauf und dieser Wert dividiert durch den totalen Streuungskoeffizienten σ ergibt nach Gl. 92 den Durchmesser des Heyland-Kreises:

$$HD = \frac{J_{mo}}{\sigma}. \tag{93}$$

Der bedeutende Einfluß der Streuung auf den Durchmesser des Stromkreises und damit auf das ganze Verhalten des Motors geht aus dieser einfachen Beziehung deutlich hervor.

Der Primärstrom J_1 ist, wie schon erwähnt, durch OB dargestellt. Er schließt mit der EMK E den Winkel φ_1 ein. Seine Wirkkomponente $J \cdot \cos \varphi_1$ erreicht im Scheitelpunkt ihren Höchstwert.

Die höchste Leistungsaufnahme und somit die Überlastbarkeit des Motors hängt also ebenfalls nur vom Magnetisierungsstrom und von der Streuung ab. Man sieht den Einfluß der Streuung sehr deutlich, wenn man die Kreise zweier Motoren mit gleichem

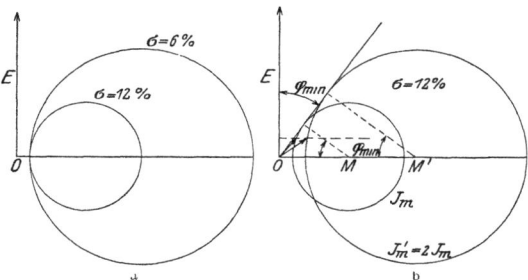

Abb. 41. Einfluß der Streuung auf das Kreisdiagramm.

Magnetisierungsstrom, aber verschiedener Streuung aufzeichnet. In Abb. 41a ist $\sigma = 0{,}06$ und $\sigma = 0{,}12$. Nimmt man anderseits wie in Abb. 41b unveränderte Streuung und verschiedene Magnetisierungsströme, so kann dadurch ebenfalls die Überlastbarkeit verändert werden.

Auch auf den Leistungsfaktor ist die Streuung von großem Einfluß. Der maximale Leistungsfaktor ergibt sich für die Tangente von 0 an den Kreis. Der Berührungspunkt ergibt sich als Schnittpunkt des Heyland-Kreises mit dem Kreis über OM. Es ist

$$(\cos\varphi)_{max} = \frac{PM}{OM} = \frac{\frac{HD}{2}}{\frac{HD}{2} + HO} = \frac{1}{1+2\sigma}. \qquad (94)$$

Der größtmögliche Leistungsfaktor hängt demnach nur von der Streuung ab, was aus Abb. 41b zu ersehen ist, wo beide Kreise für ein und denselben Streukoeffizienten dieselbe Tangente durch 0 haben. Der einer bestimmten Leistung (in Abb. 41b gestrichelte Parallele zu OM) entsprechende Leistungsfaktor allerdings wird durch Vergrößerung des Magnetisierungsstroms verschlechtert. Der Magnetisierungsstrom ist besonders stark vom Luftspalt abhängig, der aber nach Gl. 53 auch die Streuung im selben Sinn beeinflußt. Eine Vergrößerung des Luftspalts würde bei gleichem Einfluß auf J_m und σ, den unveränderten Kreis weiter von 0 abrücken, also keine Veränderung der Überlastbarkeit, wohl aber eine Verschlechterung des Leistungsfaktors bringen. Man führt daher bei Induktionsmotoren besonders geringe Luftspalte aus; nach einer beliebten Formel, z. B. für eine Ständerbohrung von $d = 15$ cm einen Luftspalt von

$$\delta = 0{,}02 + \frac{d}{900} = 0{,}02 + 0{,}016 = 0{,}035 \text{ cm}.$$

5. Leerlauf und Kurzschluß.

Ebenso wie beim Transformator werden auch beim Induktionsmotor alle für die Arbeitsweise wichtigen Größen aus einem Leerlauf- und Kurzschlußversuch gewonnen.

Beim Leerlaufversuch des Induktionsmotors hat man nun zwei verschiedene Möglichkeiten. Der dem Transformatorleerlauf entsprechende Zustand, bei dem der Sekundärstrom $J_2 = 0$ ist, ist nur zu erreichen durch Antrieb des Läufers mit synchroner Drehzahl mittels einer Antriebsmaschine. Dabei ist die Leerlaufmessung möglichst mit offenem Läufer durchzuführen, da bei kurzgeschlossener Wicklung durch die Drehflußschwankungen 6facher Frequenz (s. Abschn. I 3) zusätzliche Ströme entstehen,

Leerlauf und Kurzschluß. 51

die auch eine Änderung des Effektivwerts des primären Stroms und der Leistung zur Folge haben. Hat man keinen Antriebsmotor zur Verfügung, so kann man sich dadurch helfen, daß man beim leerlaufenden Motor den Läuferkreis öffnet und unmittelbar danach den Leerlaufverbrauch mißt. Bei diesem sog. synchronen Leerlauf dient der aufgenommene Leerlaufstrom J'_{10} im wesentlichen der Magnetisierung des Eisen- und Luftweges; seine Blindkomponente ist die Strecke OH des Heyland-Kreises. Seine Wirkkomponente ist bedingt durch die Ummagnetisierungsverluste im Ständereisen. In Abb. 42 sind die bei diesem Antrieb zuzuführenden Leistungen in Abhängigkeit vom Schlupf dargestellt. Im Stillstand ($s =$ 100%) müssen der Ständerwicklung von den Stromwärmeverlusten abgesehen die Wirbelstrom- und Hystereseverluste im Ständer und Läufer zugeführt werden. Sie seien mit W_S und H_S bzw. W_L und H_L bezeichnet.

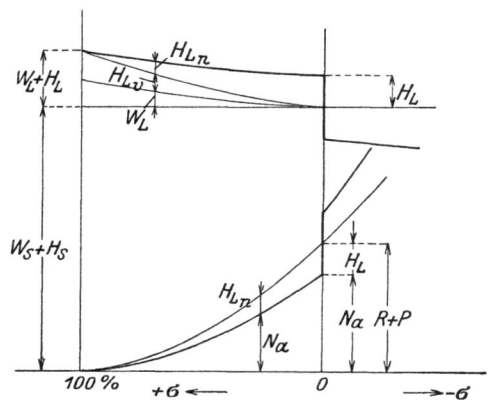

Abb. 42. Wirbelstrom und Hystereseverluste des Induktionsmotors abhängig vom Schlupf.

Mit zunehmender Geschwindigkeit bleiben die Eisenverluste im Ständer konstant, während sie im Läufer abnehmen. Die Läufereisenverluste führen zu einer Drehmomentbildung, die bei kleinen Motoren zuweilen ausreicht, um den Motor anlaufen zu lassen. In der Nähe des Synchronismus werden die Wirbelströme so schwach, daß ihr Moment vernachlässigt werden kann. Anders verhält es sich mit dem Hysteresemoment. Dieses bleibt in voller Größe bei allen Drehzahlen und ergibt mit zunehmender Drehzahl eine steigende Nutzleistung H_{Ln}, die kurz vor dem Synchronismus den Wert H_L annimmt. Solange das Drehfeld schneller umläuft als der Läufer, wird dieser vom Drehfeld mitgenommen, da er sich der Ummagnetisierung widersetzt. Sobald aber der Läufer übersynchrom angetrieben

4*

wird, wirkt die Hysterese bremsend und die Leistung H_L muß mechanisch zugeführt werden. Sowohl die dem Ständer zugeführte Leistung als auch die Leistung der Antriebsmaschine N_a müssen beim Durchgang durch den Synchronismus einen Sprung um den doppelten Betrag von H_L machen. Im Untersynchronismus muß also die Antriebsmaschine die Reibungsverluste R und die Zahnpulsationsverluste abzüglich der Hystereseverluste H_{Ln} aufbringen.

Wohl zu unterscheiden von dem bisher besprochenen synchronen Leerlauf ist der asynchrone Leerlauf, bei dem der Motor mit kurzgeschlossener Läuferwicklung leer läuft. Hierbei müssen auch die Reibungs- und Pulsationsverluste über den Ständer zugeführt werden, so daß die zugeführte Primärleistung, abgesehen von den Stromwärmeverlusten im asynchronen Leerlauf, betragen

$$N_{\text{asyn}} = W_S + H_S + R + P, \qquad (95)$$

im synchronen Leerlauf dagegen

$$N_{\text{syn}} = W_S + H_S + H_L. \qquad (96)$$

Der Unterschied beider Ständerleistungen beträgt somit

$$N_{\text{asyn}} - N_{\text{syn}} = R + P - H_L. \qquad (97)$$

Durch die beiden Leerlaufmessungen erhält man die Punkte P'_0 und P_0 des Heyland-Kreises mit den entsprechenden Strömen J'_{10} und J_{10}, deren Wirkkomponenten den oben angeführten Leistungen entsprechen (s. Abb. 43).

Bei allen Leerlaufmessungen ist zu beachten, daß wegen des starken Einflusses von Unsymmetrien der Spannung auf die Strom- und Leistungsaufnahme die Leistung durch die Zwei-Wattmetermethode gemessen wird. Ist N_{10} die vom Ständer aufgenommene Leistung, so ist der Leistungsfaktor im Leerlauf

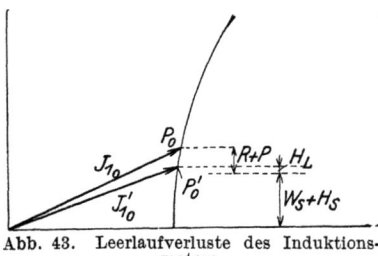

Abb. 43. Leerlaufverluste des Induktionsmotors.

$$\cos \varphi_0 = \frac{N_{10}}{3 \, U_1 J_{10}}; \qquad (98)$$

$\cos \varphi_0$ ist gewöhnlich sehr klein, etwa 0,05 bis 0,15.

Die Punkte P_0 und P_0' liegen stets so nahe beieinander, daß sie für die Ermittlung des Kreismittelpunktes nur als ein Punkt zu werten sind. Einen zweiten Punkt des Heyland-Kreises erhält man nun durch den sog. Kurzschlußversuch: Bei festgehaltenem, kurzgeschlossenem Läufer wird dem Ständer so viel Spannung zugeführt, daß er etwa den Nennstrom aufnimmt. Wie beim Transformator ist im Kurzschluß der Hauptfluß praktisch gleich Null, es sind nur die Streuflüsse vorhanden. Wegen der Abhängigkeit der doppelt verketteten Streuung von der gegenseitigen Lage des Ständers und Läufers gehören zu ein und derselben Spannung verschiedene Ströme und Leistungen. Die Werte schwanken bei ganz langsamem Drehen des Rotors zwischen zwei Grenzwerten. Den Mittelwert erhält man am einfachsten durch Drehen des Ankers mit ganz geringer Drehzahl gegen den Sinn der Eigenbewegung.

Die Kurzschlußspannung e_k, d. i. die beim Nennstrom zugeführte Spannung im Kurzschluß ist beim Induktionsmotor wesentlich größer als beim Transformator und beträgt 15 bis 30% der Klemmenspannung im Gegensatz zu 2,5 bis 9% bei diesem.

Da im Kurzschluß der Hauptfluß fast Null ist, so sind auch die Eisenverluste praktisch gleich Null. Es treten also nur die Stromwärmeverluste in den Wicklungen, die sog. Kupferverluste, auf, zu deren Deckung die Wirkkomponente des Stromes dient. Infolge der sog. Stromverdrängung sind die gemessenen Kupferverluste größer als die aus dem Gleichstromwiderstand berechneten. Im Lauf des Motors treten allerdings kleinere Kupferverluste auf, denn für die Läuferwicklung kommt dann bei der geringen Stromfrequenz nur der Gleichstromwiderstand in Betracht und nur für den Ständer der sog. Echtwiderstand.

Auch im Kurzschluß ist der Leistungsfaktor klein, wenn auch größer als im Leerlauf. Es ist

$$\cos \varphi_K = \frac{V_K}{3 \cdot e_K \cdot J_1}. \qquad (99)$$

Der bei der Nennspannung vom Ständer im Kurzschluß aufgenommene Strom, der sog. Kurzschlußstrom, verhält sich zum Nennstrom wie die Nennspannung zur Kurzschlußspannung, also (100)

$$J_K = \frac{U_1}{e_K} \cdot J_1.$$

Dieser Wert, im Winkel φ_K zur Spannung angetragen, ergibt den Kurzschlußpunkt P_K des Kreisdiagramms, dem allerdings eine kleine Ungenauigkeit anhaftet, weil das in Gl. (100) angegebene Verhältnis wegen Nichtberücksichtigung der Eisenverluste nicht absolut genau ist.

Da der Mittelpunkt des Heylandkreises auf der Geraden OH liegt, ergibt er sich als Schnittpunkt der Mittelsenkrechten auf $P_0'P_K$ mit dieser Geraden (s. Abb. 44).

Nimmt man nun irgendeinen Strom I_1 an, so liegt der Endpunkt P seines Vektors auf dem Kreis. Die Ordinate PT des Punktes P entspricht dem vom Motor aufgenommenen Wirkstrom, während OT den dazugehörigen Blindstrom angibt. Dieser ist größer als der Magnetisierungsstrom um einen Betrag, der zur Erzeugung des Streuflusses dient. Je größer der Primärstrom ist, um so größer ist auch dieser Teil des Blindstroms.

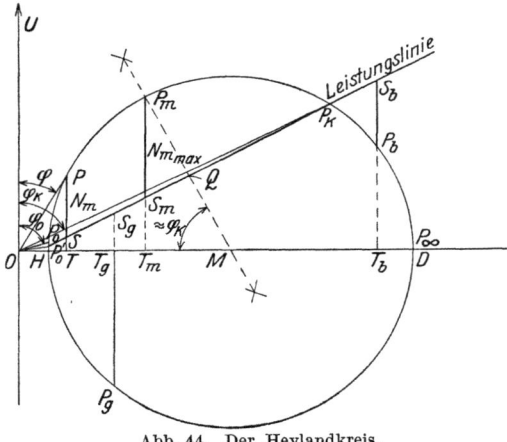

Abb. 44. Der Heylandkreis.

Die vom Motor aufgenommene Leistung beträgt somit

$$N = 3 \cdot U \cdot \overline{PT}.$$

Der Abstand eines Kreispunktes von der Abszissenachse stellt somit in einem bestimmten Maßstab die aufgenommene Leistung des Motors dar. Die Abszissenachse ist die Linie der zugeführten Leistung.

Die mechanische Leistung ist Null im Leerlaufpunkt P_0' und im Kurzschlußpunkt P_K. Verbindet man die beiden Punkte durch eine Gerade, so stellt der Abszissenabschnitt PS die abgegebene Leistung in demselben Maßstab dar, wie PT die aufgenommene. Es ist also
$$N = 3 \cdot U \cdot \overline{PS}.$$

Die Gerade $P_0'P_K$ nennt man daher die Leistungslinie.

Die mechanische Leistung ist ein Maximum im Punkte P_m, dem Berührungspunkte der Tangente parallel zu $P_0'P_K$. Bei noch größerer Stromaufnahme nimmt die mechanische Leistung ab, obwohl zunächst die aufgenommene Leistung bis zum Scheitelpunkt senkrecht über M noch zunimmt. Es wachsen die Kupferverluste von P_m ab eben stärker als die zugeführte Leistung. Man kann in einfacher Weise die Maximalleistung eines Motors aus dem Leerlauf- und Kurzschlußstrom berechnen, wenn man in Annäherung den Winkel $P_m M T_m \approx \varphi_K$ setzt. Es ist dann

$$\sphericalangle\, T_m P_m M \approx 90 - \varphi_K$$

und der Radius des Kreises

$$R \approx \frac{J_K - J_0}{2 \sin \varphi_K},$$

$$MQ \approx R \cos \varphi_K,$$

$$P_m Q = R(1 - \cos \varphi_K),$$

$$P_m S_m = \frac{P_m \cdot Q}{\sin \varphi_K} = R \frac{1 - \cos \varphi_K}{\sin \varphi_K} = R \frac{\sin \varphi_K}{1 + \cos \varphi_K} \approx \frac{J_K - J_0}{2(1 + \cos \varphi_K)}$$

und somit der Maximalwert der Leistung

$$N_{\max} = 3\, U_1 \cdot \frac{J_K - J_0}{2 \cdot (1 + \cos \varphi_K)}. \tag{101}$$

Der Ordinatenabschnitt ST bildet als Differenz der zugeführten und abgegebenen Leistung ein Maß für sämtliche Verluste des Motors ausschließlich der Reibung. Der Wirkungsgrad ohne Berücksichtigung der Reibung ist dann

$$\eta = \frac{PS}{PT},$$

jedoch ist dieser Wirkungsgrad infolge der getroffenen Vernachlässigungen nicht genau.

6. Die Induktionsmaschine als Generator.

Vom asynchronen Leerlaufpunkt bis zum Kurzschlußpunkt arbeitet die Induktionsmaschine als Motor. Punkt P durchläuft dabei den Kreisbogen von P_0 bis P_K. Von einem noch näher zu bestimmenden Punkt in der Nähe des Scheitelpunkts ab besteht allerdings ein labiler Zustand. Der Läufer fällt dort außer Tritt, d. h. seine Drehzahl fällt rasch bis auf Null ab unter Zunahme des aufgenommenen Stroms, aber nicht der aufgenommenen Leistung.

Schon im synchronen Leerlauf muß dem Läufer durch eine Antriebsmaschine die etwa den Reibungsverlusten entsprechende Leistung zugeführt werden. Läßt man das Antriebsmoment darüber hinauswachsen, dann überschreitet der Läufer die synchrone Drehzahl, läuft also schneller als das Drehfeld. Die Relativbewegung zwischen beiden kehrt sich um, der Schlupf wird negativ, und die im Läufer induzierte EMK und der Läuferstrom ändern ihre Richtung. Dem entspricht eine entgegengesetzte Wirkkomponente des Ständerstroms. Der Ständer nimmt nicht mehr Leistung aus dem Netz auf, sondern gibt solche ab. Die übersynchron angetriebene Asynchronmaschine arbeitet also als asynchroner Generator.

Die vom Hauptfeld in der Primärwicklung induzierte EMK eilt wie immer dem Feld- und dem Magnetisierungsstrom um 90° nach. Sie ist also gleichgerichtet mit dem Generatorwirkstrom und entgegengesetzt gerichtet dem Motorwirkstrom wie bei der Gleichstrommaschine, wo man im Motorbetrieb die EMK vielfach als Gegen-EMK bezeichnet. Es ist das typische Merkmal des Generatorzustands einer elektrischen Maschine, daß der Strom die Richtung der EMK hat, während beim Motor der Strom durch die Klemmenspannung gegen die Richtung der EMK getrieben wird. Haben Strom und EMK gleiche Richtung, so ergibt ihr Produkt eine positive elektrische Leistung, während bei entgegengesetzter Richtung das negative Produkt auch eine negative elektrische Leistung, also einen elektrischen Leistungsverbrauch darstellt.

Auf den Blindstrom hat natürlich die Umkehr der Leistung keinen Einfluß. Ihm entspricht keine mechanische Energie, sondern die im magnetischen Feld aufgespeicherte Energie, die abwechselnd dem Netz entnommen und wieder zugeführt wird, ihren Ursprung aber stets im magnetischen Feld einer mit Gleichstrom erregten Synchronmaschine oder einer Kommutatormaschine hat. Der Induktionsmaschine muß stets Blindleistung zugeführt werden; sie ist also auch als Generato unselbständig und auf das Parallelarbeiten mit andern Maschinen obengenannter Art angewiesen.

Die Induktionsmaschine als Generator.

Der Induktionsgenerator gibt somit an das Netz Wirkleistung ab und nimmt Blindleistung auf.

Die untere Hälfte des Heylandkreises von P_0' ab enthält die Punkte, die dem Generatorbetrieb entsprechen. Es ist zum Beispiel die vom Generator abgegebene Leistung

$$N_g = 3\,U \cdot P_g T_g$$

und die zugeführte Leistung

$$N = 3\,U \cdot P_g S_g.$$

Die Induktionsmaschine hat als Generator schon vielfach Verwendung gefunden, und zwar besonders zur Ausnutzung kleiner Wasserkräfte, deren Ausbau als selbständige Kraftwerke sich nicht lohnt, die aber als Zubringer für größere Kraftwerke geeignet sind. So werden zum Beispiel die Drucküberschüsse in den Trinkwasserleitungen der Stadt Wien und der Württembergischen Wasserversorgung zum Antrieb von Induktionsgeneratoren ausgenützt. Ein weiteres Anwendungsgebiet bietet die Abdampfverwertung durch Niederdruckturbinen in Bergwerksbetrieben, großen Heizungsanlagen u. dgl.

Der Vorteil der asynchronen Maschine gegenüber der Synchronmaschine liegt hierbei in der Einfachheit und Billigkeit der Anlage, die dadurch ermöglicht wird, daß der Induktionsgenerator mit gleichbleibender Belastung auf das Netz arbeitet. Die Inbetriebsetzung geschieht in einfachster Weise durch Öffnen des Einlaßventils und Parallelschalten bei ungefähr synchroner Drehzahl ohne Synchronisieren, aber unter Anwendung eines Schutzschalters zur Vermeidung eines zu großen Stromstoßes. Nach vollständigem Öffnen des Turbineneinlaufs übernimmt der Generator von selbst die seiner Beaufschlagung entsprechende Belastung bei einer der Belastung entsprechenden Drehzahl. Eine weitere Regelung und Bedienung ist nicht erforderlich. Pendelungen wie beim Betrieb von Synchrongeneratoren sind ausgeschlossen, da Belastungsstöße und sonstige Unregelmäßigkeiten durch entsprechenden Schlupf ausgeglichen werden. Die Umlaufgeschwindigkeit des Drehfelds ist durch die parallellaufenden Synchronmaschinen bestimmt, die so gewissermaßen den Takt geben und durch ihren Blindstrom das Feld erzeugen. Um die Periodenzahl und die Stabilität aufrechtzuerhalten, ist allerdings darauf zu achten, daß die Synchronmaschinen nicht vollständig entlastet werden, daß also der Netzbedarf nicht unter die Leistung des Asynchrongenerators sinkt, da dieser sonst auf die leerlaufenden Synchronmaschinen zurück arbeitet und die ganze Anlage zum Durchgehen bringt. In solchen Fällen muß die Asynchronmaschine entweder selbsttätig abgeschaltet oder auf geringere Leistung reguliert werden. Bei Kurzschluß wird der Induktionsgenerator spannungslos und stellt seine Leistungsabgabe ein. Auch hierbei müssen Vorkehrungen gegen das Durchgehen getroffen werden.

Ein Nachteil des Induktionsgenerators ist sein Bedarf an Blindstrom. Bei Projektierung einer Anlage ist daher darauf zu achten, daß die parallelarbeitenden Synchrongeneratoren diesen abgeben können, ohne überlastet zu werden. Um den Blindstrom möglichst klein zu halten, läßt man die Asynchrongeneratoren bei maximalem Leistungsfaktor arbeiten und macht diesen groß durch möglicht kleinen Luftspalt und Anwendung hoher Drehzahl. Denn die Leistung der hin und her flutenden magnetischen Energie, also die Blindleistung einer Asynchronmaschine ist proportional ihrem Luftvolumen $\delta \cdot q$, wenn δ der einseitige Luftspalt und q die Oberfläche des Läufers ist. Diese ist aber proportional dem Drehmoment und daher umgekehrt proportional der Drehzahl. Außerdem werden bei geringerer Polzahl infolge der größeren Nutenzahl auch die den Leistungsfaktor verschlechternden Nutenstreuflüsse geringer.

Im Falle großer Ladeleistung des Netzes, also in großen Überlandnetzen oder ausgedehnten Kabelnetzen, kann der induktive Blindstrom sich dadurch als vorteilhaft erweisen, daß er den Ladestrom kompensiert. Der Blindstrom wird hier vom Netz aus sozusagen umsonst geliefert.

Neuerdings werden vielfach kompensierte Induktionsgeneratoren aufgestellt, die gegenüber den gewöhnlichen Induktionsgeneratoren manchen Vorteil haben (siehe Abschnitt III 7), aber dessen Einfachheit in Anlage und Betrieb vermissen lassen.

Wir haben auf Seite 41 außer dem Leerlauf mit $s = 0$ und Kurzschluß mit $s = 1$ noch einen dritten Zustand als bedeutungsvoll erkannt, nämlich denjenigen für $s = \infty$. Auch ihm entspricht natürlich ein Punkt des Diagrammkreises, der Punkt P_∞. Denken wir uns den Induktionsmotor wieder als Transformator, so

Die Induktionsmaschine als Generator. 59

tritt an Stelle der abgegebenen Leistung ein Nutzwiderstand R, und zwar ist dieser

$$R = R_2 \cdot \frac{1-s}{s}, \qquad (102)$$

während der gesamte Widerstand

$$R_2 + R = \frac{R_2}{s} \qquad (103)$$

ist. Für $s = \pm \infty$ ist dann

$$R = -R_2.$$

Dem negativen Ersatzwiderstand entspricht eine mechanisch zugeführte Leistung, und zwar ist die gesamte, dem Läufer zugeführte Leistung

$$J^2 R = -J^2 R_2. \qquad (104)$$

Dem Läufer wird somit im Punkt P_∞ die Stromwärme mechanisch zugeführt, während der Ständer hierbei nur die eigenen Kupferverluste aufnimmt. Da im Heylandkreise die Ständerverluste vernachlässigt werden, so ist hier der Wirkwiderstand gleich Null und P_∞ fällt mit Punkt D, dem Schnittpunkt des Kreises mit der Abszissenachse, zusammen.

Man kann experimentell diesem Punkt auf zweierlei Weise zustreben. Einmal durch Antrieb im Sinne des Drehfelds mit negativer Schlüpfung $(-\infty)$ als Generator, und durch Antrieb entgegen dem Drehsinn, also mit positiver Schlüpfung $(+\infty)$. Diesem Zustand entspricht der Teil des Kreises zwischen P_K und P_∞. Der vertikale Abstand $P_b S_b$ eines Kreispunktes in diesem Bereich von der Leistungslinie ist proportional der mechanisch zuzuführenden Leistung, während der vertikale Abstand von der Abszissenachse $P_b T_b$ die über den Ständer zugeführten Stromwärmeverluste darstellt. Praktisch kommt dieser Zustand bei der Verwendung des Motors als Bremse vor, zum Beispiel beim Senkbremsen eines Hubmotors, wobei also der Motor im Hubsinne geschaltet ist, aber so viel Widerstand im Läuferkreis hat, daß das Drehmoment zum Heben der Last nicht genügt. Der Motor wird daher von der Last entgegen dem Drehsinn des Feldes durchzogen. Die Drehzahl kann dabei unter- oder übersynchron sein, je nach Größe des Lastmoments und des Widerstands.

Beim Senken der Last kann übrigens auch der Generatorbereich zur Verwendung kommen, wenn der Motor zum Senken ganz leichter Lasten in umgekehrtem Drehsinn geschaltet wird (Kraftsenken); bei größerer Last wird er dann in denselben Regelstellungen übersynchron als Generator angetrieben, wodurch die Last gebremst wird. In Abb. 45 ist der Verlauf der Drehzahlen bei verschiedenen Regelstellungen veranschaulicht. Das Regeln geschieht, wie schon erwähnt, durch Einschalten von Widerständen in den Läuferkreis, wobei der Schlupf vergrößert, also die Drehzahl verringert, sogar negativ wird.

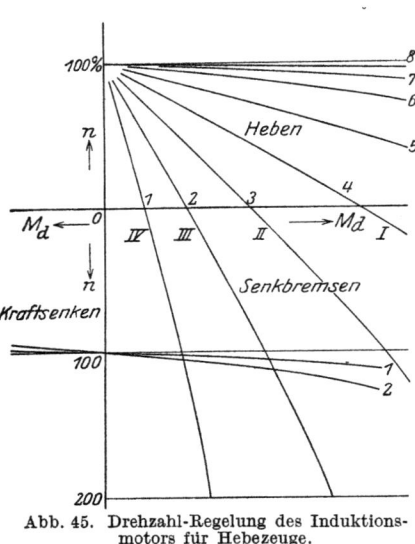

Abb. 45. Drehzahl-Regelung des Induktionsmotors für Hebezeuge.

7. Das genaue Kreisdiagramm.

Die große Bedeutung des Kreisdiagramms liegt weniger in dem Dienst, den es in der Hand des berechnenden Ingenieurs leisten kann, als in seiner Eignung als Gedächtnisbild für die Haupteigenschaften der Induktionsmaschine. Dafür genügt auch der einfache Heylandkreis, dessen Genauigkeit übrigens mit der Größe der Maschinen zunimmt. Handelt es sich aber um quantitative Bestimmungen, so wird er besonders für kleinere Motoren zu ungenau und muß ersetzt werden durch das genaue Kreisdiagramm, das die Kupfer- und Eisenverluste des Ständers berücksichtigt.

Auch der genaue Kreis ergibt sich aus dem Transformatordiagramm. Sowohl der Transformator wie die Induktionsmaschine zeigen das Verhalten des „Allgemeinen Wechselstromkreises", als welchen man alle Anordnungen bezeichnet, die den Zweck verfolgen, elektrische Energie zu übertragen unter der Voraussetzung, daß alle Konstanten der Anordnung, Ohmsche Widerstände und

Das genaue Kreisdiagramm. 61

Reaktanzen unveränderlich sind. La Cour hat zuerst nachgewiesen, daß für solche Wechselstromkreise dieselben Grundgleichungen gelten, deren Glieder einem Leerlauf- und Kurzschlußversuch zu entnehmen sind. Auch gelten dann natürlich dieselben Kreisdiagramme. Bei Abgabe mechanischer Energie wird dieser in der „Ersatzschaltung" durch Einführung eines Ohmschen Widerstands Rechnung getragen.

Die Ableitung des Kreisdiagramms für den allgemeinen Wechselstromkreis würde hier zu weit führen. Es soll nur unter gewissen für unseren Spezialfall zulässigen Vereinfachungen eine Ableitung für die Ermittlung des Kreismittelpunktes gegeben und bezüglich der anderen Größen auf die Literatur (s. L. 6) verwiesen werden.

Die Induktionsmaschine sei als ein Wechselstromkreis aufgefaßt, welcher der in Abb. 46 dargestellten Ersatzschaltung entspricht. Der Ohmsche und induktive Widerstand des Läufers sei vernachlässigt und nur der Belastungswiderstand R (s. Abschn. II, 2) als vorhanden angenommen. Im Leerlauf ($R = \infty$) fließt, bedingt durch die Leerlaufimpedanz z_0, der Leerlaufstrom I_0 mit der Phasenverschiebung φ_0. Er entspricht dem Magnetisierungsstrom. Nimmt man an, daß der Spannungsabfall in der Primär-

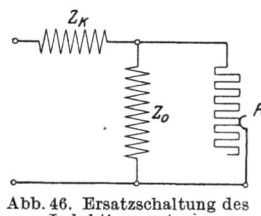

Abb. 46. Ersatzschaltung des Induktionsmotors.

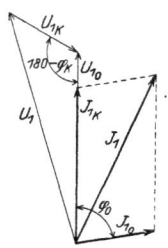

Abb 47. Zur Entwicklung des genauen Kreisdiagramms.

wicklung im Leerlauf vernachlässigbar klein ist, so ist das Leerlaufdiagramm durch U_{10} und J_{10} mit dem Winkel φ_0 gegeben (s. Abb. 47). Im Kurzschluß ($R = 0$) ist die Spannung an der Impedanz z_0 gleich Null; es fließt folglich kein Magnetisierungsstrom, die Primärspannung U_1 muß gleich sein der durch den Kurzschlußstrom in der Impedanz z_K gebildeten EMK U_{1K}, und es fließt nur der Kurzschlußstrom J_{1K}.

Wird nun der Stromkreis auf der Sekundärseite bei der Spannung U_2 mit einem Strom J_2 belastet, so behalten die im Leerlauf an das Auftreten der Spannung gebundenen Größen J_{10} und U_{10} ihre Größe und Lage, ebenso wie der Belastungsstrom (in derselben Weise wie im Kurzschluß) die Ausbildung der Stromgrößen

62 Die Induktionsmaschine.

J_{1K} und U_{1K} erfordert ohne Rücksicht auf den Spannungszustand. Die Übereinanderlagerung der Leerlauf- und Kurzschlußglieder gibt die dem Belastungszustand der Sekundärseite entsprechenden Größen der Primärseite. In Abb. 47 sind diese Größen eingetragen. Verändert sich nun der Widerstand R bei konstanter Primärspannung U_1, so ändern sich alle Größen, nur der Winkel der beiden Spannungskomponenten U_{1K} und U_{10} bleibt $(180-\varphi_K)$, solange die Phasenverschiebung zwischen J_1 und U_2 bzw. J_{1K} und U_{1K} konstant in unserem Fall gleich Null ist.

Der geometrische Ort für die Spitze des Spannungsdreiecks ist folglich ein Kreis, der über der Sehne U_1 den Winkel $180-\varphi_K$ hat (s. Abb. 48).

Da nun die beiden Spannungskomponenten U_{1K} und U_{10} zu den Stromkomponenten J_K und J_{10} in dem durch die Impedanzen z_0 und z_K gegebenen festen Verhältnis stehen, müssen auch die Endpunkte der Ströme auf Kreisen liegen, und zwar ist der J_{10}-Kreis gegen den U_1-Kreis um den Winkel φ_0 gedreht und die Durchmesser verhalten sich wie J_{10} zu U_{10}. Die Durchmesser des J_{1K} und des U_1-Kreises schließen miteinander den Winkel $180-\varphi_K$ ein und verhalten sich wie J_K zu U_1.

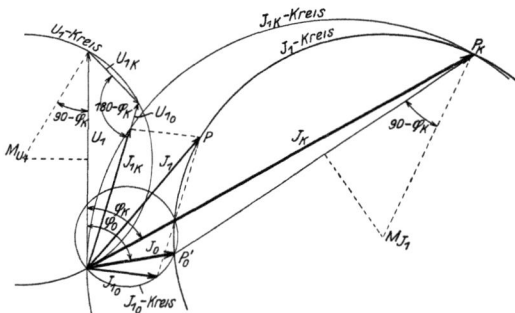

Abb. 48. Zur Entwicklung des genauen Kreisdiagramms.

Der Strom J_1 ist die Summe von J_{1K} und J_{10}. Auch die Endpunkte der Summenströme liegen auf einem Kreis, der durch die Endpunkte des Kurzschlußstromes J_K und des Leerlaufstromes J_0 bei der Spannung U_1 gehen muß und über der Sehne $P_0 P_K$ den Winkel $180-\varphi_K$ faßt.

Der Mittelpunkt des J_1-Kreises ergibt sich somit sehr einfach als Schnittpunkt der Mittelsenkrechten über $P_0 P_K$ mit dem freien Schenkel des an $P_0 P_K$ angetragenen Winkels $90-\varphi_K$.

Dieses Resultat bezüglich des geometrischen Orts der Stromvektoren gilt auch, wenn man die hier getroffenen Vernachlässigungen (Spannungsabfall des Leerlaufstroms und R_2 gleich Null) nicht trifft (s. L. 6, S. 237).

Es läßt sich ferner zum Beweis der Leistungslinie $P_0'P_K$ zeigen, daß das $\varDelta\ P_0'PP_K$ für einen beliebigen Punkt ähnlich dem dazugehörigen Spannungsdreieck $U_1U_{1K}U_{10}$ ist. Daraus geht hervor, daß die dem Spannungsabfall $U_{1K} \equiv J_2 z_K$ entsprechende Seite P_0P proportional dem Strom J_2 und die Seite PP_K proportional der Spannung $U_{10} \equiv U_2$ ist. Auf Grund dieser Tatsache läßt sich auch die abgegebene Leistung festlegen, die gleich dem Produkt U_2J_2 ist.

Es ist in Abb. 49 die Fläche des $\varDelta\ P_0'PP_K$
$$F = \tfrac{1}{2}\overline{P_0'P}\cdot\overline{PP_K}\sin(180-\varphi_K) = \tfrac{1}{2}\mathrm{h}\cdot\overline{P_0'P_K}. \tag{105}$$

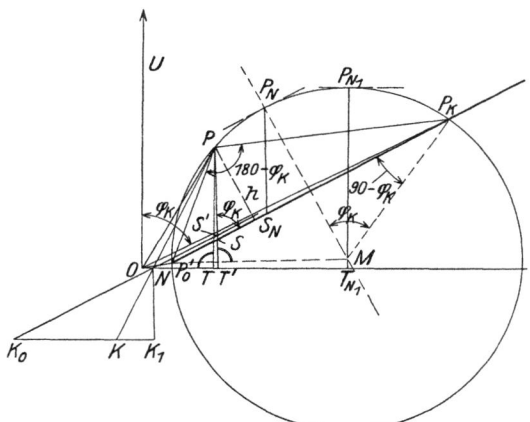

Abb. 49. Genaues Kreisdiagramm.

Anderseits ist nach obigem
$$N_2 = c\cdot\overline{P_0'P}\cdot\overline{PP_K}. \tag{106}$$
Somit
$$N_2 = c\cdot\frac{h}{\sin\varphi_K}\cdot\overline{P_0'P_K} = c\cdot\overline{PS}\cdot\overline{P_0'P_K}, \tag{107}$$

wobei $PS \perp P_0'M$ und $h \perp P_0'P_K$ gezogen ist.

Die Strecke $\overline{PS}$ ist also proportional der abgegebenen Leistung; sie stellt einen Strom dar, der multipliziert mit der Spannung U_1 die abgegebene Leistung N_2 pro Strang ergibt. Die Linie $P_0'P_K$ ist die **Leistungslinie**.

64   Die Induktionsmaschine.

N_2 ist die ganze an den Läufer übertragene Leistung. Will man die an der Welle zur Verfügung stehende Leistung, so muß man die Reibungsverluste abziehen. Die Wellenleistung ist also um den Betrag kleiner, der durch den Unterschied der Wirkkomponenten der beiden Leerlaufströme OP'_0 und OP_0 gegeben ist. Da die Reibungsverluste bei dem geringen Drehzahlunterschied sich praktisch nicht ändern, genügt es eine Parallele durch P_0 zu $P'_0 P_K$ ziehen, um in der Strecke PS' die an der Welle abgegebene Leistung zu erhalten.

Nun läßt sich auch der Wirkungsgrad des Motors berechnen; er ist

$$\eta = \frac{PS'}{PT}$$

Eine graphische Darstellung des Wirkungsgrades erhält man auf folgende Weise: Man verlängert die Parallele zu $P'_0 P_K$ bis über die Abszissenachse hinaus, zieht durch den Schnittpunkt mit dieser eine Parallele NK_1 zu PS und eine Gerade NK durch P und schließlich eine Parallele $K_0 K_1$ zur Abszissenachse. Dann ist

$$\Delta K K_1 N \sim \Delta N T' P \qquad (108)$$

und

$$\Delta K_0 K_1 N \sim \Delta N T' S' \qquad (109)$$

daher

$$\frac{K K_1}{K_1 N} = \frac{N T'}{P T'} \qquad (110)$$

und

$$\frac{K_0 K_1}{K_1 N} = \frac{N T'}{S' T'}, \qquad (111)$$

durch Division

$$\frac{K K_1}{K_0 K_1} = \frac{S' T'}{P T'} \qquad (112)$$

und

$$\frac{K_0 K}{K_0 K_1} = \frac{K_0 K_1 - K K_1}{K_0 K_1} = \frac{P T' - S' T'}{P T'} = \frac{P S'}{P T'} \approx \frac{P S'}{P T} = \eta, \qquad (113)$$

da der Unterschied zwischen PT und PT' vernachlässigbar klein ist. Macht man die Strecke $K_0 K_1 = 100$ mm, dann kann man in $K_0 K$ den Wirkungsgrad in Prozent direkt ablesen.

Das genaue Kreisdiagramm ermöglicht schließlich auch noch eine Darstellung des Drehmoments und des Schlupfs. Sie ergibt sich aus dem Punkt P_∞ des Kreises, bei dem die Schlüpfung den

Das genaue Kreisdiagramm.

Wert ∞ hat. Wie schon erwähnt, ist dabei die vom Ständer auf den Läufer übertragene Leistung $N_2 = 0$, was sich daraus ergibt, daß bei unendlich großer Läuferfrequenz der Läuferstrom J_2 genau 90° gegen die EMK verschoben ist. Die ganze durch die Strecke $P_\infty S_\infty$ in Abb. 50 parallel zur Tangente in P'_0 dargestellte, dem Läufer vom Antriebsmotor zugeführte Leistung wird in Stromwärme verwandelt. Die primär zugeführte Leistung $P_\infty T_\infty$ wird zur

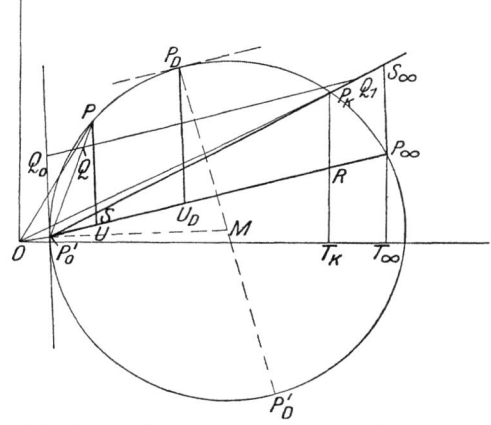

Abb. 50. Das Drehmoment im genauen Kreisdiagramm.

Deckung der primären Kupferverluste verbraucht, da die Eisenverluste in diesem Betriebszustand beinahe Null sind. Hieraus läßt sich Punkt P_∞ finden, denn es muß für ihn der Strom $J_{K\infty} = OP_\infty$ im Primärwiderstand die durch $P_\infty T_\infty$ dargestellten Verluste hervorrufen. Es ist also

$$P_\infty T_\infty \cdot U_1 \sqrt{3} = 3(OP_\infty)^2 \cdot R_1, \qquad (114)$$

hieraus

$$P_\infty T_\infty = \frac{\sqrt{3} \cdot OP_\infty \cdot R_1}{U}. \qquad (115)$$

Es gilt nun folgender geometrische Lehrsatz: Zieht man von einem Kreispunkt (P'_0) Sehnen $(P'_0 P)$ und zwei beliebige Strahlen $(P_0 P_K$ und $P'_0 P_\infty)$, so schneiden diese Strahlen aus den Loten von P auf den Durchmesser durch P'_0 Strecken heraus, die dem Quadrate der Sehnen $(P'_0 P)$ proportional sind. Die Sehnen $P'_0 P$ selbst sind, wie schon früher erwähnt, proportional J_2. Eine solche Sehne sei nun $P'_0 P_\infty$ selbst; dann ist der Ausschnitt $P_\infty S_\infty$ nach obigem gleich den Läuferverlusten für Punkt P_∞. Für alle andern Kreispunkte P müssen also die Abschnitte SU zwischen den Strahlen $P'_0 P_K$ und $P'_0 P_\infty$ gleich den Läuferverlusten sein, da die

Sallinger, Drehstrommaschinen. 5

Strecken $P'_0 P$ proportional den Läuferströmen sind. Es ist also für einen beliebigen Punkt P

$$SU = c \cdot J_2^2, \tag{116}$$

für Punkt P_∞
$$SU = S_\infty P_\infty = 3 J_\infty^2 R_2, \tag{117}$$

also gilt für alle Punkte
$$SU = 3 J_2^2 R_2. \tag{118}$$

Die Linie $P'_0 P_\infty$ schneidet also aus dem Lot PS auf $P'_0 M$ eine Größe SU heraus, die gleich den Läuferverlusten ist. Die Strecke PU entspricht also der gesamten auf den Läufer übertragenen Leistung und ist nach Gleichung 65 also auch proportional dem Drehmoment. Die Gerade $P'_0 P_\infty$ ist somit die **Drehmomentenlinie**. In den Punkten P'_0 und P_∞ ist das Drehmoment Null. Im Berührungspunkt P_d der Tangente parallel zu $P'_0 P_\infty$ tritt das höchste mögliche Drehmoment auf. Wird der Motor mit einem größeren Moment (Last + Eigenreibung) als $P_d U_d$ belastet, so fällt er außer Tritt. Das Maximalmoment $P_d U_d$ bezeichnet man daher als das **Kippmoment** und das Verhältnis von Kippmoment zum Nenndrehmoment als die **Überlastungsfähigkeit** des Motors. Ist das den Motor belastende Moment von der Drehzahl unabhängig, so läuft der Motor stabil im Bereich von P_0 bis P_d, ebenso als Generator von P'_0 bis P'_d.

Man hat die Möglichkeit, den Punkt P_∞ auch ohne Kenntnis des Primärwiderstandes R_1 zu bestimmen. Bezeichnet man den Schnittpunkt der Drehmomentlinie mit der Ordinate von P_K mit R, so läßt sich nachweisen (L. 6, S. 242), daß

$$\triangle P'_0 P_K P_\infty \sim \triangle O P_K R$$

Man findet somit R und damit P_∞, indem man

$$\sphericalangle P_K P'_0 P_\infty = \sphericalangle P_K O R.$$

macht durch Ausprobieren.

Noch einfacher aber natürlich auch ungenauer ergibt sich P_∞ als Schnittpunkt der Geraden $P'_0 R$ durch den Mittelpunkt der Ordinate $P_K T_K$ mit dem Kreis (s. Abb. 51).

Der Schlupf des Motors ergibt sich in folgender Weise; es ist in Abb. 50:
$$PU = c \cdot N_2,$$
$$PS = c \cdot N_m = c \cdot N_2 (1 - s)$$
und folglich
$$SU = c \cdot N_2 \cdot s,$$
somit
$$s = \frac{SU}{PU}.$$

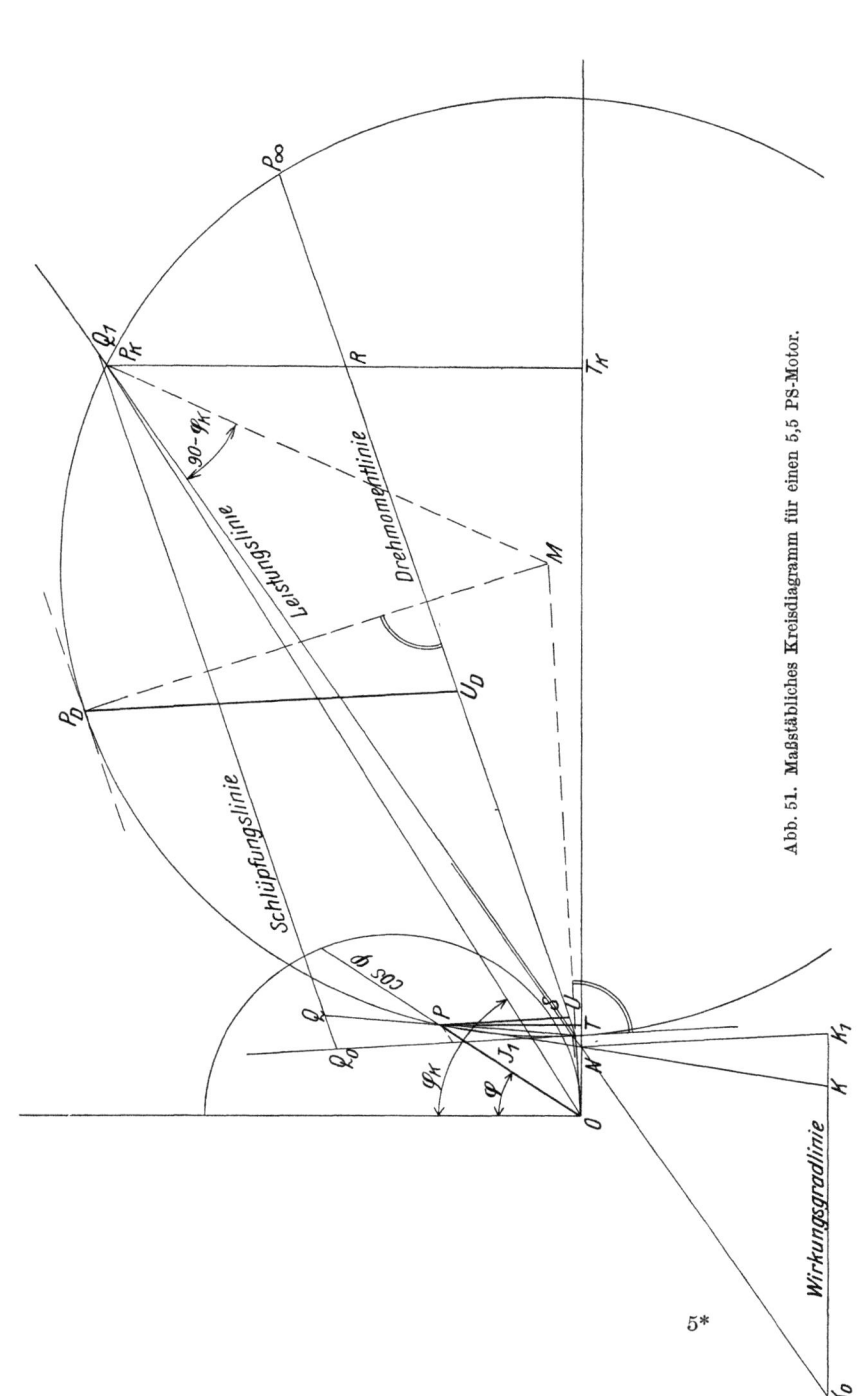

Abb. 51. Maßstäbliches Kreisdiagramm für einen 5,5 PS-Motor.

Um den Schlupf graphisch zu erhalten, zieht man eine Parallele $Q_0 Q_1$ zur Drehmomentlinie zwischen der Kreistangente und der Leistungslinie, die den Vektor $P'_0 P$ im Punkte Q schneidet. Es ist dann

$$\Delta P'_0 Q_0 Q \sim \Delta P U P'_0 \quad \text{und} \quad \Delta P'_0 Q_0 Q_1 \sim \Delta P'_0 S U$$

und folglich

$$\frac{Q_0 Q}{Q Q_1} = \frac{S U}{P U} = s.$$

Macht man $Q_0 Q_1 = 100$ mm, so gibt $Q_0 Q$ mm den Schlupf in Prozent und $Q Q_1$ die Drehzahl in Prozent von der Synchronen-Drehzahl.

Um die praktische Verwendung des Kreisdiagramms zur Ermittlung der Hauptgrößen eines Induktionsmotors klar zu machen, sei in Abb. 51 das Kreisdiagramm eines Induktionsmotors maßstäblich aufgezeichnet und die Werte daraus entnommen. Es handelt sich um einen Motor, dessen Leistungsschild folgende Daten trägt: 220/380 Volt, 5,5 PS, 14,9/8,6 Amp., $n = 1425$. Es wurden folgende Messungen vorgenommen:

Synchr. Leerlauf: 220 V., 7,3 A., 180 W., $\cos\varphi'_0 = 0{,}064$
Asynchr. Leerlauf: 220 V., 7,36 A., 215 W., $\cos\varphi_0 = 0{,}078$
Kurzschluß: 38,3 V., 13,9 A., 458 W., $\cos\varphi_K = 0{,}525$

Die Kurzschlußmessung ergibt für 220 V. einen Kurzschlußstrom von 80 Amp. Dieser Wert wird unter dem Winkel φ_K gegen die Ordinatenachse im gewählten Maßstab, nämlich 1 Amp. = 1,5 mm angetragen; in gleicher Weise die Leerlaufströme. Zum erleichterten Antragen der Winkel wie auch zum leichten Abgreifen der Leistungsfaktoren für die einzelnen Belastungspunkte bedient man sich des $\cos\varphi$-Kreises durch den Nullpunkt, dessen Mittelpunkt auf der Ordinatenachse liegt und dessen Durchmesser man am besten 50 oder 100 mm macht. Dann sind die von den verlängerten Stromvektoren gebildeten Sehnen gleich den zu den betreffenden Strömen gehörigen Leistungsfaktoren.

Durch die Leerlauf- und Kurzschlußmessung gewinnen wir die Punkte P'_0 und P_K des Kreises und damit die Leistungslinie $P'_0 P_K$. Der Schnittpunkt M ihrer Mittelsenkrechten mit dem unter dem Winkel $90 - \varphi_K$ angetragenen Strahl $P_K M$ ist der Mittelpunkt des Diagrammkreises.

Das genaue Kreisdiagramm. 69

Ziehen wir nun eine Parallele zur Leistungslinie durch Punkt P_0, so ist die abgegebene Leistung dargestellt durch den Abstand des Kreispunktes P von dieser Parallelen gemessen in Richtung der Tangente $P_0'Q_0$ und zwar entspricht die Strecke PS' einem Strom, der sich berechnet aus der abgegebenen Leistung und der Klemmenspannung. Es ist also für Vollast $PS' = \dfrac{5{,}5 \cdot 736}{\sqrt{3} \cdot 220} = 10{,}6$ Amp.

Wir tragen im Strommaßstab eine Strecke von $10{,}6 \cdot 1{,}5 = 15{,}9$ mm auf der Tangente von P_0 aus an, ziehen durch den Endpunkt der Strecke eine Parallele zur Leistungslinie, die den Kreis im Vollastpunkt P schneidet. Die Strecke $OP = 22{,}5$ mm $= 15$ Amp. ist der primäre Vollaststrom. Sie schneidet aus dem $\cos\varphi$-Kreis einen Leistungsfaktor von $0{,}83$ aus.

Die Ordinate von P, die Strecke PT ist der primäre Wirkstrom; er ergibt sich zu $18{,}6$ mm also $\dfrac{18{,}6}{1{,}5} = 12{,}4$ Amp.

Der Wirkungsgrad bei Vollast ist dann

$$\eta = \frac{15{,}9}{18{,}6} = \frac{10{,}6}{12{,}4} = 0{,}856 \,.$$

Die Ermittlung der Schlüpfung und des Drehmoments erfordert die Drehmomentenlinie. Wir erhalten sie, indem wir die Ordinate von Punkt P_K in Punkt R halbieren und eine Gerade durch P_0' und R ziehen. Sie ist zugleich die Linie der auf den Rotor übertragenen Leistung N_2 und die Strecke $PU \,\|\, P_0'Q_0$ entspricht dieser Leistung. Wir messen 17 mm, also einen Strom von $11{,}32$ Amp. Die Leistung ist also

$$N_2 = \sqrt{3} \cdot 220 \cdot 11{,}32 = 5{,}9 \, PS$$

und das Drehmoment

$$M = 716 \cdot \frac{5{,}9}{1500} = 0{,}975 \cdot \frac{4330}{1500} = 2{,}81 \text{ mkg} \,.$$

Für die Leistungen gilt also der Maßstab:

$$1 \text{ mm} = \frac{4330}{17} = 254{,}8 \text{ Watt} \,.$$

Für die Drehmomente:

$$1 \text{ mm} = \frac{2{,}81}{17} = 0{,}165 \text{ mkg} \,.$$

Legen wir eine Tangente parallel zu $P'_0 P_\infty$, so gibt die Strecke $P_D U_D$ das Kippmoment. Dieses ist

$$M_K = 49{,}5 \cdot 0{,}165 = 8{,}16 \text{ mkg}$$

und die Überlastbarkeit beträgt das $\frac{49{,}5}{17} = 2{,}9$ fache.

Zur Bestimmung des Schlupfs ziehen wir eine Parallele zur Drehmomentlinie, so daß das aus ihr von der Leistungslinie und der Tangente in P'_0 herausgeschnittene Stück 100 mm mißt. Die durch die Gerade $P'_0 P$ auf dieser Schlüpfungslinie abgeschnittene Strecke $Q_0 Q$ mm ist gleich dem Schlupf in Prozenten. Er beträgt in unserm Fall 5%.

Will man aus dem Kreisdiagramm die sog. Betriebskurven des Motors d. i. Schlupf, Drehzahl, Stromaufnahme, Wirkungsgrad und Leistung in Abhängigkeit vom Drehmoment aufzeichnen, so mißt man auf der Strecke PU die Drehmomente ab, gewinnt durch Projizieren parallel zur Drehmomentlinie die entsprechenden Punkte P und kann dann graphisch mit Hilfe der verschiedenen Linien die verlangten Werte herausgreifen und als Funktion des Drehmoments antragen, wie dies in Abb. 52 für den behandelten Motor geschehen ist.

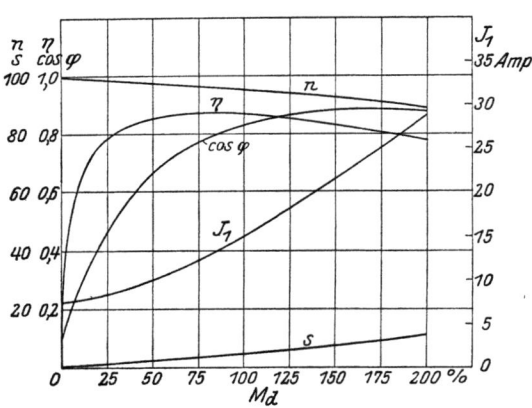

Abb. 52. Betriebskurven des 5,5 PS-Motors.

8. Einfluß der Spannung und der Wicklungswiderstände auf die Arbeitsweise des Motors.

Das Kreisdiagramm gestattet uns unschwer, den Einfluß einer Spannungs- oder Wicklungsänderung auf die Arbeitsweise des Induktionsmotors zu verfolgen. Die Größen des Diagramms sind

Einfluß der Spannung und der Wicklungswiderstände. 71

proportional der zugeführten Spannung, denn der Leerlauf- und der Kurzschlußstrom, die den Kreis festlegen, ändern sich mit der Spannung. Um das Drehmoment, die mechanische und elektrische Leistung zu erhalten, müssen die Strecken PS, PU, PT selbst mit der Spannung multipliziert werden. Diese Größen sind also proportional dem Quadrat der zugeführten Spannung. Der Induktionsmotor ist somit hinsichtlich seiner Überlastbarkeit spannungsempfindlich. Bei langen Zuleitungen, wo ein starker Spannungsabfall bei Belastung eintritt, ist daher eine Untersuchung des Kippmoments vorzunehmen, was am besten dadurch geschieht, daß man die Konstanten der Leitung, Widerstand und Reaktanz, bei der Aufstellung des Diagramms zu den Konstanten des Primärkreises hinzunimmt. Bei verringerter Spannung nimmt nicht nur das Kippmoment, sondern auch die einer bestimmten Belastung entsprechende Drehzahl ab.

Auch der Ständerwiderstand wirkt in ähnlicher Weise. Ein größerer Ständerwiderstand nimmt von der zugeführten Leistung mehr weg, so daß die Drehfeldleistung N_2 kleiner wird. Im Diagramm rückt der Punkt P_∞ hinauf und die Drehmomentlinie erhält eine stärkere Neigung, was einem kleineren Ordinatenabschnitt $P_m S_m$, also einem kleineren Kippmoment entspricht. Von besonders starkem Einfluß ist eine Änderung der primären Windungszahl w_1: bei gleichbleibendem Kupfergewicht ändern sich Widerstand und Reaktanz mit dem Quadrat der Windungszahl. Eine kleine Änderung von w_1 kann also eine starke Änderung des Kippmoments, des Leistungsfaktors und des Schlupfs hervorrufen.

Der Läuferwiderstand hat keinen Einfluß auf das Kippmoment, wohl aber auf den Schlupf, wie schon in Abschnitt II 1 ausgeführt wurde. Bei einem Schlupf s beträgt der Läuferstrom nach Gleichung 63

$$J_2 = \frac{E_2}{\sqrt{\left(\frac{R_2}{s}\right)^2 + (2\pi f_1 L_2)^2}},$$

Der Läuferstrom hängt also ab vom Verhältnis $\frac{R_2}{s}$; jedem Punkt des Kreises entspricht ein konstantes Verhältnis $\frac{R_2}{s}$ und jedem Widerstand ein bestimmter Schlupf. Durch Einstellen des sekundären Widerstandes ist man also in der Lage, ein gegebenes

Moment bei der gewünschten Drehzahl zu erzielen. Um bei verändertem Widerstand den Schlupf zu bestimmen, kann man einfach die Schlüpfungslinie Q_0Q_1 parallel zu sich selbst verschieben, so daß der Abschnitt $Q_0P'_0$ im Verhältnis der sekundären Widerstände größer wird (s. Abb. 53). Dann schneidet die zu einem Belastungspunkt P gehörige Gerade P'_0P in Punkt Q' die entsprechende Schlüpfung heraus. In Abb. 53 ist eine Verdopplung des sekundären Widerstands angenommen. Den Verlauf des Drehmoments in Abhängigkeit vom Schlupf bei verschiedenen Läuferwider-

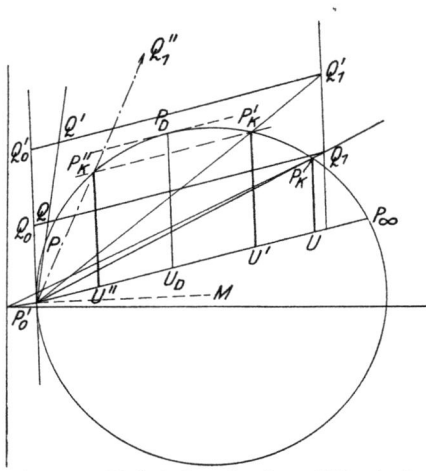

Abb. 53. Einfluß des sekundären Widerstands auf den Schlupf.

ständen zeigt Abb. 54. Kurve a entspricht dem Normalzustand, die Kurven b, c, d dem 2-, 3- und 4fachen Läuferwiderstand. Das Maximum des Drehmoments rückt wie die Kurven zeigen, mit wachsendem sekundären Widerstand immer weiter nach links. Man kann den Widerstand leicht so wählen, daß der Motor bei Stillstand sein größtes Drehmoment entwickelt.

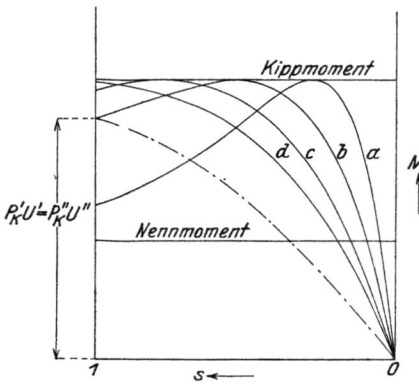

Abb. 54. Drehmoment abhängig vom Schlupf bei verschiedenen sekundären Widerständen.

Die Windungszahl der Sekundärwicklung hat unmittelbar keinen Einfluß auf die Arbeitsweise des Motors; sie bestimmt nur die sog. Schleifringspannung und die absolute Höhe des Sekundärstroms. Eine zu große Windungszahl verringert allerdings den nutzbaren Wickelraum und führt dadurch zu einer relativen Erhöhung des Widerstands und damit zu größerem Schlupf und schlechterem Wirkungsgrad.

9. Anlassen des Induktionsmotors.

a) Schleifringmotor.

Nach Gleichung (65) ist das mit Hilfe des Drehfelds auf den Läufer ausgeübte Drehmoment

$$M = 0{,}975 \cdot \frac{N_2}{n_1}$$

wobei $N_2 = N_1 - 3\,J_1^2 R - V_{e_1}$ die Drehfeldleistung ist. Diese Leistung ist unabhängig vom Schlupf und nur bestimmt durch das verlangte Drehmoment. Der Schlupf gibt lediglich die Aufteilung der Drehfeldleistung in mechanische und elektrische Leistung. An der dem Motor zuzuführenden Leistung ändert sich also nichts vom Stillstand an bis zur vollen Drehzahl. Der Motor verlangt also schon im Anlauf seine volle Leistung. Im Stillstand kann diese Leistung nur eine elektrische sein, zu deren Aufnahme man Ohmsche Widerstände im Läuferkreis benötigt. Der Zweck des Anlaßwiderstandes beim Induktionsmotor ist also vor allem der, die Leistungsaufnahme des Motors zu erzwingen im Gegensatz zu dem Anlasserwiderstand bei der Gleichstrommaschine, der nur den Zweck hat, den Anlaufstrom in zulässigen Grenzen zu halten und dabei allerdings als unangenehme Beigabe auch Leistung verzehrt. Selbstverständlich wird durch den Widerstand im Läuferkreis auch der Anlaufstrom des Induktionsmotors verringert.

Der Anlasser eines Induktionsmotors ist also so zu dimensionieren, daß er vorübergehend d. h. für die Dauer des Anlaufs, eine Leistung aufnehmen kann, die etwa der Leistung des Motors entspricht. Bei häufiger Wiederkehr des Anlassens muß er also bedeutende Dimensionen annehmen. Dies macht den Induktionsmotor u. a. für den Bahnbetrieb weniger geeignet im Vergleich zum Kommutatormotor, der im Anlauf nur Leistung zur Deckung der Kupferverluste braucht und bei dem die Anlaufleistung erst mit der Drehzahl ansteigt.

Die eben besprochene aus dem Transformatorcharakter des Induktionsmotors hervorgehende Tatsache gibt auch gleich den Weg an zur Bemessung des Anlaßwiderstandes. Die Berechnung läuft darauf hinaus, zu einer gegebenen Belastung eines

Transformators die Größe des Belastungswiderstandes zu bestimmen. Die elektrische Leistung im Läufer beim Betrieb mit dem Schlupf s ist

$$N_e = 3 J_2^2 R_2$$

Hierzu kommt im Stillstand die mechanische Leistung

$$N_m = N_e \cdot \frac{1-s}{s},$$

die beim Anlauf in dem vorzuschaltenden Widerstand R_a zu vernichten ist. Soll das Drehmoment demjenigen beim Schlupf s entsprechen, so muß auch der Strom I_2 im Läufer fließen und es ist

$$N_m = 3 \cdot J_2^2 R \cdot \frac{1-s}{s} = 3 J_2^2 \cdot R_a, \tag{119}$$

folglich

$$R_a = R_2 \cdot \frac{1-s}{s}. \tag{120}$$

Soll der Motor mit seinem maximalen Drehmoment anlaufen, so ist in Gleichung 120 der dem Kippmoment entsprechende Schlupf s_m einzusetzen. Der Anlaßwiderstand für höchstes Drehmoment ist also

$$R_a = R_2 \cdot \frac{1-s_m}{s_m}. \tag{121}$$

Kennt man die Ständer- und Läuferverluste des Motors, so läßt sich der Anlaßwiderstand auch hieraus berechnen. Es ist

$$R_a = R_2 \cdot \frac{N_2 - N_2 \cdot s}{N_2 \cdot s} = R_2 \cdot \frac{N_1 - 3 J_1^2 R_1 - V_{e_1} - N_e}{N_e} \tag{122}$$

Wie aus dem Kreisdiagramm Abb. 53 und besonders aus Abb. 54 ersichtlich ist, kann beim Stillstand ($s = 1$) ein bestimmtes Drehmoment durch zwei verschiedene Widerstände erreicht werden. Jedem Drehmoment, das kleiner ist als das Kippmoment, entsprechen zwei Punkte des Kreises P_K' und P_K''. Das Anlaufmoment ist im Kreisdiagramm gegeben durch den Abstand $P_K U$ des Kurzschlußpunkts von der Drehmomentenlinie $P_0' P_\infty$. Vergrößern wir den Widerstand des Läufers, so rückt der Kurzschlußpunkt P_K höher nach P_K', erreicht seinen Höchstpunkt unter Abnahme des Ständer- und Läuferstroms im Punkt P_D des Kippmoments und durchläuft dann bei kleineren Strömen dieselben Werte ($P_K'' U''$) des Drehmoments ein zweites Mal. Nur diese letzteren Punkte P_K'' des Kreises kommen natürlich für den Anlauf in Betracht und zwar nicht nur wegen des Stromstoßes,

Anlassen des Induktionsmotors.   75.

sondern auch wegen der Kupferverluste im Primärkreis, die bei gleicher Drehfeldleistung die primär zuzuführende Leistung bedeutend erhöhen würden. Daß bei geringem Läuferwiderstand im Anlauf trotz des starken Stroms kein starkes Drehmoment entwickelt wird, hat seinen Grund in der starken Phasenverschiebung zwischen Strom und Fluß. Wir haben in Abb. 37 bei der Betrachtung der Drehmomentbildung angenommen, daß der Strom und die induzierte EMK im Läufer in Phase sind. Das trifft annähernd nur bei der geringen Schlupfperiodenzahl des Betriebszustands zu, wo die Induktivität gegenüber dem Ohmschen Widerstand nicht zur Wirkung kommt. Im Stillstand dagegen ist die Reaktanz (ωL) durch die hohe Periodenzahl groß gegen den

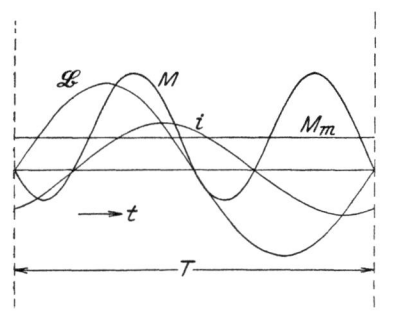

Abb. 55. Drehmomentbildung im Stillstand.   Abb. 56. Drehmoment und Primärstrom beim Anlassen.

Ohmschen Widerstand, der Strom eilt der EMK und der Induktion nach. Die Drehmomentenlinie jedes Strangs zeigt positive und negative Teile (s. Abb. 55) und das resultierende mittlere Drehmoment M_m wird kleiner. Sobald Ohmsche Widerstände in den Läuferkreis eingeschaltet werden, wird die Phasenverschiebung zwischen B und i verringert und das Drehmoment vergrößert. Da durch Vergrößerung des Widerstands aber auch der Strom, der ebenso maßgebend für das Drehmoment ist wie die Phasenverschiebung, verringert wird, muß ein günstigster Wert des Widerstands vorhanden sein, wie er ja oben für das Kippmoment schon berechnet wurde. Die Phasenverschiebung dafür ist etwa 45° Setzt sich der Läufer in Bewegung, so nimmt die induzierte EMK ab, ebenso der Strom und das Drehmoment nach Maßgabe der Linien in Abb. 56. Um es wieder zu vergrößern, muß man

Widerstand abschalten; dann springt das Moment auf eine andere Widerstandslinie über, um nach dieser zu verlaufen bei weiterer Abnahme des Schlupfs. Dies gibt den in Abb. 56 dargestellten Verlauf des Drehmoments und des Primärstroms beim Anlassen.

b) Kurzschlußmotor.

Beim Schleifringläufer haben wir zwecks Vergrößerung des Anlaufmoments und Verkleinerung des Anlaufstroms den Widerstand des Sekundärkreises für den Anlauf vergrößert. Dies ist nun beim Kurzschlußanker nicht möglich. Das Anlaufmoment und der Anlaufstrom sind hier durch die Lage des Kurzschlußpunktes P_K im Kreisdiagramm gegeben. Der Anlaufstrom ist gleich dem Kurzschlußstrom. Genügt das Moment dieses Stromes, das Lastmoment zu überwinden, so läuft der Motor an, und der Strom nimmt ab, indem er alle Werte durchläuft, die durch den Kreis gegeben sind. Entsprechend ändert sich das Drehmoment, das die Kurve a in Abb. 54 durchläuft; es steigt bis zum Kippmoment an und fällt dann auf den dem Belastungsmoment entsprechenden Wert ab. Der Verlauf des Stromes und des Drehmoments ist während des Anlaufs vom Lastmoment ganz unabhängig und nur durch das Kreisdiagramm gegeben.

Da der Widerstand des Kurzschlußläufers außerordentlich klein ist und wegen der Verluste im Betrieb auch nicht größer gemacht werden kann, so ist der Anlaufstrom des Kurzschlußmotors sehr groß und das Anlaufmoment trotzdem verhältnismäßig klein. Der große Anlaufstrom ist in allen Netzen mit gemischter Belastung unzulässig, weil er großen Spannungsabfall und dadurch Lichtschwankungen hervorruft. Handelt es sich nur um Verringerung des Anlaufstroms ohne Rücksicht auf das Anlaufmoment, also um Antriebe mit Leerlauf, oder geringem Anfahrmoment wie Ventilatoren, Zentrifugalpumpen und landwirtschaftliche Maschinen, so kann diese in einfachster Weise mittels der Stern-Dreieckschaltung erreicht werden. Der Motor, der normalerweise in Dreieckschaltung läuft, wird im Anlauf in Stern geschaltet. Dadurch wird der Strom in den Zuleitungen auf $1/3$ desjenigen für Dreieckschaltung reduziert; denn der Strom in einem Wicklungsstrang ist im Verhältnis $1:\sqrt{3}$ kleiner, und außerdem ist der Leitungsstrom nicht mehr das $\sqrt{3}$ fache des Strangstroms, sondern diesem gleich. Allerdings geht auch das Anlaufmoment im Verhältnis 1:3 herunter, denn die Umschaltung von Dreieck auf Stern bedeutet eine Verringerung der Strangspannung auf $\frac{1}{\sqrt{3}}$, und das Drehmoment ändert sich, wie in Abschnitt II 8 nachgewiesen wurde, quadratisch mit der Spannung. Meist ist immerhin noch ein Anlauf mit halber Nennlast möglich, wobei dann der Anlaufstrom selbst bei größeren Motoren nicht viel mehr beträgt als das 2fache des Nennstroms[1]. Abb. 57 zeigt die Schaltung für Sterndreieckanlauf.

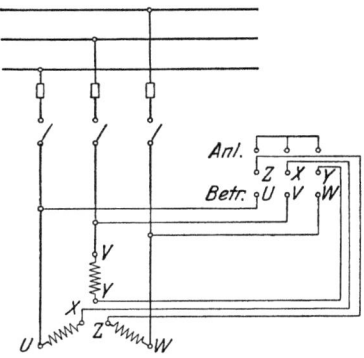

Abb. 57 Sterndreieckschaltung.

Beim Umschalten tritt eine kurze Unterbrechung des Stroms und darauf ein größerer Stromstoß

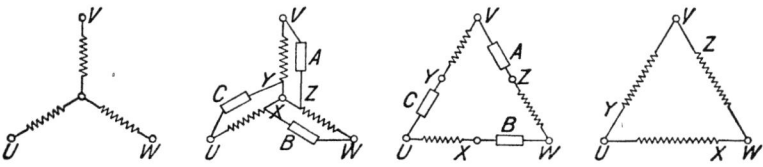

Abb. 58. Sterndreieckschutzschaltung der SSW.

ein, der aber sehr rasch abklingt, s. Abb. 59. Diesen Stromstoß vermeiden die SSW durch einen sog. S c h u t z s c h a l t e r, bei dem nach Abb. 58 über 3 Schutzwiderstände umgeschaltet wird, die zunächst parallel zu den 3 Strängen, dann hintereinander geschaltet und schließlich kurzgeschlossen werden. Der Erfolg dieser Schaltung ist aus Abb. 59 zu ersehen. Selbstverständlich muß der Motor im Dreieck die Betriebspannung vertragen können; ein Motor für 380/220 V z. B. kann nur an einem Netz mit 220 V mittels Sterndreieckschalter angelassen werden.

Der Sterndreieckschalter kann nicht nur zur Verringerung des Anlaufstroms dienen, er ist auch imstande, den Leistungsfaktor eines mit Drehstrommotoren belasteten Netzes zu verbessern, da der

---

[1] Siehe ETZ 1927, S. 646.

78 Die Induktionsmaschine.

Leistungsfaktor des in Stern geschalteten Motors bis über Halblast wesentlich besser ist als in Dreieckschaltung [1]. Die auf $\frac{1}{\sqrt{3}}$ reduzierte Klemmenspannung hat ja vor allem einen kleineren Magnetisierungsstrom zur Folge. Wenn man bedenkt, daß der schlechte Leistungsfaktor eines Netzes hauptsächlich von den leerlaufenden und gering belasteten Motoren herrührt, so kann durch die Verwendung der Sternschaltung als Betriebsschaltung für geringere Last eine Verbesserung des Leistungsfaktors im

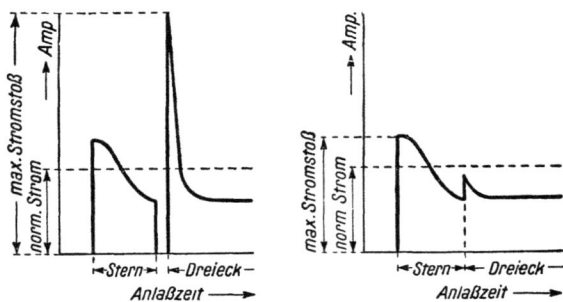

Abb. 59. Sterndreieckschaltung ohne und mit Schutzschaltung.

Netz erreicht werden ohne andere Hilfsmittel als etwa einen Stromzeiger, der anzeigt, wann in Dreieck umzuschalten ist.

Ein anderes Mittel, den Anlaufstrom eines Kurzschlußmotors in zulässigen Grenzen zu halten, besteht in der Verwendung eines Anlassers im Primärkreis in Form eines Anlaßtransformators, der als Spartransformator ausgeführt wird. Das Anlaufmoment des Motors geht dabei quadratisch mit der Spannung, der Anlaufstrom proportional mit ihr herunter. Der Anlaufstrom im Netz aber ist dem Anlaufmoment entsprechend im quadratischen Verhältnis der Spannung kleiner, da er ja bei konstanter Spannung abgegeben wird, während im Sekundärkreis des Transformators Strom und Spannung reduziert sind. Will man also den Anlaufstrom im Netz auf 50% reduzieren, so beträgt auch das Anlaufmoment nur 50%, und die Anlaßspannung muß etwa 70% der normalen Spannung betragen. Auch bei dieser Anlaßart ist ein

---

[1] Siehe ETZ 1927, S. 645.

Anlassen des Induktionsmotors. 79

Anlauf mit nur geringer (höchstens halber) Last möglich. Sie wird verwendet für Motoren größerer Leistung etwa über 30 kW. Für gewöhnlich genügt eine Anlaßstufe, die so bemessen wird, daß sie zum Anlaufen ausreicht. Zum Umschalten ist ein 6 poliger Umschalter nach Abb. 60 erforderlich. In Betriebsstellung sind Sicherungen zum Schutz des Motors einzubauen, die für den Normalstrom zu bemessen sind.

Der Sterndreieckschalter sowie der Anlaßtransformator reduzieren zwar den Anlaufstrom auf ein zulässiges Maß, beschränken aber den Anlauf auf Fälle geringer Last. Man war daher seit langem bestrebt, mit der Reduzierung des Anlaufstroms auch den Anlauf unter vollem Drehmoment zu erreichen, ohne die ideale Einfachheit des Kurzschlußankers aufgeben zu müssen. Dies gelang dadurch, daß man den Anlauf der Nutzlast vom Anlauf des Motors zeitlich trennte, so daß zunächst der Motor von der Nutzlast vollkommen unbeeinflußt leer anläuft und erst später mittels einer Fliehkraft-Reibungskupplung selbsttätig mitgenommen wird. Diese Aufgabe wurde in verschiedener Weise gelöst. Gemeinsam ist allen Fliehkraftkupplungen der konstruktive Gedanke, daß sie aus einem als Riemen- oder Kuppelungsscheibe ausgebildeten Gehäuse bestehen, das sich auf dem inneren auf die Welle festgekeilten Teile lose drehen kann. Der innere Teil ist mit Fliehkörpern ausgerüstet, die unter dem Einfluß der Fliehkräfte sich bei steigender Drehzahl mit wachsendem Druck gegen das Gehäuse pressen und durch die erzeugte Reibung die Scheibe und damit die Last mitnehmen. Als Beispiel sei hier der konstruktiv sehr einfache „Mechanische Anlasser" der SSW in Abb. 61 angeführt. Der Motor läuft in Sternschaltung leer an und kommt infolgedessen sehr rasch auf eine Drehzahl, bei der das Gleiten der Fliehkörper beginnt; er wird dann mit dem wachsenden Reibungsmoment der Fliehkörper belastet und würde in Sternschaltung mit konstanter, durch Federn einstellbarer Ge-

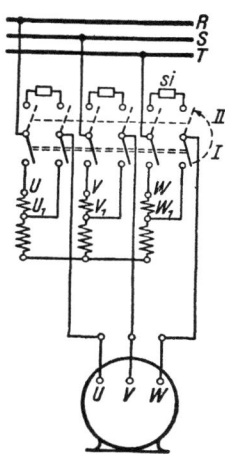

Abb. 60. Anlaßschalter der SSW.

schwindigkeit weiterlaufen. Wird er nun auf Dreieck umgeschaltet, so tritt ein Drehmomentüberschuß und eine weitere Beschleunigung ein unter Zunahme des Reibungsmoments, bis dieses so groß geworden ist, daß es das Nutzmoment überwindet. Von da ab beginnt die Außenscheibe und die Last sich zu beschleunigen;

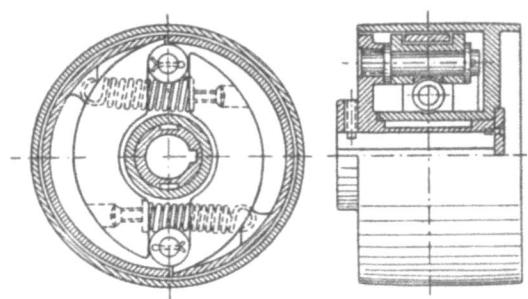

Abb. 61. Mechanischer Anlasser der SSW.

die Lastdrehzahl steigt geradlinig an, während die Motordrehzahl konstant bleibt, und zwar dauert dieser Vorgang verhältnismäßig lang, da der Überschuß an Drehmoment nicht mehr groß ist

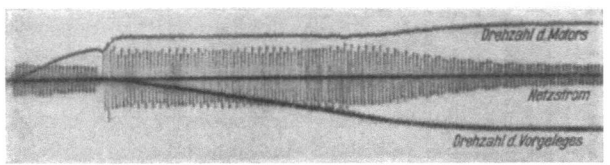

Abb. 62. Anlauf eines Drehstrommotors mit Kurzschlußläufer mit mechanischem Anlasser in Sterndreieckschaltung bei Normalmoment an der Bremsscheibe.

(s. Abb. 62). Wenn die Kupplung richtig gefaßt hat, steigt die Drehzahl von Motor und Last gemeinsam bis zu dem Punkt, der der Belastung entspricht.

Wird der Motor überlastet mit dem 1,6fachen Nenndrehmoment, wie die REM verlangen, so muß die Reibungskupplung auch dieses Moment noch übertragen können, was nur möglich ist, wenn die Kupplung bei einer Drehzahl festpackt, die unterhalb derjenigen dieser Überlast liegt. Da diese Punkte auf der Drehmomentenlinie in Abb. 54 festliegen und jedem Wert des Drehmoments ein bestimmter Strom entspricht, so ist der Verlauf des Stromes während der Anlaufzeit genau bestimmt. Die Einstellung der Drehzahl ist bei der hier beschriebenen Fliehkraftkupplung durch die Vorspannung der Feder möglich. Eine bessere Lösung des Problems stellt die Albokupplung von Obermoser dar[1]. Der oben beschriebenen Fliehkraftkupplung haftet der Nachteil an, daß das Umschalten von Stern in Dreieck bei einer verhältnismäßig niederen Drehzahl und bei Belastung des Motors durch die gleitende Reibung der Kupplung erfolgt. Infolgedessen fällt beim Umschalten die Drehzahl verhältnismäßig stark ab, und der Stromstoß beim Anlegen der vollen Spannung wird ziemlich groß, wenn auch nur kurz dauernd. Bei der Albokupplung läuft der Motor vollständig leer bis zum Synchronismus (Punkt P_0), erst beim Umschalten auf Dreieck wird mittels der dadurch auftretenden Verzögerung eine Sperrung der Fliehkörper gelöst. Diese setzen also sofort mit vollem Reibungsmoment ein, wodurch der Motor durch die Reibung belastet wird, in der Drehzahl sinkt und damit ein stärkeres Drehmoment entwickelt. Ist dieses gleich dem Moment der Last geworden, so fängt diese an mitzulaufen und sich zu beschleunigen. Nähert sich die Lastdrehzahl der Motordrehzahl, so nimmt der Reibungskoeffizient zu, bis er schließlich beim festen Eingriff den Ruhewert erreicht. Nun strebt der Motor mit der Last dem normalen Belastungspunkt zu. Der Stromstoß beim Umschalten ist, da man sich in der Nähe des Synchronismus befindet, zunächst klein (abgesehen von dem unvermeidlichen, während einer Periode abklingenden Einschaltstromstoß), steigt auf den durch die Überlast gegebenen Wert und nimmt, nachdem die Beschleunigung der Last zu Ende ist, den normalen Wert an[2].

Die Fliehkraftkupplungen und -Riemenscheiben können auch in Verbindung mit Anlaßwiderständen im Ständerkreis sehr zweckmäßig verwendet werden. Man hat dabei den Vorteil gegenüber der Sterndreieckschaltung, daß die Stromunterbrechung und der Wiedereinschaltstromstoß wegfallen. Der Motor läuft mit geringerer Spannung und folglich geringerem Kurzschlußstrom leer an; bis die Kupplung zum Eingriff gelangt, ist die Spannung am Motor

---
[1] Siehe ETZ 1925, S. 525.
[2] Siehe ETZ 1927, S. 724.

voll, und die Drehzahl nähert sich der Lastdrehzahl. Selbst bei Anlauf mit 1,5 fachem Nenndrehmoment werden die Stromspitzen nicht größer als das 2,2fache des Nennstroms.

Eine andere Lösung des Anlaufproblems von Käfigankern wurde schon sehr früh (1893) von Dobrowolsky in dem sog. Stromverdrängungs- oder Doppelkäfigmotor gegeben, der allgemein unter dem Namen seines zweiten Erfinders als Boucherot-Motor bekannt ist. Dieser Motor besitzt einen Kurzschlußanker mit 2 konzentrischen Käfigwicklungen, die äußere als Anlaufwicklung mit hohem Widerstand, die innere als Betriebswicklung mit geringem Widerstand (s. Abb. 63). Im Stillstand hat das Feld im Läufer die Netzfrequenz und induziert in der inneren Wicklung Ströme mit starker Phasenverschiebung, die durch ihre Gegenwirkung das Feld abweisen und in den Zwischenraum zwischen den beiden Wicklungen drängen. Es ist also nur die äußere Wicklung gut mit dem Fluß verkettet. Da sie hohen Widerstand besitzt, entsteht in ihr ein relativ kleiner, aber wenig phasenverschobener Strom, der ein kräftiges Drehmoment entwickelt. Im Betrieb, wo die Relativgeschwindigkeit zwischen Feld und Wicklung gering ist, durchdringt das Feld auch die innere Wicklung und erzeugt mit ihrem Strom wie im gewöhnlichen Käfiganker das Drehmoment. Ein Teil des Feldes wird allerdings auch dann in den Raum zwischen den beiden Läuferwicklungen gedrängt und geht für die Drehmomentbildung verloren, da die äußere Wicklung wegen ihres hohen Widerstands wenig dazu beiträgt. Der Motor hat also eine stärkere Streuung als der gewöhnliche Kurzschlußmotor, was gleichbedeutend ist mit geringerer Überlastbarkeit und schlechterem Leistungsfaktor. Um die Streuung des inneren Käfigs kleiner zu machen und den Hauptfluß im Betriebszustand zur Verkettung mit der inneren Wicklung zu bringen, werden Schlitze zwischen den Nuten der beiden Wicklungen angeordnet.

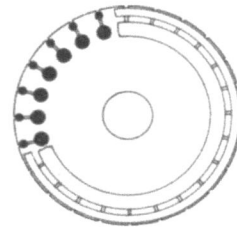

Abb. 63. Doppelkäfigmotor.

Auf dem Prinzip der Stromverdrängung beruhen auch der von der AEG als Doppelnutmotor und von den SSW als Wirbelstrommotor ausgeführte Kurzschlußmotor. Beim ersteren wird die in Abb. 63 dargestellte Nut einschließlich dem Schlitz vollständig mit Kupfer ausgegossen und dadurch ein günstiger Wärmeausgleich zwischen den beiden Stabwicklungen ermöglicht; bei letzterem ein Käfig mit besonders tiefen Stäben hergestellt. In jeder Nut des Ankers pulsiert mit der Periodenzahl des Ankerstroms das Nutenquerfeld und induziert eine Wirbelströmung im Leiter. Das Integral dieser Strömung über dem Leiterquerschnitt ist Null; sie bewirkt aber eine ungleichmäßige Verteilung des Leiterstroms derart, daß dieser nach dem äußeren Leiterrand gedrängt wird, wie Abb. 64 für einen 6 cm hohen, mit 50 periodischem Wechselstrom gespeisten Kupferleiter zeigt. Die Linie G gibt den Effektivwert der Strömung an. Da die Phase der Stromdichte in den einzelnen Leiterfasern verschieden ist, so ist das Integral der effektiven Stromdichte über dem Leiterquerschnitt größer als der durch den Leiter fließende Strom. Der Mittelwert der effektiven Strömung G ist daher größer als die Stromdichte G_0 bei gleichmäßiger Stromverteilung. Die entwickelten Stromwärmen, die proportional dem Mittelwert der Quadrate dieser Stromdichten sind, unterscheiden sich noch mehr und verhalten sich im obigen Fall wie 5,4 zu 1 (s. L 2). Das ist aber gleichbedeutend mit einer scheinbaren Vergrößerung des Widerstands auf das 5,4fache. Die veränderte Stromverteilung hat außerdem auch eine Verdrängung des Nutenstreufeldes nach dem oberen Nutenquerschnitt und somit eine Verringerung der Induktivität des Ankers zur Folge. Diese Wirkungen sind um so stärker, je höher die Periodenzahl und je tiefer die Nut ist; sie können übrigens noch gesteigert werden durch Teilung des Leiters in zwei Hälften, wobei in unserm Fall das Widerstandsverhältnis 8,4 wäre.

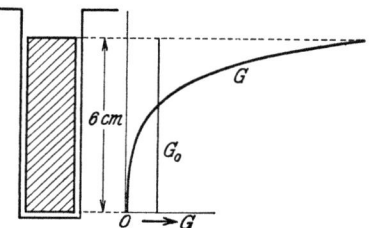

Abb. 64. Effektivwert G der Stromdichte über der Leiterhöhe bei einer einlagigen Kupferwicklung; $f = 50\,K$, $\varrho = 0{,}02\,\Omega\,\text{mm}^2/\text{m}$. (Aus Richter, Elektr. Masch.)

Im Stillstand des Kurzschlußläufers ist nun die Periodenzahl der Läuferströme gleich der Netzfrequenz und nimmt mit steigender Drehzahl ab. Dementsprechend verringert sich der Widerstand der Läuferwicklung; die Anordnung übernimmt also selbsttätig die Funktion des Anlassers. Während des Hochlaufens sind

Strom und Drehmoment unabhängig von der Last nur durch die Ohmschen Widerstände der Wicklung gegeben und durchlaufen die Kurven in Abb. 65. Durch entsprechende Bemessung der Läuferwicklung kann der Motor mit hohem Anlaufmoment versehen werden, allerdings auf Kosten des Leistungsfaktors und des Anlaufstroms. Da meist das 1,5fache Anlaufmoment genügt, ist es daher nicht zweckmäßig, darüber hinauszugehn. Wie Messungen

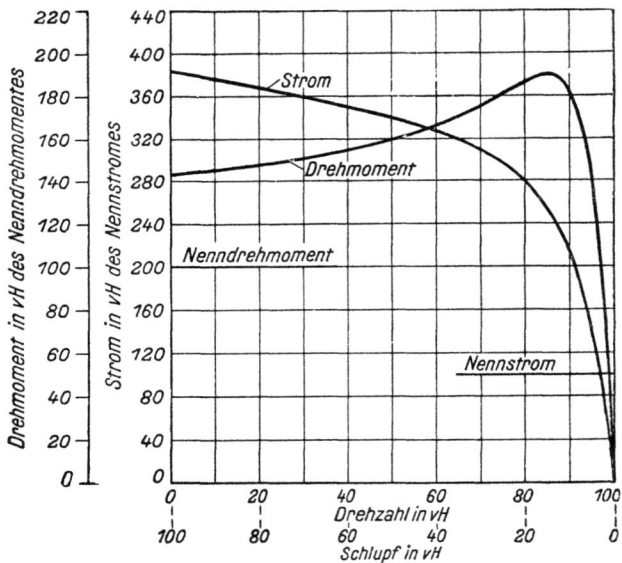

Abb. 65. Drehmomente und Stromkurve eines Motors mit Wirbelstromläufer; Nennleistung 12 kW 1000 Umdrehungen (SSW).

an ausgeführten Motoren zeigen[1], hat dann der Wirbelstromanker den Vorteil, daß bei einem Anlaufstrom, der nur 60% des Anlaufstroms eines gewöhnlichen Kurzschlußläufers beträgt, das Anlaufmoment 20—40% größer ist. Infolge der Vergrößerung der Nutstreuung durch die größere Nuttiefe tritt auch hier eine Verschlechterung des Leistungsfaktors um etwa 2% und eine Verringerung des Kippmoments um etwa 10—15% ein. Ein Vergleich mit den Werten eines Schleifringmotors zeigt dagegen eine wesentliche Verbesserung hinsichtlich Leistungsfaktor

---

[1] SZ 1925, H. 3.

Anlassen des Induktionsmotors. 85

und Wirkungsgrad, wie die Schaulinien Abb. 66 und 67 zeigen, die an einem Doppelnutmotor der AEG ermittelt wurden[1]. Die Vorteile des Stromverdrängungsmotors gegenüber dem Schleifringmotor liegen außerdem in seiner einfacheren Bauart, Schaltung und Wartung sowie in der größeren Betriebsicherheit. Als Anwendungsgebiet kommen daher vor allem solche Betriebe in Frage, bei denen diese Eigenschaften eine Rolle spielen, wie Bergwerks- und Hüttenbetriebe, Pumpstationen, Bewetterungsanlagen und chemische Betriebe.

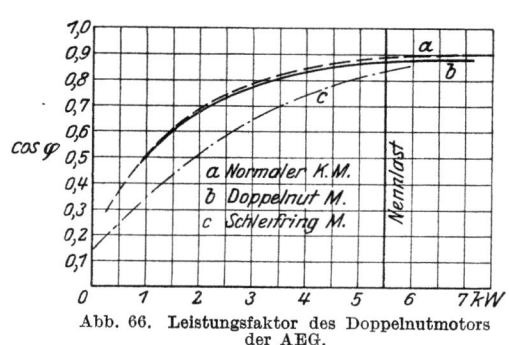

Abb. 66. Leistungsfaktor des Doppelnutmotors der AEG.

Eine interessante Lösung des Anlaufproblems von Kurzschlußmotoren wurde neuerdings von Richter angegeben[2]. Er verwendet im Ständer 2 Wicklungen: außer der gewöhnlichen Dreiphasenwicklung eine mit ihr in Reihe geschaltete Anlaufwicklung mit kleinerer Polzahl und dazu eine Läuferkurzschlußwicklung, die für die Anlaufpolzahl einen großen, für die Betriebspolzahl einen kleinen Wirkwiderstand

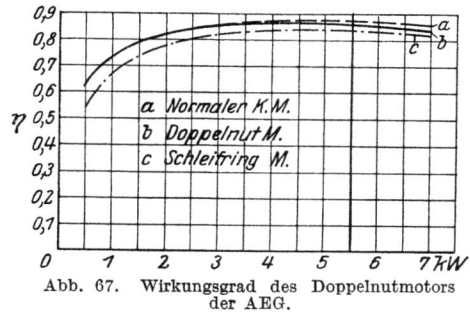

Abb. 67. Wirkungsgrad des Doppelnutmotors der AEG.

hat. Die Anordnung wirkt so, als wären zwei Motoren mechanisch gekuppelt, deren Ständer hintereinander geschaltet sind (s. Abb. 68). Die gesamte Primärspannung verteilt sich nach Maßgabe der beiden Scheinwiderstände. Im Stillstand nimmt die Anlaufwicklung mit ihrem großen Wirkwiderstand den größten Teil der Spannung in Anspruch und entwickelt ein großes Drehmoment, während die Betriebswicklung sich nur wenig an der Drehmomentbildung be-

---

[1] AEG-Mitteilungen 1928, H. 1.   [2] Siehe ETZ 1925, S. 6.

teiligt. Mit steigender Drehzahl aber steigt der Scheinwiderstand der Betriebswicklung wegen ihrer größeren Polzahl $\left(\omega = 2\pi \cdot \dfrac{p \cdot n}{60}\right)$ rascher, ihre Spannung wächst, während diejenige der Anlaufwicklung abnimmt. Ebenso verändern sich die Anteile der Wicklungen am Gesamtdrehmoment. In der Nähe der synchronen Drehzahl des Motors B ist das vom Motor A entwickelte Drehmoment so klein geworden, daß man seine Primärwicklung ohne merklichen Stromstoß kurzschließen kann. Dann verhält sich der Motor wie ein gewöhnlicher Kurzschlußmotor. Die Verschiedenheit der sekundären Wirkwiderstände wird dadurch erreicht, daß die Stäbe nicht wie beim gewöhnlichen Kurzschlußmotor durch Kurzschlußringe auf beiden Seiten verbunden, sondern so in Reihe geschaltet sind, daß für die kleine Polteilung der Betriebswicklung der Wicklungsfaktor ungefähr 1, für die größere Polteilung der Anlaufwicklung dagegen sehr klein ist (s. Abb. 69). Bezieht man nämlich den Widerstand der Sekundärwicklung auf die Primärwicklung, so ist

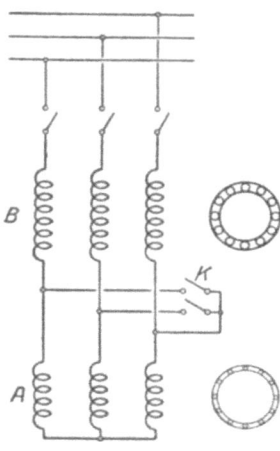

Abb. 68. Schema des Richter-Motors.

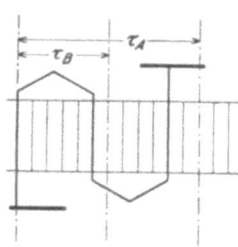

Abb. 69. Wicklungselemente des Richter-Motors.

$$R_2' = \left(\dfrac{w_1 \cdot \xi_1}{w_2 \cdot \xi_2}\right)^2 R_2 ; \qquad (123)$$

bei kleinem Wicklungsfaktor ist also der in der Primärwicklung wirksame Widerstand entsprechend größer. Der Wicklungsfaktor einer Spule mit der Weite W ist für die Grundwelle des Feldes

$$\xi = \sin\dfrac{W}{\tau} \cdot \dfrac{\pi}{2}. \qquad (124)$$

Auf diese Weise kann also der Wirkwiderstand der Läuferwicklung für das Anlaufdrehfeld vergrößert werden, während er für das Betriebsdrehfeld klein bleibt. Mit der Vergrößerung des Wirkwiderstands darf aber keine Vergrößerung des Blindwiderstands verbunden sein, weil dadurch das Drehmoment wieder kleiner

Anlassen des Induktionsmotors. 87

würde. Dies kann verhindert werden, indem man in jede Nut ebenso viele Leiter legt, wie ein kurzgeschlossener Wicklungstrang enthält, von denen jeder einem anderen Strang angehört. Dadurch sind die vom Anlaufdrehfeld in einer Nut induzierten Ströme in der Phase stark verschoben, und das Nutenstreufeld wird im Verhältnis des Wicklungsfaktors ξ_2 reduziert. Das ergibt bei 3 Wicklungselementen pro Strang eine Dreischichtwicklung nach Abb. 70.

Dieser Motor hat gegenüber dem gewöhnlichen Kurzschlußmotor nicht nur den Vorteil, daß der Anlaufstrom bei demselben Drehmoment wesentlich kleiner ist, sondern daß er auch durch die

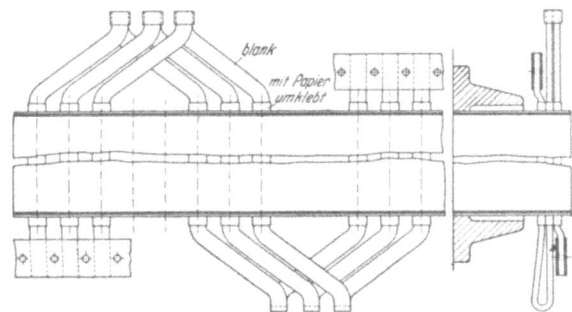

Abb. 70. Läuferwicklung des Richter-Motors.

Wahl der Läuferwicklung und der Windungszahl der Anlaufwicklung in der jeweils zulässigen Größe gehalten werden kann. Dieser Vorteil kommt mit wachsender Leistung um so mehr zur Geltung, als die Anlaufverhältnisse beim gewöhnlichen Kurzschlußmotor mit steigender Leistung schnell schlechter werden. Beim Übergang von der Anlauf- zur Betriebsschaltung tritt ferner keine Unterbrechung des Stromes ein, und man bedarf nur eines einfachen doppelpoligen Kurzschlußschalters (s. Abb. 68).

Als Nachteile stehen dem gegenüber, daß die 2 Ständerwicklungen einen größeren Raumbedarf haben, was sich besonders bei kleineren Durchmessern stark auswirkt. Die Größe einer elektrischen Maschine ist durch ihr Drehmoment bestimmt. Man erhält daher ein Maß für die Ausnützung eines Ankers, wenn man aus dem Drehmoment M die mittlere tangentiale Zugkraft am Ankerumfang, bezogen auf die Oberflächeneinheit des Ankermantels, den sog. mittleren Drehschub σ ermittelt. Es ist somit

$$\sigma = \frac{2M}{\pi D^2 l_i} = \frac{1}{\pi^2} \cdot \frac{N_i}{n D^2 l_i} \qquad (125)$$

in Joule/cm³, wenn $N_i = 3 E J \cos(E, J)$ die Leistung in Watt, D und l_i in cm und n in Uml./sec eingesetzt wird.

Der mittlere Drehschub nimmt bei allen Maschinen mit dem Durchmesser zu. Wegen des allgemeinen Interesses, das diese Größe für den Induktionsmotor bietet, sei ihr Verlauf in Abhängigkeit vom Durchmesser nach einer Veröffentlichung über den neuen Motor[1] in Abb. 71 hier wiedergegeben. Man sieht hieraus, daß schon bei einem Ankerdurchmesser von 40 cm der Drehschub des Richterschen Motors nur um etwa 6% kleiner wird. Zur Verringerung der Leistungsfähigkeit kommt allerdings eine etwas teurere Herstellung infolge der größeren Wickelarbeit. Der Motor wird daher wohl nur für größere Leistungen den Schleifringmotor mit Anlasser verdrängen können.

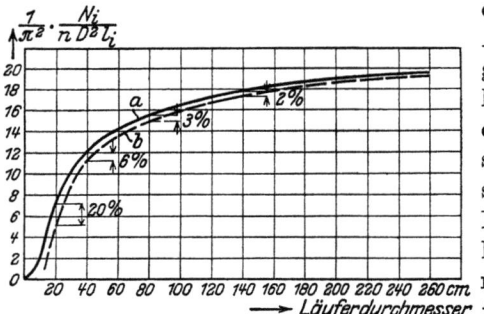

Abb. 71. Mittlerer Drehschub als Funktion des Ankerdurchmessers.

Einen Übergang von den Kurzschlußankern zu den Schleifringankern bilden jene schleifringlosen Phasenanker, deren Wicklung während des Anlaufs durch Zentrifugalschalter kurzgeschlossen werden. Sie haben den Vorteil, Schleifringe und Bürsten mit ihren Verlusten zu vermeiden und den Anlaßvorgang für den Betrieb zu vereinfachen und dadurch ein fehlerhaftes Anlassen zu verhindern. Damit ist aber auch der Nachteil verbunden, daß die Kontakte des Schalters häufig Anlaß zu Störungen geben. Tritt nämlich eine Überlastung auf, bei welcher die Drehzahl unter die Schaltdrehzahl fällt, so öffnet der Schalter den Kurzschlußkreis und die Kontakte verschmoren infolge des starken Stromes.

---

[1] Siehe ETZ 1926, S. 968.

Anlassen des Induktionsmotors.

Bei großen Motoren kann man unschwer die Anlaßwiderstände in den Läufer einbauen, indem man die Widerstandselemente in Spulenform am Läuferkörper befestigt, wodurch sie zugleich kräftig gekühlt werden. Für kleinere Motoren kommt die von Görges angegebene „Gegenschaltung" zur Anwendung, wobei Anlaßwiderstände vollständig überflüssig werden. Auf dem Läufer befinden sich 2 getrennte in Stern geschaltete Wicklungen; entweder mit verschiedenen Windungszahlen in gleicher relativer Lage zueinander (für Drahtwicklung) oder mit gleichen Windungszahlen bei um 60° gegeneinander versetzter Lage (für Stabwicklung). Beide Wicklungen werden jeweils in ihren Sternpunkten miteinander verbunden (s. Abb. 72). Im Anlauf wirkt nun

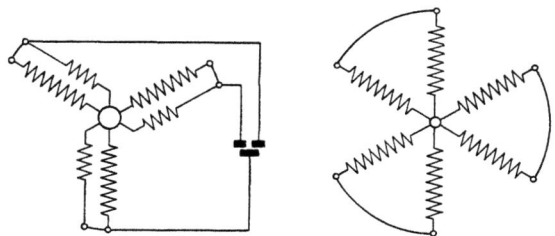

Abb. 72. Anlauf-Gegenschaltungen von Görges.

im ersten Fall die arithmetische, im zweiten Fall die geometrische Differenz der EMKe auf die Summe der Widerstände. Der Kurzschluß, der durch 2 Kontakte bei etwa 80% der synchronen Drehzahl hergestellt wird, macht im Betrieb die Wicklungsabteilungen unabhängig voneinander. Hat z. B. in Abb. 72 die eine Wicklung doppelt soviel Drähte wie die andere, so wirkt bei Gegenschaltung die einfache EMK auf den Widerstand dreier Drähte, bei Betriebschaltung die einfache EMK auf den Widerstand eines Drahtes und die doppelte EMK auf den Widerstand zweier Drähte. Da die Stromwärmen durch $\frac{E^2}{R}$ gegeben sind, verhalten sie sich in beiden Fällen wie $\frac{1^2}{3} : \left(\frac{1^2}{1} + \frac{2^2}{2}\right) = 1:9$. Da anderseits beim selben Drehmoment die Stromwärme proportional dem Schlupf ist, so muß in der Gegenschaltung der Schlupf 9mal so groß werden wie bei Kurzschluß. Es ist also, als ob der Widerstand der Läuferwicklung 9mal so groß oder der 8fache Läuferwiderstand

90 Die Induktionsmaschine.

eingeschaltet wäre. Im zweiten Fall wirkt dieselbe EMK im Anlauf auf 2 Drähte, im Betrieb auf 1 Draht, so daß die Stromwärmen sich verhalten wie $1/2 : \left(\frac{1^2}{1} + \frac{2^2}{1}\right) = 1:4$, der Widerstand also vervierfacht ist. Auch dieses Verhältnis genügt in den meisten Fällen, den Motor mit übernormalem Moment anlaufen zu lassen.

10. Drehzahlregelung des Induktionsmotors.

a) Widerstände im Läuferkreis.

Bei der Betrachtung des Anlaufvorgangs eines Schleifringmotors haben wir gesehen, daß man mit Hilfe von Widerständen im Läuferkreis den Schlupf beliebig vergrößern also die Drehzahl beliebig herunterregeln kann. Bei einem bestimmten Drehmoment ist die primär zuzuführende Leistung ebenfalls bestimmt und unabhängig von der Drehzahl, während die mechanische Leistung des Läufers dem Drehmoment und der Drehzahl proportional sind. Die Differenz dieser beiden Leistungen abzüglich der Ständerverluste ist die in den Widerständen des Läuferkreises verbrauchte elektrische Leistung. Infolgedessen muß der Wirkungsgrad des durch Widerstände geregelten Motors im selben Maß schlechter werden, wie die Drehzahl heruntergeht. Man kann annehmen, daß die übrigen Verluste im Motor sich bei der Regelung nicht wesentlich ändern, denn die Abnahme der Reibungsverluste wird kompensiert durch die Zunahme der Eisenverluste im Läufer; dann beruht die Änderung des Gesamtwirkungsgrades lediglich in der Änderung des Läuferwirkungsgrades, wenn wir als solchen den Wirkungsgrad der Umwandlung der auf den Läufer übertragenen Leistung N_2 in die mechanische Leistung definieren. Im normalen Lauf beträgt der Läuferwirkungsgrad

$$\eta_L = \frac{N_2 - N_2 \cdot s}{N_2} = \frac{1-s}{1} \tag{126}$$

bei der geregelten Drehzahl n', entsprechend dem Schlupf s' ist dagegen

$$\eta'_L = \frac{1-s'}{1},$$

folglich

$$\frac{\eta'_L}{\eta_L} = \frac{1-s'}{1-s} = \frac{n_1 - n'_s}{n_1 - n_s} = \frac{n'}{n}. \tag{127}$$

Die Drehzahlregelung mittels Widerständen im Läuferkreis ist also unwirtschaftlich etwa im gleichen Maß wie die Hauptschlußregelung des Gleichstromnebenschlußmotors. Mit dieser hat sie außerdem noch den weiteren Nachteil gemein, daß durch den eingeschalteten Regelwiderstand die Motorcharakteristik verändert wird. Wie Abb. 45 zeigt, fällt mit wachsendem Drehmoment die Drehzahl um so stärker, je mehr Widerstand eingeschaltet ist. Damit hängt auch der Umstand zusammen, daß diese Regelungsmethode nur bei Belastung wirksam wird und nicht im Leerlauf. Der Schlupf hängt eben nicht nur vom Widerstand, sondern auch vom Strom ab.

Ein Gegenstück zur verlustlosen Nebenschlußregelung des Gleichstrom-Nebenschlußmotors, mit dessen Charakteristik im übrigen die des Induktionsmotors übereinstimmt, gibt es nicht. Es ist dies wohl der schwerwiegendste Nachteil des Induktionsmotors, der ihn für viele Antriebe insbesondere von Werkzeugmaschinen gegenüber dem Gleichstrom-Nebenschlußmotor zurücktreten läßt. Die in den folgenden Abschnitten besprochenen Methoden der „Verlustlosen Drehzahlregelung" von Induktionsmotoren sind nur als Notbehelfe anzusehen, die eine Verwicklung und Verteuerung des Induktionsmotors mit sich bringen.

b) Drehzahlregelung durch Polumschaltung.

Da die Drehzahl des Drehfelds bei gegebener Frequenz nur von der Polzahl der Primärwicklung abhängt, so läßt sich eine grobstufige Regelung durch Änderung dieser Polzahl erreichen. Kleinere Motoren erhalten zu diesem Zweck zwei getrennte Wicklungen mit verschiedenen Polzahlen, während der sekundäre Teil eine kurzgeschlossene Käfigwicklung trägt, die ohne Umschaltung für jede beliebige Polzahl geeignet ist. Für größere Motoren verwendet man besondere „polumschaltbare Wicklungen". Zwecks besseren Anlassens und einer feineren Regelung unterhalb der Grunddrehzahlen werden hierbei Schleifringanker ausgeführt, deren Wicklungen natürlich für dieselben Polzahlen umschaltbar sein müssen, wie die Ständerwicklungen.

Es können sowohl die einschichtigen eigentlichen Wechselstromwicklungen wie die zweischichtigen Gleichstromwicklungen polumschaltbar gemacht werden. Als Beispiel sei in Abb. 73 eine Zweischichtwicklung für das Polzahlverhältnis 1:2 dargestellt.

Die Wicklung ist eine Schleifenwicklung mit dem Wicklungsschritt $y_1 = \frac{\tau}{2}$, wenn τ die große Polteilung für 4 Pole ist; y_1 ist also gleich der kleineren Polteilung. Die Spulenbreite eines Strangs nimmt $^2/_3$ der kleineren Polteilung ein; jeder Strang erhält 2 Gruppen z. B. $U_1 X_1$ und $U_2 X_2$ und somit der Ständer 12 Klemmen. Die Umschaltung wird durch einen 9 poligen Schalter nach Abb. 74 betätigt.

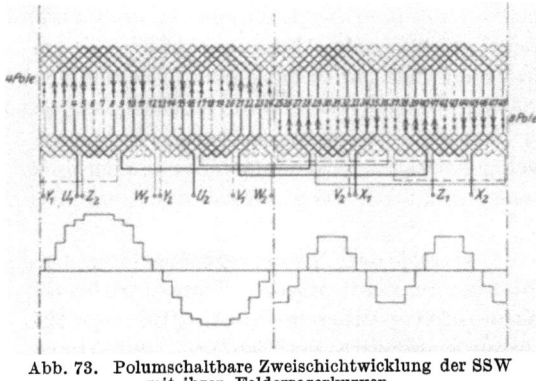

Abb. 73. Polumschaltbare Zweischichtwicklung der SSW mit ihren Felderregerkurven.

Um gleiches Drehmoment für beide Polzahlen zu erhalten, werden nach einer Ausführung der SSW[1] für die größere Polzahl beide Gruppen hintereinander und die Stränge in Stern (s. Abb. 75a), für die kleinere Polzahl die Gruppen gegeneinander und die Stränge in Dreieck geschaltet (s. Abb. 75b). Die in einem Wicklungstrang induzierte EMK beträgt

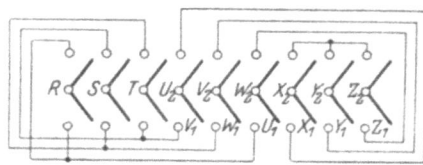

Abb. 74. Schalter für die Wicklung in Abb. 73.

$$E = 4{,}44 \cdot f \cdot \xi \cdot w \cdot \Phi,$$

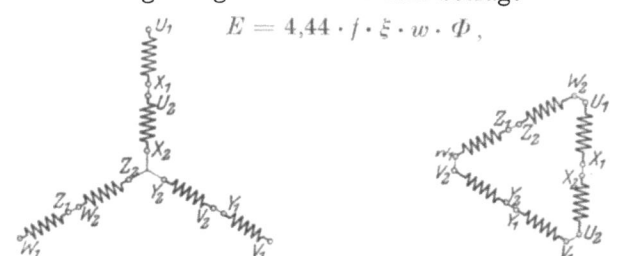

Abb. 75a. Schaltung der Wicklung in Abb. 73 für 8 Pole.

Abb. 75b. Schaltung der Wicklung Abb. 73 für 4 Pole.

wenn w die in Reihe geschaltete Windungszahl und Φ der Pol-

[1] Siehe ETZ 1926, S. 587.

Drehzahlregelung des Induktionsmotors. 93

fluß (Voltsec) des Drehfelds bedeuten. Für sinusförmige Feldkurve ist

$$\Phi = \frac{2}{\pi} \cdot \mathfrak{B}_0 \cdot \frac{\pi d}{2p} \cdot l_i = \frac{d l_i}{p} \cdot \mathfrak{B}_0,$$

wenn $\mathfrak{B}_0$ die Amplitude der Induktion im Luftspalt ist. Für die 2 Polzahlen p_1 und p_2 erhalten wir folgendes Verhältnis der elektromotorischen Kräfte

$$\frac{E_1}{E_2} = \frac{\xi_1 \cdot w_1 \cdot \mathfrak{B}_{0_1} \cdot p_2}{\xi_2 \cdot w_2 \cdot \mathfrak{B}_{0_2} \cdot p_1}. \tag{128}$$

Gleiches Drehmoment tritt ein, wenn $\mathfrak{B}_{0_1} = \mathfrak{B}_{0_2}$. In unserem Fall ist $p_2 = 2 p_1$ und $w_1 = w_2$ und durch die Art der Schaltung

$$\frac{E_1}{E_2} = \sqrt{3}.$$

Der Wicklungsfaktor der Grundwelle einer Wicklung mit S-gleichachsigen Spulen ist

$$\xi = \sin\left(\frac{W}{\tau} \cdot \frac{\pi}{2}\right) \cdot \frac{\sin S \frac{\pi p}{N}}{S \cdot \sin \frac{p \pi}{N}}. \tag{129}$$

Für die größere Polzahl $p_2 = 4$ ist nun $W_2 = \tau_2$ und somit

$$\xi_2 = \frac{\sin 4 \cdot \frac{4 \cdot \pi}{48}}{4 \cdot \sin \frac{4 \pi}{48}} = 0{,}836,$$

für $p_1 = 2$ ist $W_1 = \frac{\tau_1}{2}$ und somit

$$\xi_1 = \sin \frac{1}{2} \cdot \frac{\pi}{2} \cdot \frac{\sin 4 \cdot \frac{2\pi}{48}}{4 \cdot \sin \frac{2\pi}{48}} = 0{,}677.$$

Nach Gleichung 128 ist somit

$$\frac{\mathfrak{B}_{0_1}}{\mathfrak{B}_{0_2}} = \sqrt{3} \cdot \frac{1}{2} \cdot \frac{0{,}836}{0{,}677} = 1{,}06 \approx 1,$$

also gleiches Drehmoment für beide Polzahlen erreicht.

In Abb. 73a ist der Stromverlauf eingezeichnet für den Fall des Strommaximums im Strang UX, und zwar links für die 4polige, rechts für die 8polige Schaltung. Die Ströme in den beiden anderen Strängen sind negativ und halb so groß, was durch kleine Pfeile angedeutet ist. Abb. 73b stellt die diesen Durchflutungen entsprechenden Felderregerkurven dar. Es ist derselbe Strom für beide Polzahlen angenommen. Unter Vernachlässigung der Eisensättigung ist in unserem Fall das Verhältnis der Magnetisierungsströme

$$\frac{J_{m_1}}{J_{m_2}} = \frac{\mathfrak{B}_{0_1}}{\mathfrak{B}_{0_2}} \cdot \frac{p_1}{p_2} \cdot \frac{w_2 \xi_2}{w_1 \xi_1} = 1{,}06 \cdot \frac{1}{2} \cdot \frac{0{,}836}{0{,}677} = 0{,}655 \,.$$

Die Ströme für die größere Polzahl müßten also etwa $^1/_2$ mal so groß sein, um dieselbe Grundwelle der Induktion zu erzeugen. Man sieht im übrigen, daß beide Felder symmetrisch sind, was bei anderen polumschaltbaren Wicklungen nicht immer zu erreichen ist.

c) **Kaskadenschaltung zweier Induktionsmotoren.**

Schaltet man zwei Induktionsmotoren, deren Läufer miteinander gekuppelt sind, derart hintereinander, daß der Primäranker der zweiten Maschine, der sog. Hintermaschine, mit dem Läufer der Vordermaschine verbunden wird, so läßt sich damit ebenfalls eine grobstufige Drehzahlregelung erreichen. Meist wird der Primärteil der Hintermaschine als Läufer auf die gemeinsame Welle gesetzt, so daß Schleifringe überflüssig werden. Man hat also ein Aggregat nach Abb. 76.

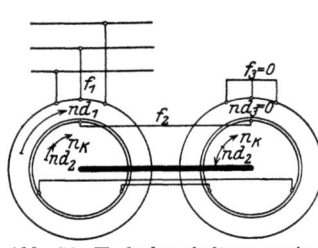

Abb. 76. Kaskadenschaltung zweier Induktionsmotoren im Leerlauf.

Der Netzstrom mit der Frequenz f_1 wird dem Ständer des Vordermotors zugeführt und erzeugt in diesem ein Drehfeld mit der Drehzahl $n_{d_1} = \dfrac{60 \cdot f_1}{p_1}$. Ist n_K die synchrone Drehzahl des Systems, dann fließt in beiden Läufern ein Strom von der Frequenz

$$f_2 = \frac{n_{d_1} - n_K}{60} \cdot p_1 \qquad (130)$$

der in beiden Läufern ein Drehfeld erzeugt. Im Synchronismus muß dieses primäre Drehfeld des Hintermotors relativ zu seiner Sekundärwicklung wie bei jedem Induktionsmotor in Ruhe sein, und da diese Sekundärwicklung als Ständerwicklung im Raume feststeht, ebenfalls feststehen. Der Läufer des Hintermotors

Drehzahlregelung des Induktionsmotors. 95

bewegt sich also mit der Drehzahl n_K in einem im Raume stillstehenden Feld von der Polzahl p_2, das in ihm einen Strom von der Frequenz f_2 erzeugen muß. Da nur eine Frequenz in den beiden Läufern herrschen kann, muß

$$f_2 = \frac{p_2 n_K}{60} = \frac{n_{d_1} - n_K}{60} \cdot p_1 \qquad (131)$$

sein, woraus sich die Drehzahl n_K ergibt zu

$$n_K = n_{d_1} \cdot \frac{p_1}{p_1 + p_2} = \frac{60 \cdot f_1}{p_1 + p_2}. \qquad (132)$$

Das Aggregat hat also eine synchrone Drehzahl, die der Summe der beiden Polzahlen entspricht. In Abb. 76 sind die Winkelgeschwindigkeiten für den Synchronismus eingezeichnet. Für die Schaltung der beiden Läufer ist zu beachten, daß die beiden Drehfelder in ihnen entgegengesetzt umlaufen müssen, denn in Maschine *I* muß das Drehfeld im Sinne der Läuferdrehung umlaufen, um im Ständer *I* die Netzfrequenz f_1 zu erzeugen, in der Maschine *II* entgegen der Läuferdrehung um im Ständer *II* die Frequenz O hervorzurufen. Es müssen also 2 Strangverbindungen gekreuzt werden. Bei Belastung schlüpft das Drehfeld langsam gegenüber den Leitern des Ständers und induziert die Schlüpfungsströme. Hat man z. B. einen Kaskadenmotor der aus 2 vierpoligen Induktionsmotoren besteht, so ist bei 50 Perioden die Drehfelddrehzahl $n_{d_1} = 1500$, die synchrone Kaskadendrehzahl $n = 750$. Hat die Kaskade bei Belastung eine Drehzahl von $n_K = 720$, so ist nach Gleichung 130

$$f_2 = \frac{1500 - 720}{60} \cdot 2 = 26$$

und $n_{d_2} = 780$; das Drehfeld im Ständer des Hintermotors hat eine Drehzahl von $n_{d_3} = 780 - 720 = 60$ entsprechend einer Schlupffrequenz von $f_3 = \frac{p_2 n_{d_3}}{60} = 2$ Perioden.

Die Drehfeldleistung N_2 der Vordermaschine zerfällt in zwei Teile; der eine (mechanische) Teil wird unmittelbar an die Welle abgegeben und beträgt

$$N_{2m} = N_2 \cdot \frac{n_K}{n_{d_1}}, \qquad (133)$$

der andere (elektrische) Teil $N_{2e} = N_2 \cdot \frac{n_{d_1} - n_K}{n_{d_1}}$ wird auf die Hintermaschine übertragen und in dieser in mechanische Leistung umgewandelt. Die bei der Widerstandsregelung verlorene Schlupfleistung wird also hier nutzbar gemacht; man hat eine verlustlose Regulierung. Die von beiden Maschinen abgegebenen mechanischen Leistungen stehen im Verhältnis

$$\frac{N_I}{N_{II}} = \frac{N_{2m}}{N_{2e}} = \frac{n_K}{n_{d_1} - n_K}; \qquad (134)$$

da nach Gleichung 131 für den Synchronismus

$$\frac{n_K}{n_{d_1} - n_K} = \frac{p_1}{p_2}, \qquad (135)$$

so kann man sagen, daß für geringen Schlupf die mechanischen Leistungen sich verhalten wie die Polzahlen.

In der Kaskadenschaltung zweier Induktionsmotoren ist der Vordermotor durch den Leerlaufstrom des Hintermotors elektrisch belastet. Die beiden Magnetisierungsströme addieren sich. Nehmen wir gleiche Polzahlen für beide Maschinen an, so wird der Magnetisierungsstrom etwa verdoppelt. Im Kurzschluß stellt die Kaskadenschaltung eine Reihenschaltung der Kurzschlußimpedanzen beider Motoren dar. Der Kurzschlußstrom muß also etwa $^1/_2$ so groß werden. Der Magnetisierungsstrom und der Kurzschlußstrom sind maßgebend für das Kreisdiagramm. In Abb. 77 ist der Heyland-Kreis eines Motors (M_1) und der hieraus zu folgernde Kreis für die Kaskadenschaltung (M_K) gezeichnet. Wie man sieht, ist die Überlastbarkeit beider Motoren in Kilowatt kleiner als der halbe Wert eines Motors. Da die Drehzahl nur halb so groß ist, muß der Höchstwert des Drehmoments, das beide Motoren zusammen in der Kaskadenschaltung abgeben können, etwas kleiner sein als das Drehmoment eines Motors für sich. Auch der Leistungsfaktor ist wesentlich kleiner. Das genaue Diagramm der Kaskadenschaltung ist allerdings nicht durch einen Kreis, sondern durch eine Kurve 4. Grades gegeben, die sich annähernd aus zwei ineinander übergehenden Kreisen zusammensetzt. Abb. 78 zeigt ein Diagramm, das an einer Kaskade aus zwei 4poligen Motoren aufgenommen wurde (nach Petersen: Die Wechselstrommaschinen). Der innere Kreis entspricht dem Betrieb mit der Drehzahl n_K. Unterhalb dieser Dreh-

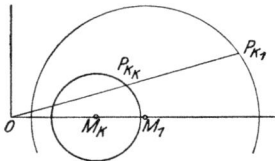

Abb. 77. Heylandkreise der Kaskadenschaltung (theoretisch).

Drehzahlregelung des Induktionsmotors. 97

zahl arbeitet die Kaskade als Motor stabil, oberhalb zunächst stabil als Generator, kommt dann aber bei $n = 850$ in einen Motorbereich bis zur synchronen Drehzahl 1500, über der wieder ein stabiler Generatorbetrieb möglich ist. Versieht man die Motoren einer Kaskadenschaltung mit ungleichen Polpaarzahlen, so lassen sich 3 Grunddrehzahlen erreichen, in deren Nähe ein stabiler Betrieb als Motor oder Generator möglich ist, je nachdem man nur den Vordermotor, den Hintermotor oder die Kaskadenschaltung benützt.

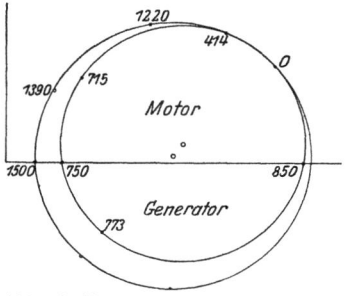

Abb. 78. Experimentell ermitteltes Diagramm einer Kaskade.

d) Regelsatz. Gleichstromkaskade.

Die bisher besprochenen Verfahren zur verlustlosen Regelung des Induktionsmotors haben den Nachteil, nur wenige grobe Stufen einer Drehzahländerung zu gestatten. Eine feinstufige, verlustlose Regelung ist nur dadurch möglich, daß man dem Läufer von außen über die Schleifringe eine Spannung zuführt, die die Schlupffrequenz besitzt und deren Größe beliebig feinstufig geändert werden kann. Hierzu ist naturgemäß eine Drehfeldmaschine erforderlich, welche die Schlupfenergie aufnimmt und sie wieder an die Welle oder das Netz zurückgibt. Als solche Drehfeldmaschine dient beim sog. „Gleichstromregelsatz" ein Einankerumformer, beim „Drehstromregelsatz" eine Drehstromkommutatormaschine. Da diese letztere erst in einem späteren Abschnitt besprochen wird, sei hier zunächst nur die Regelung mittels Einankerumformer behandelt, die man auch als Gleichstromkaskade oder nach ihrem Erfinder als Krämer-Kaskade bezeichnet.

Die Wirkung der dem Läufer zugeführten Spannung geht aus folgender Überlegung hervor. Beim normalen Lauf des Induktionsmotors wird im Läufer eine EMK E_2 induziert, die gerade genügt, den Ohmschen Spannungsabfall des Läuferstroms I_2 auszugleichen, da der induktive Spannungsverbrauch wegen der geringen Frequenz der Läuferströme vernachlässigbar klein ist.

E_2 und I_2 sind daher in Phase; der Strom I_2 ist ein Wirkstrom. Jedem Drehmoment entspricht ein bestimmter Strom, der bei konstantem Widerstand R_2 eine bestimmte EMK E_2 erfordert, welche wiederum einen bestimmten Schlupf voraussetzt. Wird nun in den Läuferkreis eine zusätzliche EMK E_z eingefügt, die der Läufer-EMK entgegengerichtet ist, so schwächt sie zunächst den Strom I_2 und ruft dadurch eine Verzögerung des Läufers hervor, da das vom Läuferstrom entwickelte Drehmoment nicht mehr dem Lastmoment entspricht. Der Schlupf wird also vergrößert, und zwar so weit, daß die im Läufer induzierte EMK E_2 nicht nur dem Ohmschen Spannungsabfall $I_2 R_2$, sondern auch die aufgedrückte Gegenspannung überwindet. Je größer diese ist, um so größer muß der Schlupf sein. Die Maschine, welche die zusätzliche EMK liefert, nimmt die durch den vergrößerten Schlupf entstehende elektrische Schlupfenergie auf; sie ist ihrer Wirkungsweise nach ein Motor, bei dem Strom und EMK einander entgegen gerichtet sind. Man könnte etwa einen Synchronmotor dazu benützen, der einen Gleichstromgenerator antreibt, mit dessen Hilfe dann die aufgenommene Schlupfenergie wieder weitergegeben wird.

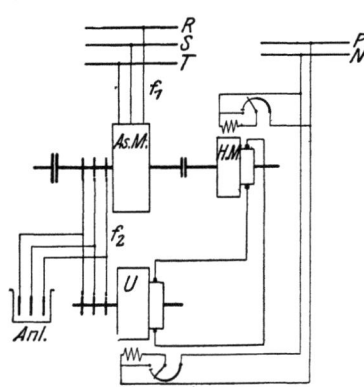

Abb. 79. Schaltung der Krämerkaskade.

Es muß ein Gleichstromgenerator sein, weil die Wechselstromleistung nur bei einer bestimmten Frequenz zurückgegeben werden kann; die Drehzahl des Motorgenerators muß sich aber der Frequenz des Läuferstroms anpassen. Je größer der Schlupf des Hauptmotors wird, um so größer wird die Frequenz des Läuferstroms und ebenso die Frequenz der aufzudrückenden Spannung. Statt eines Motorgenerators nimmt man einen Einankerumformer, der in seinem Verhalten jenem entspricht, aber billiger ist und besseren Wirkungsgrad hat. Der Einankerumformer läuft also um so schneller, je größer der Schlupf des Hauptmotors ist. Bei der Krämer-Kaskade, deren Schaltung in Abb. 79 dargestellt ist, wird nun die Schlupfenergie einem Gleichstrommotor zugeführt, der mit der Asynchronmaschine

Drehzahlregelung des Induktionsmotors. 99

direkt gekuppelt ist. Bei geringem Schlupf des Hauptmotors ist, wie schon erwähnt, die Drehzahl des Einankerumformers niedrig und ebenso die erzeugte Gleichspannung. Damit nun der mit dieser niederen Spannung gespeiste Gleichstrommotor die dem geringen Schlupf des Hauptmotors entsprechende hohe Drehzahl erhält, muß er entsprechend schwaches Feld haben, das eigen- oder fremderregt sein kann. Verstärkt man seine Erregung, so geht die Stromaufnahme zurück und damit auch der Strom des Läufers, der Schlupf wird größer und das Aggregat stellt sich auf eine neue Drehzahl ein, bei welcher die Stromaufnahme des Induktionsmotors wieder dem von ihm geforderten Drehmoment entspricht. Die Drehzahl des Induktionsmotors wird also durch die Erregung des „Hintermotors" gesteuert. Bei Änderung der Belastung wird folglich das Verhalten des Hauptmotors von den Eigenschaften des Hintermotors abhängen. Gibt man diesem Nebenschlußverhalten, so hat dies auch der Induktionsmotor. Versieht man den Hintermotor mit einer Kompoundwicklung, so daß sein Feld mit steigendem Strom verstärkt wird, so tritt wie oben bei der Feldverstärkung eine Drehzahlverminderung ein.

Während also durch die Erregung des Hintermotors der Schlupf geregelt wird, kann man die Erregung des Umformers dazu benützen, den Leistungsfaktor des Induktionsmotors zu verbessern. Wird nämlich der Umformer übererregt, so ist er gezwungen, einen voreilenden Blindstrom aufzunehmen, der durch seine feldschwächende Wirkung das magnetische Gleichgewicht wieder herstellt. In Abb. 80a ist zunächst das Vektordiagramm des gewöhnlichen Asynchronmotors aufgezeichnet unter Vernachlässigung des Ohmschen Widerstands und der Streuung der Ständerwicklung sowie der Eisenverluste und unter Voraussetzung gleicher Windungszahlen in Ständer und Läufer. Der Primärstrom setzt sich dann zusammen aus dem Magnetisierungsstrom I_m und dem Sekundärstrom I_2, der in Phase ist mit E_2. Kommt nun die zusätzliche EMK E_z hinzu (s. Abb. 80b), so muß E_2 um den Betrag E_z größer werden, um denselben Betrag des Sekundärstroms liefern zu können. Erregt man den Umformer stärker, als der Erzeugung der EMK E_z entspricht, so tritt ein Strom auf wie in Abb. 80c, die das Vektordiagramm des Umformers unter Vernachlässigung seiner Spannungsabfälle darstellt. Das Diagramm des Asynchronmotors nimmt die Form

7*

100   Die Induktionsmaschine.

Abb. 80d an, wobei der Blindstrom so groß gemacht wurde, daß die Phasenverschiebung zwischen U_1 und I_1 null ist. Die Ma-

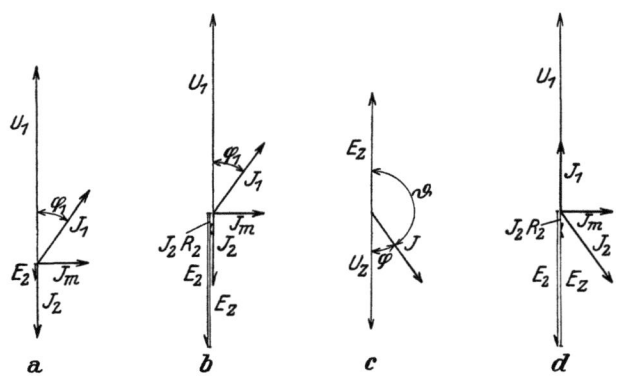

Abb. 80. Vektordiagramme zur Krämerkaskade.

gnetisierung des Induktionsmotors wird hier also durch die Erregung des Umformers bewirkt.

Die Größe der einzelnen Maschinen der Krämerkaskade ergibt sich aus folgender Überlegung: Der Einankerumformer muß den der vollen Leistung des Asynchronmotors entsprechenden Strom führen. Sein Feld muß so groß sein, daß bei jeder Periodenzahl f_2 etwa dieselbe Spannung erzeugt wird wie im Läufer der Asynchronmaschine. Die Leistung des Einankerumformers muß also unabhängig vom Bereich der Regelung der Leistung des Asynchronmotors entsprechen. Die kleine elektrische Leistung bei kleinem Schlupf muß er ja bei entsprechend kleiner Drehzahl aufzunehmen imstande sein. Um ihn für diese Leistung klein bauen zu können, führt man den Einankerumformer mit kleiner Polzahl aus, wodurch seine absolute Drehzahl größer wird. Der Gleichstrommotor muß bei der normalen Drehzahl den vollen Strom bei der Spannung Null führen. Je weiter die Drehzahl heruntergeregelt wird, um so höher muß seine Spannung werden, während sein Strom bei unveränderter Kaskadenleistung für jede Drehzahl konstant ist. Die Leistung des Gleichstrommotors, die ja gleich der Schlupfleistung der Asynchronmaschine ist, wenn man von den Verlusten in den Maschinen absieht, beträgt $s\%$ der Leistung des Asynchronmotors bei einer auf $(100-s)\%$

Drehzahlregelung des Induktionsmotors. 101

verringerten Drehzahl; seine Größe daher nach Gl. 125 bei $s\%$ Schlupf das $\frac{s}{100-s}$ fache der Größe des Asynchronmotors. Soll zum Beispiel die Regelung 40% betragen, so hat der Gleichstrommotor die $\frac{40}{100-40} = 0{,}67$ fache Größe des Asynchronmotors.

Ist N_0 die durch das Drehfeld und den Rotorstrom bestimmte Drehfeldleistung des Vordermotors, so ist bei einem Schlupf von $s\%$ die an die Welle mechanisch abgegebene Leistung

$$N_m = N_0 \cdot \frac{100-s}{100}. \tag{136}$$

Die auf den Rotor übertragene elektrische Leistung, die vom Hintermotor ebenfalls an die Welle abgegeben wird, beträgt

$$N_e = N_0 \cdot \frac{s}{100}. \tag{137}$$

Die gesamte, an die Welle abgegebene Leistung ist

$$N_m + N_e = N_0 \frac{100-s+s}{100} = N_0, \tag{138}$$

also unabhängig von der Drehzahl konstant. Die Krämerkaskade arbeitet also mit konstanter Leistung und mit einem mit der Drehzahl umgekehrt proportional wachsenden Drehmoment. Ein Beispiel soll über die Größenverhältnisse Klarheit bringen: Ein Walzenstraßenantrieb mit 500/300 Umdrehungen soll bei 300 Umdrehungen 500 kW abgeben. Der Asynchronmotor muß dann für 500 kW bei 500 Umdrehungen bemessen sein. Der Hintermotor für $500 \cdot \frac{500-300}{500} = 200$ kW bei 300 Umdrehungen entsprechend $200 \cdot \frac{500}{300} = 333$ kW bei 500 Umdrehungen. Der Einankerumformer müßte leisten 200 kW bei 20 Perioden entsprechend 500 kW bei 50 Perioden. Nimmt man eine 4 polige Maschine, so macht sie maximal 600 Umdrehungen.

Die Inbetriebsetzung der Kaskade geschieht folgendermaßen: Der Vordermotor wird zunächst mittels des Flüssigkeitsanlassers normal angelassen und auf seine höchste Leerlaufdrehzahl gebracht; hierauf wird der bereits vollerregte Einankerumformer eingeschaltet; er läuft mit Hilfe einer Dämpferwicklung asynchron an und kommt allein in Synchronismus (noch bei einem Schlupf von 1%). Nun wird der Anlasser abgeschaltet und das Feld des Hintermotors erregt und damit die gewünschte Drehzahl hergestellt.

Die Krämerkaskade ist sehr vorteilhaft zu verwenden zum Antrieb von Walzwerken und Ilgner-Umformern, weniger gut für große Ventilatoren und Zentrifugalpumpen. Eine besondere Anwendung hat die Schaltung auch als Periodenumformer zur Kupplung eines Drehstromnetzes mit einem andern Drehstrom- oder einem Wechselstromnetz gefunden.

Es besteht noch eine andere Möglichkeit, die Schlupfenergie zurückzugewinnen, indem man nämlich den Einankerumformer auf einen Motorgenerator, bestehend aus einem Gleichstrommotor und einem Drehstromasynchrongenerator arbeiten läßt, der die Energie in das Netz zurückliefert. Diese sog. Scherbius-Kaskade ist aber in den meisten Fällen weniger wirtschaftlich, (s. L. 7.)

11. Die Induktionsmaschine als Periodenumformer.

Die Verteilung elektrischer Energie verlangt zuweilen die Umformung von Drehstrom einer bestimmten Periodenzahl in solchen anderer Periodenzahl, sei es zum Zweck des Leistungsaustausches zwischen zwei Netzen oder zur Herstellung einer für besondere Antriebe geeigneten Frequenz. Das nächstliegende Mittel wäre hierfür die Anwendung eines Motorgenerators, bestehend aus 2 Drehstrommaschinen, oder für den Fall der Kupplung von Netzen mit schwankenden Frequenzen zweier Drehstrom-Gleichstromumformer. Eine wirtschaftlichere Periodenumformung aber gestattet die Induktionsmaschine. Infolge ihrer Transformatoreigenschaft ermöglicht sie nämlich, einen Teil der zu übertragenden Energie direkt zu transformieren, während nur der Rest den Umweg über die mechanische Energie zu machen hat. Man benötigt also stets zur Asynchronmaschine noch eine Hintermaschine, die entweder als Generator oder als Motor arbeitet, je nachdem eine Erniedrigung oder eine Erhöhung der Frequenz erreicht werden soll. Im folgenden sollen einige der wichtigsten Ausführungsmöglichkeiten dieser Frequenzumwandlung kurz besprochen werden.

Schon die im Abschnitt II 10c besprochene Kaskadenschaltung kann als Periodenumformer dienen. Legt man an die Sekundärseite der Maschine 1 (U) und hiermit also an die Primärseite der Maschine 2 (G) einen Nutzstromkreis (s. Abb. 81), wozu die Anbringung von Schleifringen erforderlich ist, so wird durch einen

Die Induktionsmaschine als Periodenumformer.

Belastungsstrom Maschine 1 zur Drehmomentbildung im Sinne der Läuferdrehung (Motor) gezwungen. Das Aggregat läuft über seine synchrone Drehzahl n_K hinaus und Maschine 2 arbeitet als Asynchrongenerator auf Kosten der in Maschine 1 freiwerdenden mechanischen Leistung. Mit wachsender Belastung muß der negative Schlupf der Kaskade zunehmen und damit die Periodenzahl f_2. Wegen der mit der Belastung veränderlichen Periodenzahl ist ein Parallelbetrieb mit andern Generatoren unmöglich. Auch spre-

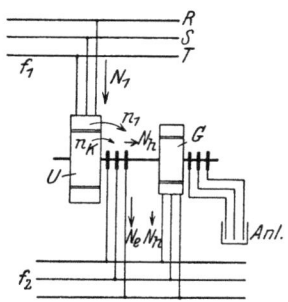

Abb. 81. Asynchrone Kaskade als Periodenumformer.

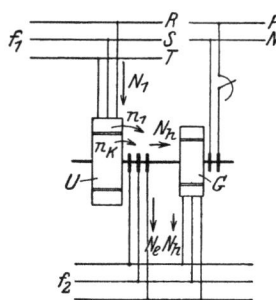

Abb. 82. Asynchron-Synchronkaskade als Periodenumformer.

chen die ungünstige Phasenverschiebung und die fehlende Möglichkeit der Spannungsregelung gegen die Anwendung dieses „asynchronen Periodenumformers".

Ersetzt man die Asynchronmaschine G durch eine Synchronmaschine (s. Abb. 82), so erhält der Periodenumformer vor allem eine starre Umdrehungszahl und somit eine unveränderliche Periodenzahl f_2. Durch die Erregung der Synchronmaschine läßt sich die Spannung U_2 in den durch die Streuung der Maschine U gegebenen Grenzen ändern. Maschine U stellt einen Transformator mit großer Streuung vor; gibt man der Synchronmaschine Übererregung, so tritt ein Blindstrom auf, welcher infolge der Streuspannung der Maschine U die Sekundärspannung heraufsetzt. Hierdurch wird zugleich der Leistungsfaktor verbessert.

Von der auf dem Rotor übertragenen Leistung N_1 wird der Betrag $N_e = N_1 \dfrac{f_2}{f_1}$ direkt in elektrische Leistung der gewünschten Periodenzahl f_2 umgewandelt, der Rest $N_h = N_1 \dfrac{f_1 - f_2}{f_1}$ zunächst in mechanische Leistung, die dann durch den Synchron-

104 Die Induktionsmaschine.

generator ebenfalls als elektrische Leistung an das Sekundärnetz abgegeben wird (s. Abb. 83). Die Polpaarzahl des Generators (G) ist an die Frequenz f_2 gebunden und beträgt

$$p_g = \frac{f_2 \cdot 60}{n_K}, \qquad (139)$$

während die Polzahl des Umformers (U)

$$p_u = \frac{(f_1 - f_2) \cdot 60}{n_K} \qquad (140)$$

ist. Es ist daher

$$\frac{p_u}{p_g} = \frac{f_1 - f_2}{f_2}. \qquad (141)$$

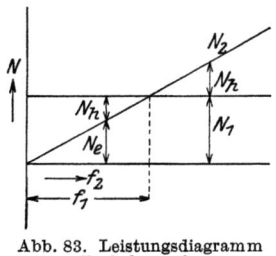

Abb. 83. Leistungsdiagramm eines Periodenumformers.

Will man also zum Beispiel von 50 auf 25 Perioden heruntertransformieren, dann müssen beide Maschinen gleiche Polpaarzahl, und zwar je 2 Polpaare haben für eine synchrone Drehzahl von 750 Umdrehungen.

Die größere Wirtschaftlichkeit des Periodenumformers findet ihren Ausdruck in der Größe der aufzustellenden Maschinen und ihren Wirkungsgraden. Die Größe einer Maschine ist dem von ihr entwickelten Drehmoment proportional. Es ist

$$M = 0{,}975 \cdot \frac{N}{n} = 0{,}975 \cdot \frac{N \cdot p}{60 \cdot f}. \qquad (142)$$

Ist also N_2 die abgegebene Leistung, so ist die Größe eines Motorgenerators gleichzusetzen

$$G_{M+G} \equiv 2 \cdot \frac{N_2 \cdot p_g}{f_2}, \qquad (143)$$

wenn wir zunächst von Verlusten absehen ($N_2 = N_1$).

Der Umformer hat dann die ganze Leistung aufzunehmen bei der Periodenzahl f_1; er hat also die Größe

$$G_U \equiv \frac{N_2 \cdot p_u}{f_1}. \qquad (144)$$

Der Synchrongenerator hat die Leistung N_h abzugeben bei f_2-Perioden, also die Größe

$$\left.\begin{array}{l} G_G \equiv \dfrac{N_h \cdot p_g}{f_2} = N_2 \cdot \dfrac{f_1 - f_2}{f_1} \cdot \dfrac{p_g}{f_2} = N_2 \cdot \dfrac{f_1 - f_2}{f_1} \cdot \dfrac{p_u}{f_1 - f_2} \\[4pt] = N_2 \cdot \dfrac{p_u}{f_1} = G_U \end{array}\right\} \qquad (145)$$

Die Induktionsmaschine als Periodenumformer.

Somit ist die Größe des Periodenumformers gegeben durch

$$G_{U+G} = 2 \cdot N_2 \cdot \frac{p_u}{f_1} \qquad (146)$$

und das Verhältnis der Größen

$$\frac{G_{M+G}}{G_{U+G}} = \frac{p_g \cdot f_1}{p_u \cdot f_2} = \frac{f_1}{f_1 - f_2}. \qquad (147)$$

In unserm obigen Beispiel wäre der Motorgenerator doppelt so groß, was sich ohne weiteres ergibt, wenn man bedenkt, daß bei ihm die ganze Leistung bei 750 Umdrehungen einem 8poligen Motor zugeführt und aus einem 4poligen Generator entnommen wird, während beim Periodenumformer einerseits die ganze Leistung durch ein Drehfeld von 1500 Umdrehungen in einer 4poligen Maschine übertragen und anderseits nur die halbe Leistung dem Synchrongenerator entnommen wird.

Daß auch der Wirkungsgrad des Periodenumformers besser ist, folgt daraus, daß kleinere Maschinen geringere Leerlaufverluste haben als größere und daß beim Motorgenerator die ganze Leistung, beim Umformer nur die halbe zweimal umgeformt wird.

Soll die Periodenzahl f_2 größer sein als f_1, so läßt man den Läufer des Umformers gegen das Ständerdrehfeld laufen (s. Abb. 84). Der Schlupf

$$s = \frac{f_2}{f_1} = \frac{n_1 + n_K}{n_1} = 1 + \frac{n_K}{n_1} \qquad (148)$$

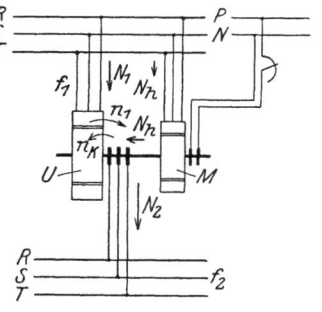

Abb. 84. Periodenumformer bei $f_2 > f_1$.

wird größer als 1 und die Drehzahl negativ. Die Asynchronmaschine läuft nicht mehr wie vorher als Motor, sondern als Generator und erhält die Schlupfenergie etwa durch einen Synchronmotor zugeführt. Die Drehzahl des Aggregats entspricht der Schlupfdifferenz und beträgt

$$n_K = \frac{f_2 - f_1}{f_1} \cdot n_1, \qquad (149)$$

die Abhängigkeit zwischen Drehzahl, Schlupf und Frequenz ist in Abb. 85 dargestellt, der Zusammenhang der Leistungen in Abb. 83.

Die Induktionsmaschine.

Ist wieder N_1 die auf den Läufer übertragene Leistung, so ist die abgegebene Leistung des Umformers

$$N_2 = N_1 \cdot \frac{f_2}{f_1}, \qquad (150)$$

es muß ihm eine mechanische Leistung

$$N_m = N_h = N_1 \cdot \frac{f_2 - f_1}{f_1} \qquad (151)$$

zugeführt werden. Die Polzahl des Umformers ergibt sich aus der Primärfrequenz und der Drehzahl des Drehfelds zu

$$p_u = \frac{f_1 \cdot 60}{n_1} \qquad (152)$$

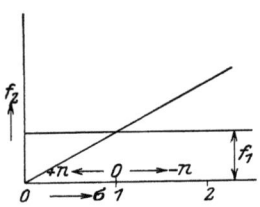

Abb. 85. Drehzahl, Schlupf und Frequenz beim Periodenumformer.

diejenige des Motors daraus, daß er bei f_1-Perioden die Drehzahl $n_K = n_1 \cdot \frac{f_2 - f_1}{f_1}$ erzeugen muß, also

$$p_m = \frac{60 \cdot f_1}{n_K} = \frac{60 \cdot f_1}{n_1} \cdot \frac{f_1}{f_2 - f_1} = p_u \cdot \frac{f_1}{f_2 - f_1}. \qquad (153)$$

Will man also bei $f_1 = 50\,Hz$ eine sekundäre Periodenzahl $f_2 = 75\,Hz$ erzeugen, so wird $p_m = 2\,p_u$; wählt man $n_1 = 1500$, so hat man $p_u = 2$ und $p_m = 4$ und $n_K = 750$. Die Größe des Motorgenerators ist wieder

$$G_{M+G} \equiv 2 \cdot \frac{N_2}{n_1 + n_K} = 2 \cdot \frac{N_2 \cdot p_m}{f_2} = 2\frac{N_1 \cdot p_m}{f_1}, \qquad (154)$$

die Größe des Umformers

$$G_U \equiv \frac{N_1 \cdot p_u}{f_1}, \qquad (155)$$

die Größe der Synchronmaschine

$$G_M \equiv \frac{N_h \cdot p_m}{f_1} = N_1 \cdot p_m \cdot \frac{f_2 - f_1}{f_1^2} = N_1 \cdot \frac{p_u}{f_1} = G_U, \qquad (156)$$

also

$$G_{U+M} = 2 \cdot N_1 \cdot \frac{p_u}{f_1} \qquad (157)$$

und

$$\frac{G_{M+G}}{G_{U+M}} = \frac{p_m}{p_u} = \frac{f_1}{f_2 - f_1}. \qquad (158)$$

In unserm Beispiel wäre wieder der Motorgenerator doppelt so groß wie das Umformeraggregat.

Auch bei dem zuletzt beschriebenen Periodenumformer zur Erhöhung der Frequenz kann die Synchronmaschine durch eine

Die Induktionsmaschine als Periodenumformer. 107

Asynchronmaschine ersetzt werden (s. Abb. 86). Die Periodenzahl f_2 fällt dann bei Belastung etwas ab. Der Umformer kann nicht mit anderen Umformern oder Generatoren parallel arbeiten. Man kann aber die sekundäre Frequenz noch dadurch abstufen, daß man die asynchrone Hilfsmaschine polumschaltbar macht. So lassen sich zum Beispiel mittels eines 4 fach polumschaltbaren Motors, der zwei im Verhältnis 1 zu 2 umschaltbare Wicklungen trägt und etwa die Polpaarzahlen

$$p = 2, 3, 4, 6$$

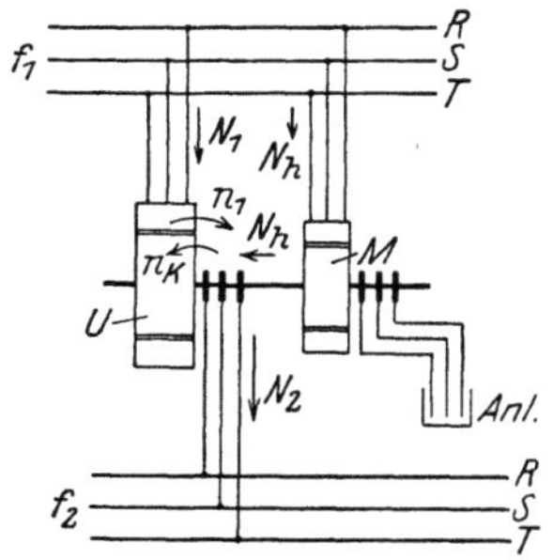

Abb. 86. Asynchroner Periodenumformer bei $f_2 > f_1$.

haben kann, und einem 2 poligen Umformer folgende 8 Leerlauffrequenzen erzielen:

$50 \pm 25; 16,7; 12,5; 8,33 = 25; 33,3; 37,5; 41,7; 58,3, 62,5; 66,7; 75$.

Solche Umformer werden verwendet zum Antrieb von Kleinmotoren für Holzbearbeitung und in Spinnereien (s. S. Z. 25, H. 13).

Die bisher behandelten Periodenumformer sind infolge ihrer starren Frequenzeinstellung zur Kupplung von Netzen nicht geeignet. Hierfür kann wegen der unvermeidlichen Frequenzschwankungen als Hintermaschine nur eine in der Drehzahl regelbare Maschine verwendet werden. Soll der Periodenumformer außerdem nach beiden Richtungen in gleicher Weise arbeiten können, so muß die Hintermaschine bei annähernd gleicher Drehzahl sowohl als Generator wie als Motor arbeiten können. Es kommt also entweder eine Gleichstrommaschine oder ein Regelsatz oder eine Drehstrom-Nebenschluß-Kommutatormaschine in Betracht. Ein von den S.-S.-W. ausgeführter Periodenumformer ist in S. Z. 26, H. 12 beschrieben und soll als Beispiel hier angegeben werden. Der Umformer verbindet ein Netz von 50 Perioden und 6500 V mit einem solchen von 42 Perioden bei der gleichen Spannung. Sowohl die Spannungen als auch die Frequenzen beider Netze schwanken um mehrere Prozent. Der Periodenumformer hat nach beiden Seiten zu arbeiten und eine Leistung von 1100 kW bei $\cos \varphi = 0,8$ zu übertragen. Wie aus

108   Die Induktionsmaschine.

Abb. 87 ersichtlich, liegt der Ständer des Umformers am 50-Periodennetz, sein Läufer am 42-Periodennetz, unter Zwischenschaltung eines Spannungstransformators zwecks Heraufsetzung der Läuferspannung und eines Drehtransformators zum Ausgleich der Spannungsabfälle. Die Leistung des Hintermotors wird bei Leistungsabgabe an das 42-Periodennetz weitergegeben an den asynchronen „Belastungsatz", der aus einer Gleichstrommaschine und einer Induktionsmaschine besteht. Die Inbetriebsetzung geschieht in folgender Weise: Zunächst wird der Belastungsatz vom 42-Periodennetz aus in üblicher Weise angelassen; hierauf die Hintermaschine vollerregt und durch die Gleichstrommaschine des Belastungssatzes in Leonard-Schaltung angelassen. Nach Erreichung der richtigen Drehzahl wird auf der 50-Periodenseite parallel geschaltet. Die Einstellung der Leistung geschieht durch die Erregung der Gleichstrommaschine des Belastungssatzes, die Regelung der Blindleistung mit Hilfe des Drehtransformators. Im vorliegenden Fall ist die Hintermaschine für eine Generatorleistung von 135/195 kW bzw. eine Motorleistung von 144/210 kW bei 195/285 Umdr./min bemessen. Der Asynchronmotor des Belastungsatzes ist 6polig und kann bei 825 Umdr./min 255 kW abgeben, seine Gleichstrommaschine ist für eine Leistung von 159/244 kW beim Lauf als Generator bzw. 123/180 k W als Motor bemessen.

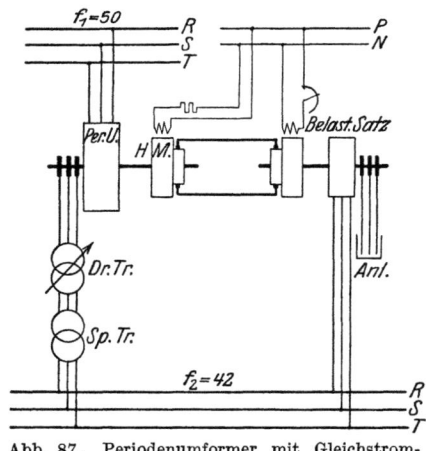

Abb. 87. Periodenumformer mit Gleichstrom-Hintermaschine.

Als Beispiel eines Periodenumformers mit Gleichstromregelsatz (Krämer-Kaskade) soll eine von der AEG ausgeführte, in der ETZ 1927, H. 11 näher beschriebene Umformeranlage angeführt werden. Sie dient zur Kupplung eines Drehstromnetzes mit einem Einphasennetz. Die Schaltung ist aus Abb. 88 ersichtlich. Die Arbeitsweise ist aus der des Regelsatzes (s. S. 97)

Die Induktionsmaschine als Periodenumformer.

ohne weiteres verständlich. Auch hier kann nach beiden Seiten Leistung übertragen werden. Im Falle der Speisung des Einphasennetzes wird ein Teil der Energie durch die Induktionsmaschine direkt auf die als Generator arbeitende Synchronmaschine übertragen; der andere Teil, die vom Einankerumformer in Gleichstrom umgewandelte Schlupfenergie durch den Gleichstromhintermotor der Welle wieder zugeführt. Bei umgekehrter Energierichtung läuft die Synchronmaschine als Motor, die Asynchronmaschine und die Hintermaschine als Generatoren.

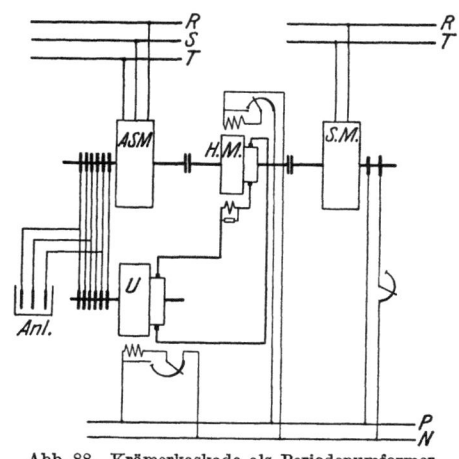

Abb. 88. Krämerkaskade als Periodenumformer.

Der Anlauf des Aggregats erfolgt wieder von der Asynchronmaschine aus in bekannter Weise. Mit Hilfe der Erregung des Hintermotors wird im Leerlauf die Krämer-Kaskade auf die synchrone Drehzahl der Synchronmaschine herabgeregelt und diese parallel geschaltet. Schwächt man nun das Feld des Hintermotors, so kann sich nicht mehr die Drehzahl des Aggregats erhöhen wie beim Regelsatz,

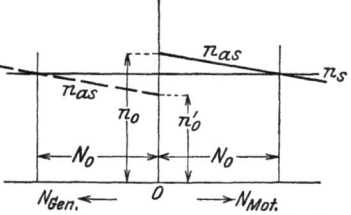

Abb. 89. Zusammenhang der Drehzahlen und Leistungen bei der Periodenumformung mittels Krämerkaskade.

sondern der Motor nimmt mehr Strom vom Einankerumformer auf und gibt seine Mehrleistung an die Synchronmaschine ab, die sie als Generator in das Wechselstromnetz liefert. Erhöht man umgekehrt die Erregung des Hintermotors über die Leerlauferregung hinaus, so wird er zum Generator, ebenso die Synchronmaschine, und es wird Leistung vom Wechselstromnetz ins Drehstromnetz geschickt. Betrachtet man die Drehzahlleistungscharakteristik der Asynchronmaschine (Abb. 89), so sieht man, daß jeder Belastung und synchronen Drehzahl n_s eine bestimmte Leerlaufdrehzahl der Asynchronmaschine entspricht. Ist die Leerlaufdrehzahl $n_0 > n_s$, so arbeitet die Asynchronmaschine als Motor, ist $n_0' < n_s'$ (gestrichelte Charakteristik), als Generator. Man braucht also mittels der Erregung des Hintermotors nur die Charakteristik zu heben oder zu senken, um eine bestimmte Leistung im einen oder andern Sinn zu übertragen. Konstante Leistung auch bei schwankender Drehzahl n_s kann durch einen Tirrill-Regler erzielt werden, der auf die Erregung des Hintermotors wirkt. Die Charakteristik wird durch eine Compoundwicklung mit Nebenschluß nach Wunsch gestaltet. Der Leistungsfaktor der Asynchronmaschine kann durch entsprechende Erregung des Einankerumformers auf 1 eingestellt werden.

12. Der Kaskadenumformer.

Die Transformatoreigenschaft der Induktionsmaschine kann auch mit Vorteil benützt werden bei der Umformung von Drehstrom in Gleichstrom. Statt den Einankerumformer in Hintereinanderschaltung mit einem Transformator, der wegen der üblichen hohen Spannung meist nötig ist, arbeiten zu lassen, legt man den Anker des Umformers an die Sekundärwicklung einer Induktionsmaschine. Die Spannungstransformation findet also in der Induktionsmaschine statt, deren Ständer direkt für Hochspannung bis 10000 V gewickelt werden kann. Der Vorteil dieser Anordnung liegt natürlich nicht in dieser scheinbaren Einsparung des Transformators, die ja durch den teureren Induktionsmotor mehr wie aufgehoben wird, sondern in den bessern Arbeitsbedingungen des Einankerumformers. Die Gleichstrommaschine des Kaskadenumformers arbeitet infolge der reduzierten Drehzahl mit geringerer als der primären Periodenzahl, was für die Kommutierung von Vorteil ist. Die geringere Polzahl ermöglicht mit Rücksicht auf die Stegspannung eine höhere Gleichspannung. Da die Hintermaschine nur zum Teil Umformer, zum Teil aber Gleichstromgenerator ist, ist die bei Stromstößen im Einankerumformer bestehende Gefahr des Pendelns und Rundfeuerns vermindert. Dazu kommt noch die einfachere Art des Anlassens und der Spannungsregelung. Die Drehzahl des Kaskadenumformers ergibt sich wie bei der Kaskadenschaltung der Asynchron- und

Synchronmaschine zu

$$n = \frac{60 \cdot f_1}{p_a + p_g} = \frac{p_a}{p_a + p_g} \cdot n_1, \qquad (159)$$

wenn p_a und p_g die Polpaarzahlen der Asynchron- bzw. Gleichstrommaschine sind. Von der der Polzahl p_a und f_1 entsprechenden Drehfelddrehzahl n_1 ist n somit der $\frac{p_a}{p_a + p_g}$ -Teil. Derselbe Anteil der Drehfeldleistung wird also in mechanische Leistung umgewandelt, mit anderen Worten: der Asynchronmotor läuft zu dem seiner Polzahl entsprechenden Teil als Motor. Da dieser Teil der Gesamtleistung im Umformer generatorisch auftritt, muß der Umformer den andern Teil $N_e = \frac{p_g}{p_a + p_g} N_2$ als Umformer verarbeiten. Der Umformer läuft also zu dem seiner Polzahl entsprechenden Teil als Umformer. Sind beide Polzahlen gleich, so ist die Asynchronmaschine zur Hälfte Transformator, zur Hälfte Motor, die Gleichstrommaschine hälftig Umformer und Generator.

Da die gegenseitige Aufhebung des Wechselstroms und Gleichstroms im Anker des Umformers um so vollkommener ist, je mehr Phasen der zugeführte Wechselstrom hat, so wird zwecks Kupferersparnis der Läuferstrom dem Gleichstromanker 12 phasig zugeführt, was ohne weiteren Aufwand geschehen kann, da die beiden Anker ohne Zwischenlager auf einer Welle sitzen (s. Abb. 90). Die einen 12 Enden der 12 Läuferstränge sind fest mit dem Gleichstromteil verbunden, und zwar sind die Verbindungen wieder so auszuführen, daß das von den Läuferströmen im Gleichstromanker erzeugte Drehfeld umgekehrt wie der Anker umläuft (s. Abb. 90), damit das Drehfeld im Raume stillsteht entsprechend den stillstehenden Polen.

Das Anlassen des Kaskadenumformers erfolgt mit Hilfe eines 3 phasigen Anlaßwiderstands, der über 3 Schleifringe an 3 um 120° gegeneinander verschobenen Wicklungssträngen des Läufers angeschlossen ist. Der Umformer läuft also 3 phasig an. Während des Anlaufs erregt sich die Gleichstrommaschine selbst und erzeugt eine EMK, die sich mit der in der Läuferwicklung induzierten zu einer resultierenden Spannung zusammensetzt. An einem parallel zum Anlaßwiderstand liegenden Spannungszeiger kann die resultierende Spannung abgelesen werden. Die beiden

Systeme verhalten sich wie 2 parallel zu schaltende Generatoren. Je mehr man sich dem Synchronismus nähert, um so langsamer werden die Schwebungen im Voltmeter. In einem Augenblick, wo dieses Null zeigt, wird der Anlasser, der ohne Stufen ausgeführt wird, mittels eines 3poligen Schalters kurz geschlossen. Das Aggregat läuft dann synchron weiter. Durch den auf der Welle sitzenden Kurzschließer K werden dann alle 12 Enden der Läuferwicklung miteinander verbunden.

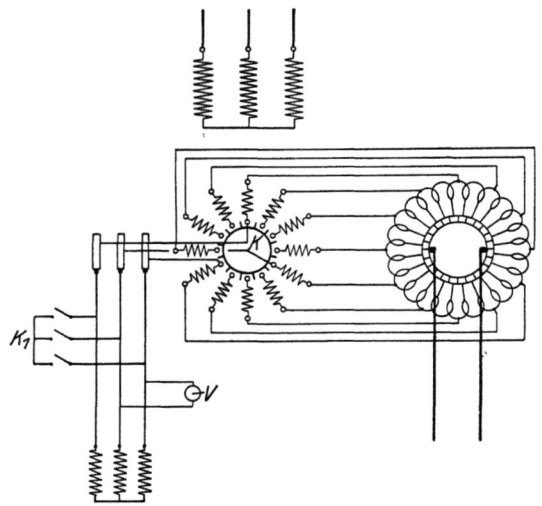

Abb. 90. Schaltungsschema des Kaskadenumformers.

Die Streuung der Asynchronmaschine ermöglicht eine ziemlich weitgehende Spannungsregelung des Kaskadenumformers ($\pm 15\%$) durch die Erregung des Gleichstromteils. Erhöht man den Erregerstrom, so entsteht wie bei einem übererregten Synchrommotor ein voreilender Blindstrom, der durch sein Streufeld in der Asynchronmaschine eine ihm um 90° nacheilende Streuspannung erzeugt; dadurch wird die Sekundärspannung, von der wieder die Gleichspannung abhängt, erhöht. Das Umgekehrte tritt bei Untererregung ein. Da die Blindströme größere Verluste im Gleichstromanker hervorrufen, berechnet man den Umformer so, daß er bei der mittleren Spannung keinen Blindstrom hat.

Der Wirkungsgrad des Kaskadenumformers liegt zwischen dem eines Motorgenerators und dem eines Einankerumformers. Es beträgt zum Beispiel für eine Leistung für 500 kW bei 750 Umdrehungen der Wirkungsgrad

des Einankerumformers mit Transformator...... 92,5%
des Kaskadenumformers............... 90,2%
des Motorgenerators................ 88%

Die Herstellungskosten dafür stehen etwa im Verhältnis 180 : 220 : 240.

13. Die Induktionsmaschine als Drosselspule.

Schaltet man die Ständer- und Läuferwicklung einer Induktionsmaschine so hintereinander, daß beide Drehfelder den gleichen Drehsinn haben, und hält den Rotor drehbar fest, so stellt der Apparat eine symmetrische, regulierbare, 3phasige Drosselspule dar, die im Laboratoriumsbetrieb zu Belastungs- und anderen Versuchen wertvolle Dienste leistet. Die Wirkungsweise dieser Anordnung ergibt sich aus folgender Überlegung: Der Strom in der Ständerwicklung erzeugt im Luftspalt ein Drehfeld, d. h. eine magnetische Spannung, die sinusförmig verteilt ist und deren Höchstwert bei ihrer Rotation jedesmal mit der Achse derjenigen Spule zusammenfällt, die gerade den im zeitlichen Maximum befindlichen Strom führt. Dieser Höchstwert ist hauptsächlich von der Windungszahl der Ständerwicklung abhängig und findet ihren rechnerischen Ausdruck in Gleichung (22). Derselbe Strom ruft auch in der Läuferwicklung ein sinusförmiges, mit derselben Geschwindigkeit umlaufendes Drehfeld hervor. Stellen wir beide Drehfelder durch räumliche Vektoren dar, so ist der Winkel zwischen beiden Vektoren bestimmt durch den Winkel, den die jeweils hintereinander geschalteten Stränge miteinander einschließen und der durch Verdrehung des Läufers eingestellt werden kann. In Abb. 91a ist z. B. der Läufer der 2poligen Maschine um 30° nach links verdreht; dem entspricht das Raumdiagramm der magnetischen Spannung Abb. 91b. Es bildet sich natürlich eine resultierende, sinusförmige Spannungsverteilung aus, deren Amplitude V_r sich als geometrische Summe von V_1 und V_2 ergibt. Der Fluß Φ ist räumlich und zeitlich in Phase mit V_r. Es gibt zwei Stellungen des Läufers von besonderem Belang: ist $\alpha = 0°$, so wirken die Durchflutungen von Ständer und Läufer stets im gleichen Sinn, der Fluß Φ ist ein Maximum und ebenfalls die für einen bestimmten Strom benötigte Spannung; die Reaktanz der Drosselspule hat hier ihren Höchstwert. Für $\alpha = 180°$ gilt das Umgekehrte. Um zu einem einfachen Bild über den Verlauf der Spannung bei verschiedenen Verdrehungswinkeln zu gelangen, seien die Ohmschen und induktiven Widerstände zunächst außer acht gelassen; außerdem sei angenommen, daß die Sättigung der Maschine klein sei, so daß Proportionalität

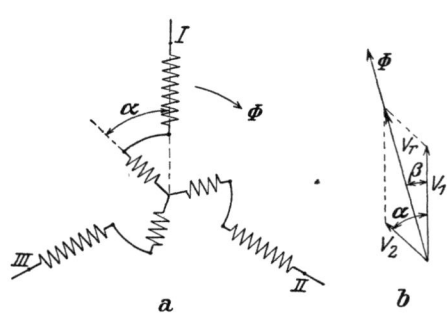

Abb. 91. Wicklungsschema und Raumdiagramm der magnetischen Spannungen im Induktionsapparat.

zwischen Strom und Fluß herrsche. Für einen gegebenen Strom und $\alpha = 30°$ erhalten wir dann das Spannungsdiagramm in folgender Weise: Wir tragen in Abb. 92 den Strom J in der Vertikalen auf. Aus dem Raumdiagramm Abb. 91 b entnehmen wir, daß die Amplitude des Flusses derjenigen des Ständerfeldes um den Winkel β nacheilt. Die Amplitude

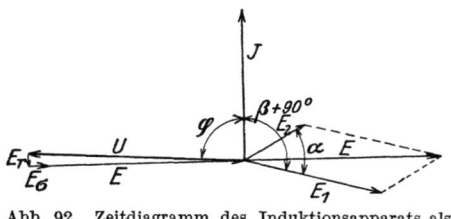

Abb. 92. Zeitdiagramm des Induktionsapparats als Drosselspule.

des Ständerfelds liegt jeweils in der Achse desjenigen Ständerstrangs, der ein Maximum des Stromes führt. Um den zeitlichen Winkel β später fällt also die Achse des resultierenden Drehfelds mit dieser Strangachse zusammen. Die in diesem Strang induzierte EMK eilt dem mit ihm verketteten Fluß um 90° nach und somit die Strangspannung dem Strom um $90 + \beta$. Die vom selben Fluß im Läufer induzierte EMK E_2 eilt E_1 um den Winkel α vor, wenn wir, wie in Abb. 91 a angenommen, die Verschiebung des Läufers entgegen dem Drehsinn des Dreh-

Die Induktionsmaschine als Drosselspule.

felds vornehmen, da der räumliche Verschiebungswinkel beim Drehfeld der zeitlichen Verschiebung entspricht. Die Größe der EMKe sowie der magnetischen Spannungen ist proportional den Windungszahlen; es ist also

$$E_2 = E_1 \cdot \frac{w_2}{w_1} = E_1 \cdot \frac{V_2}{V_1}. \tag{160}$$

Die geometrische Summe von E_1 und E_2 muß der aufzudrückenden Klemmenspannung U das Gleichgewicht halten; berücksichtigt man den Ohmschen und induktiven Spannungsabfall E_r bzw. E_σ, so erhält man wie bei einem Motor folgende Spannungsgleichung:

$$U \mathbin{\widehat{+}} E_r \mathbin{\widehat{+}} E_\sigma \mathbin{\widehat{+}} E = 0. \tag{161}$$

In Abb. 93 sind die erforderlichen Klemmenspannungen für konstanten Strom und für die Verdrehungswinkel von 0°, 90° und 180° graphisch ermittelt.

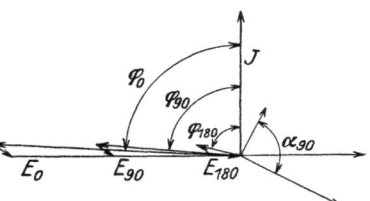

Abb. 93. Diagramm der Drosselspule für verschiedene Verdrehungswinkel.

Rechnerisch ergibt sich die resultierende EMK zu

$$E^2 = E_1^2 + E_2^2 + 2 E_1 \cdot E_2 \cos p\alpha. \tag{162}$$

Bei p-Polpaaren tritt an Stelle des räumlichen Verdrehungswinkels im Vektordiagramm der elektrische Winkel $p\alpha$. Bezeichnen wir mit w_1 und w_2 die wirksamen Windungszahlen eines Strangs der Primär- bzw. Sekundärwicklung, so ist

$$w_1 = \xi_1 \cdot p \cdot q_1 \cdot s_1, \tag{163}$$

$$w_2 = \xi_2 \cdot p \cdot q_1 s_2 \tag{164}$$

und

$$E_1 = \frac{2\pi}{\sqrt{2}} \cdot w_1 \cdot f \cdot \Phi \cdot 10^{-8}, \tag{165}$$

$$E_2 = \frac{2\pi}{\sqrt{2}} \cdot w_2 \cdot f \cdot \Phi \, 10^{-8}, \tag{166}$$

8*

Die Induktionsmaschine.

wobei Φ der resultierende Fluß des Drehfeldes sich nach Abb. 91b ebenso wie oben die Spannung aus den Teilflüssen Φ_1 und Φ_2 ergibt. Es ist

$$\Phi_1 = \frac{2{,}4 \cdot \sqrt{2}}{\pi} \cdot \frac{w_1}{p} \cdot \frac{\tau \cdot l_i}{\delta''} \cdot J \qquad (167)$$

$$\Phi_2 = \frac{2{,}4 \cdot \sqrt{2}}{\pi} \cdot \frac{w_2}{p} \cdot \frac{\tau \cdot l_i}{\delta''} \cdot J \qquad (168)$$

und

$$\left.\begin{array}{l}\Phi^2 = \Phi_1^2 + \Phi_2^2 + 2\Phi_1\Phi_2 \cos p\alpha \\ = \left(\dfrac{2{,}4 \cdot \sqrt{2}}{\pi} \cdot \dfrac{\tau l_i}{\delta''}\right)^2 \cdot J^2 \cdot (w_1^2 + w_2^2 + 2w_1 w_2 \cos p\alpha;\end{array}\right\} \qquad (169)$$

aus Gleichung (169) und Gleichung (162) ergibt sich dann

$$E^2 = \left(\frac{2\pi}{\sqrt{2}} \cdot \frac{2{,}4 \cdot \sqrt{2}}{\pi} \cdot f \cdot \frac{\tau l_i}{\delta'' \cdot p} 10^{-8}\right)^2 \cdot J^2 \cdot (w_1^2 + w_2^2 + 2 w_1 w_2 \cos p\alpha)^2 \quad (170)$$

$$E = c \cdot J \cdot (w_1^2 + w_2^2 + 2 w_1 \cdot w_2 \cos p\alpha), \qquad (171)$$

Diese Spannung stellt also die Reaktanzspannung des Induktionsapparats vor. Seine Reaktanz, d. i. das Verhältnis der Spannung zum Strom, ist hiernach

$$X = 4{,}8 \cdot 10^{-8} \cdot f \cdot \frac{\tau l_i}{\delta'' \cdot p} (w_1^2 + w_2^2 + 2 w_1 w_2 \cos p\alpha) = Kw^2. \qquad (172)$$

Der Induktionsapparat hat also eine Reaktanz als wäre seine Windungszahl

$$w = \sqrt{w_1^2 + w_2^2 + 2 w_1 w_2 \cos p\alpha}, \qquad (173)$$

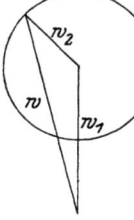

Abb. 94.
Zu Gl. 173.

w wechselt mit dem Winkel α mehr oder weniger je nach dem Verhältnis der Windungszahlen w_1 und w_2, wie am klarsten Abb. 94 zeigt.

Die Reaktanz eines Strangs der Primärwicklung ist

$$X_{11} = K \cdot w_1^2 \qquad (174)$$

der Sekundärwicklung

$$X_{22} = K w_2^2. \qquad (175)$$

Die mit dem Winkel α veränderliche Wechselreaktanz beträgt zwischen Primär- und Sekundärwicklung

$$X_{12} = X_{21} = K w_1 \cdot w_2 \cos p\alpha. \qquad (176)$$

Somit ist die gesamte Reaktanz

$$X = X_{11} + X_{22} + 2 X_{12}. \qquad (177)$$

Der Induktionsregler

Will man die Streuung mit berücksichtigen, so kommen hierzu noch die Streureaktanzen $X_{1\sigma} = \sigma_1 X_{11}$ und $X_{2\sigma} = \sigma_2 X_{22}$, und die Gesamtreaktanz ist dann

$$X = X_{11} + X_{22} + 2 X_{12} + X_{1\sigma} + X_{2\sigma}.$$

Die Reaktanzen können nach obigen Gleichungen berechnet und am fertigen Apparat aus einem Leerlauf- und Kurzschlußversuch ermittelt werden (s. L. 8, S. 283).

14. Der Induktionsregler.

Bei der stillstehenden Induktionsmaschine kann durch Verdrehung des Läufers gegen den Ständer der Läufer-EMK eine beliebige Phasenverschiebung gegen die EMK des Ständers gegeben werden. Diese Eigenschaft der Induktionsmaschine gestattet, sie als Phasentransfor-

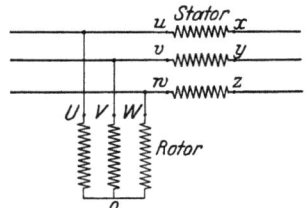

Abb. 95. Schaltung des Induktionsreglers.

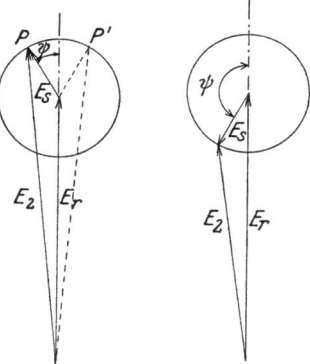

Abb. 96. Spannungserhöhung und -erniedrigung durch den Induktionsregler.

mator zu meßtechnischen Zwecken zu benützen; praktisch viel wichtiger ist aber die Verwendung dieser Eigenschaft im Induktionsregler zur Spannungsregelung in Netzen.

Man schaltet zu diesem Zweck, wie in Abb. 95 angegeben, die Stränge der Sekundärwicklung in Reihe mit den Netzsträngen, während die Primärwicklung parallel dazu liegt. In der praktischen Ausführung ist der primäre Teil meist der Rotor, dessen Spannung U_r' also gleich der Netzspannung U_2 ist, und zwar ist es üblich, ihn an die konstante Netzspannung zu legen. Die Spannung U_s' des Ständers erhöht oder erniedrigt die Netzspannung U_1 auf der andern Seite je nach dem Verdrehungswinkel (s. Abb. 96). Da jedem Punkt P des Kreises auf der linken Seite ein Punkt P' auf der rechten Seite entspricht, für den U_1 die gleiche Größe, wenn auch nicht dieselbe Phasenstellung besitzt, so genügt es für die Spannungsregelung, den Induktionsregler auf einer Seite arbeiten zu lassen.

Zur Aufstellung des Diagramms ist es zweckmäßig, einige Festsetzungen über die Richtungen zu machen. Abb. 97 zeigt den Schnitt durch eine 2polige Maschine mit Einlochwicklung. Führt man dem Rotor Drehstrom zu, so daß ein Drehfeld im Uhrzeigersinn entsteht, und dreht den Rotor um den Winkel ψ im selben Sinn, so erhält man das Leerlaufdiagramm in Abb. 96, das die EMK des Stranges U darstellt. Das Drehfeld trifft die Statorwicklung früher, der räumliche Winkel ψ ergibt einen gleich großen zeitlichen Winkel, um den E_s voreilt. Es sei festgesetzt, daß ein Verdrehungswinkel positiv sei, wenn die Ver-

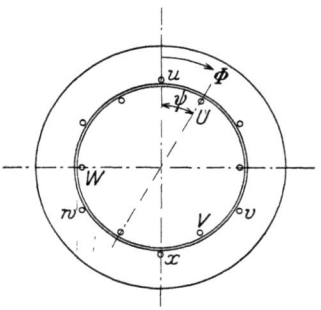

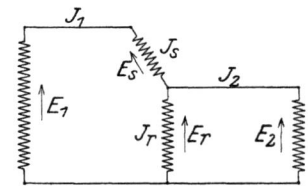

Abb. 97. Schnitt durch einen 2poligen Dreiphasen-Induktionsregler.

Abb. 98. Einbau eines Induktionsreglers (einphasig gez.)

drehung im Sinne des Drehfelds erfolgt; dann erscheint auch der Winkel ψ im Vektordiagramm im Gegenuhrzeigersinn als positiv.

Der Einbau des Induktionsreglers ist am klarsten aus dem Schema in Abb. 98 zu ersehen, das für eine Phase gilt. Die Pfeile geben die Richtungen der EMKe an, an denen sich nichts ändern kann, wie auch die Richtung der Energieübertragung sein mag. Dagegen hängt die Richtung der Ströme naturgemäß von der Richtung des Energiestroms ab.

Es sei nun der Fall angenommen, daß ein Unterwerk eine schwankende Spannung zugeführt erhält und eine konstante Spannung abzugeben hat. Bei dem in Abb. 98 angenommenen Anschluß des Induktionsreglers ginge also der Energiestrom von links nach rechts; der Rotor ist an die konstante Verbraucherspannung U_2 angeschlossen, während die Spannung U_1 auf der

Der Induktionsregler.

Generatorseite sich ändert. Für die linke Seite gilt im Falle induktiver Belastung das Diagramm Abb. 99a eines Generators, während auf der Verbraucherseite der Strom I_2 gegen die EMK E_2

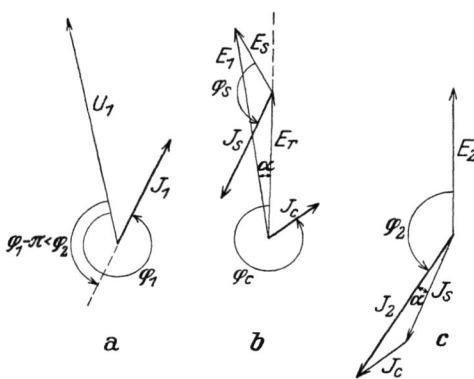

Abb. 99. Belastungsdiagramm eines „idealen" Induktionsreglers.

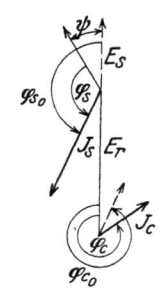

Abb. 100. Zur Ermittlung von J_c.

gerichtet ist (s. Abb. 99c). Der Induktionsregler führt in seiner Ständerwicklung den Strom I_s, der gleich dem Strom I_1 ist, aber in bezug auf die EMK E_s die entgegengesetzte Richtung hat. Vernachlässigt man zunächst den Magnetisierungsstrom des Induktionsreglers, so hat der Rotor einen Strom, der die magnetisierende Wirkung des Statorstroms kompensiert. Hieraus ergibt sich sowohl Größe als Phase dieses kompensierenden Rotorstroms I_c (s. Abb. 100). Nehmen wir zunächst an, der Rotor sei nicht verdreht ($\psi = 0$); es ist dann I_c dem Statorstrom I_s um 180° entgegengerichtet, und seine Größe berechnet sich aus dem umgekehrten Verhältnis der Windungszahlen oder der EMKe. Es ist

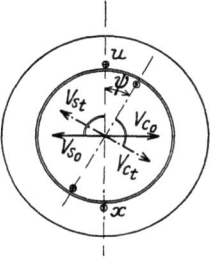

Abb. 101. Magnetische Spannungen der Belastungsströme im Induktionsregler.

$$J_c = J_s \cdot \frac{E_s}{E_r}. \tag{178}$$

Man kann auch die von diesen Strömen hervorgerufenen magnetischen Spannungen V_s und V_c als Vektoren darstellen. In Abb. 101 ist V_{s_0} für den Augenblick eingezeichnet, wo der Strom I_s in ux ein Maximum ist. Bekanntlich fällt dann die

120   Die Induktionsmaschine.

Achse des Drehfelds mit dieser Spulenachse zusammen. In demselben Moment erreicht I_c, wenn der Winkel $\psi = 0$, ebenfalls seinen Maximalwert in Richtung UX und erzeugt V_{c_0}, so daß das resultierende Feld Null ist. Dreht man nun den Läufer um den Winkel ψ aus der Nullage, so dreht man V_c mit, wenn der Strom I_c gleichzeitig sein Maximum hat, also seine Phasenverschiebung von 180 gegen I_s beibehält. Damit wäre aber das magnetische Gleichgewicht der beiden Wicklungen gestört. I_c kann also seine Phase nicht beibehalten, sondern darf sein Maximum erst erreichen, wenn das Statordrehfeld den Winkel ψ zurückgelegt hat. Dann ist wieder das resultierende Feld Null. I_c muß also bei Verdrehung des Läufers um den Winkel ψ um eben diesen Winkel im Vektordiagramm nacheilen gegenüber der Lage bei $\psi = 0$. Man erhält also das in den Abb. 99b und 100 dargestellte Belastungsdiagramm des idealen Induktionsreglers, d. h. des Induktionsreglers ohne Magnetisierungsstrom und ohne Spannungsabfälle. Es ist nach Abb. 100

$$\varphi_s = \varphi_{s_0} - \psi, \quad (179)$$

$$\varphi_c = \varphi_{c_0} - \psi, \quad (180)$$

ferner

$$\varphi_{c_0} = \varphi_{s_0} + \pi, \quad (181)$$

also auch

$$\varphi_c = \varphi_s + \pi. \quad (182)$$

Man hätte diese Tatsache auch aus der Energiegleichung des Transformators folgern können; es ist

$$E_s \cdot J_s \cos\varphi_s - E_r \cdot J_c \cdot \cos\varphi_c = 0, \quad (183)$$

da

$$E_s \cdot J_s = -E_r \cdot J_c, \quad (184)$$

muß

$$\cos\varphi_s + \cos\varphi_c = 0,$$

also

$$\cos\varphi_c = -\cos\varphi_s = \cos(\varphi_s + \pi).$$

Setzen wir nun die Spannung E_s und E_r zur resultierenden Spannung E_1 (Abb. 99b) zusammen, ebenso die Ströme I_s und I_c (Abb. 99c), so erhalten wir zwei ähnliche Dreiecke; denn es gilt Gl. (178), und außerdem ist E_r um denselben Winkel ψ gegen E_s in Nacheilung wie $-I_c$ gegenüber I_s. (In bezug auf E_2 ist I_c ebenso umzukehren wie I_1; es sind beides Generatorströme, die

Der Induktionsregler. 121

im Verbraucher gegen die EMK E_2 gerichtet sind.) Also ist das Stromdreieck $J_2 J_c J_s$ dem Spannungsdreieck $E_1 E_s E_r$ ähnlich, und und es besteht zwischen E_1 nnd E_2 derselbe Verschiebungswinkel α wie zwischen J_2 und J_s. Die Verschiebungswinkel vor und hinter dem idealen Induktionsregler unterscheiden sich um den Winkel π entsprechend Generator- und Motorseite. Auf eine Durchlaufsrichtung bezogen bleibt die Phasenverschiebung auf beiden Seiten des idealen Induktionsreglers dieselbe.

Auch diese Tatsache läßt sich aus dem Energieprinzip ohne Diagramm folgern. Es müssen auf beiden Seiten die Wirkleistungen gleich sein, also

$$E_2 J_2 \cos\varphi_2 = E_1 J_1 \cos\varphi_1 . \tag{185}$$

Ferner nach dem Prinzip der Erhaltung der magnetischen Energie auch die Blindleistungen, also

$$E_2 J_2 \sin\varphi_2 = E_1 \cdot J_1 \sin\varphi_1 , \tag{186}$$

somit durch Division aus 185 und 186

$$\operatorname{tg}\varphi_2 = \operatorname{tg}\varphi_1$$

und

$$\varphi_2 = \varphi_1 . \tag{187}$$

Durch einen idealen Induktionsregler würde also die Phasenverschiebung in einem Netz nicht geändert.

Der wirkliche Induktionsregler unterscheidet sich vom idealen dadurch, daß im Rotor zum Strom J_c der Leerlaufstrom J_0 kommt, der der EMK E_r um etwas mehr als 90° voreilt, und außerdem zu den EMKen die induktiven und Ohmschen Spannungsabfälle der Wicklungen. Es läßt sich zeigen (s. L. 9), daß man auch beim Induktionsregler wie beim gewöhnlichen Transformator die einzelnen Spannungsabfälle zu einem totalen Spannungsabfall zusammenfassen kann, der aus einem Kurzschlußversuch gewonnen wird. Vernachlässigt man auch noch die geringe Phasenverschiebung zwischen der Rotorklemmenspannung U_r und der EMK E_r im Leerlauf, so kann man ein vereinfachtes Diagramm des wirklichen Induktionsreglers wie folgt konstruieren. Gegeben sei in Abb. 102 die konstant zu haltende Klemmenspannung am Rotor U_r. Fügt man zu dieser E_s unter dem Winkel ψ und das aus dem Kurzschlußversuch gewonnene Kappsche Dreieck, so erhält man die Statorklemmenspannung U_s und als Summe von

U_r und U_s die Spannung U_1. Um das Kappsche Dreieck antragen zu können, muß natürlich Größe und Phase des Stromes J_s oder J_1 bekannt sein. Der wirkliche Rotorstrom J_r ergibt sich, wenn man zu J_c den Leerlaufstrom J_0 addiert, wobei unter der oben angenommenen Vernachlässigung J_0 unter dem Winkel φ_0 (aus dem Leerlaufversuch) anträgt. Für einen **angenommenen Statorstrom** erhält man also das Diagramm Abb. 102 b. Läßt man den Strom J_1 konstant und verdreht den Rotor, dann beschreibt der Endpunkt von E_s einen Kreis K_1 um M_1 und der Endpunkt von U_s einen um den totalen Spannungsabfall ver-

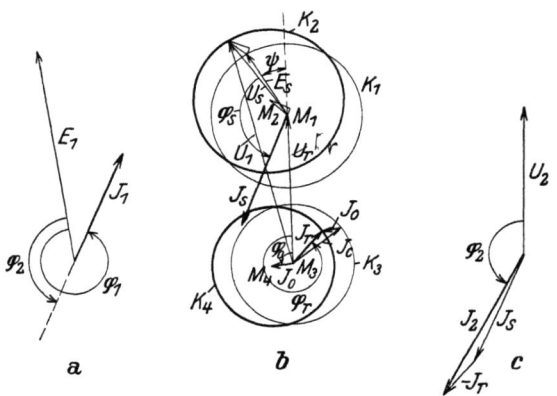

Abb. 102. Diagramm des wirklichen Induktionsreglers für konstanten Strom.

schobenen Kreis K_2 um M_2. Da sich J_c mit E_s um den gleichen Winkel ψ dreht, liegt auch der Endpunkt von J_c auf einem Kreis K_3 und J_r ebenfalls auf einem um J_0 verschobenen Kreis K_4. Man erhält so die **Ortskurven für konstanten Statorstrom.**

Die Unsymmetrie der Spannungen bei Verdrehung nach rechts und links ist meist nicht erheblich, wohl aber diejenige der Rotorströme, da der Magnetisierungsstrom des Induktionsreglers gegenüber dem Nutzstrom verhältnismäßig groß ist. Bei gleichen Spannungen kann man also, je nachdem man rechts oder links verdreht, einen großen oder kleinen Rotorstrom und damit größere oder kleinere Rotorverluste erhalten. Der Induktionsregler hat also ein ungünstiges und ein günstiges Arbeitsgebiet.

Der Induktionsregler. 123

Die Konstruktion der Ortskurven für den praktisch wichtigeren Fall eines bestimmten Stromes J_2 bei konstanter Spannung und Phasenverschiebung, also konstanter Durchgangsleistung, ist etwas umständlicher. Um nicht zu weitläufig zu werden, sei auf die oben erwähnte Arbeit (L. 9) verwiesen, die auch obiger Ableitung zugrunde gelegt wurde.

Der Induktionsregler ist zu bemessen für eine abgegebene Scheinleistung von

$$N = 3\, U_s S_s^{J_s} \tag{188}$$

wobei $J_s = J_1$ der volle Netzstrom und $U_s = \dfrac{U_{\max} - U_{\min}}{2}$ ist, wenn $U_{\max}$ die höchste und $U_{\min}$ die niedrigste Netzspannung bedeutet.

Wie bei allen Drehfeldmaschinen, tritt auch beim Induktionsregler ein Drehmoment auf, das proportional der Drehfeldleistung ist, d. h. der vom Primärteil auf den Sekundärteil übertragenen Leistung. Diese ist

$$N_d = 3 E_r \cdot J_c \cdot \cos\varphi_c, \tag{189}$$

das Drehmoment also

$$M = 0{,}975 \cdot \frac{N_d}{n} = 0{,}975 \cdot \frac{3\, E_r \cdot J_c \cos\varphi_c}{60 \cdot f}\, p \text{ mkg}. \tag{190}$$

Da $\varphi_c = \varphi_2 - \psi$ mit der Reglerstellung und φ_2 wechselt, kann das Drehmoment positive und negative Werte annehmen. Sein Höchstwert, der für die Berechnung der Steuerorgane wichtig ist, beträgt

$$M = 0{,}975 \cdot \frac{3\, E_r \cdot J_c}{60 \cdot f} \cdot p \text{ mkg}. \tag{191}$$

Bei der In- und Außerbetriebsetzung eines Induktionsreglers entsteht gewöhnlich ein mehr oder minder starker Stoß im Netz durch das plötzliche Entstehen und Verschwinden der Zusatzspannung. Man kann ihn vermeiden, indem man 2 Induktionsregler zu einem sog. Doppelinduktionsregler zusammenschaltet. Dabei sind beide Rotoren parallel und die beiden Statoren hintereinander geschaltet, wie in Abb. 103 dargestellt. Die Vektoren E_{s_I} und $E_{s_{II}}$ werden nun so gegeneinander verdreht, daß ihre Resultierende immer in die Verlängerung von E_r

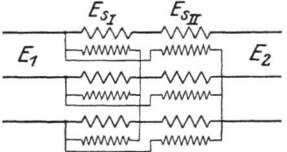

Abb. 103. Doppelinduktionsregler.

fällt (s. Abb. 104). Man erreicht dies entweder durch gleichsinnige Verdrehung der auf einer Welle sitzenden Läufer, deren Drehfelder aber entgegengesetzten Umlaufsinn haben, oder durch gegenläufige Verdrehung der Läufer bei gleichsinnigen Drehfeldern. Das Ein- und Ausschalten geschieht ohne Stromstoß in der Lage, wo E_{s_I} und $E_{s_{II}}$ sich aufheben. Der Doppelinduktionsregler hat noch den Vorteil, daß die Phase der Netzspannung vor und hinter dem Regler unverändert bleibt, was dann von Wichtigkeit ist, wenn der Induktionsregler in einen Leitungsstrang eingebaut ist, der mit andern parallel arbeitet.

Die Tatsache, daß der **Drehtransformator**, wie der Induktionsregler auch genannt wird, als Phasentransformator verwendet

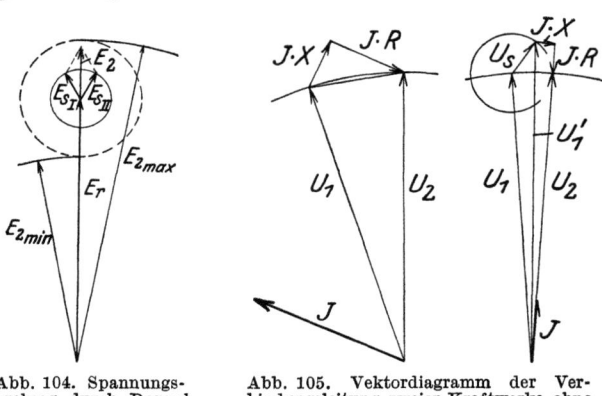

Abb. 104. Spannungsregelung durch Doppelinduktionsregler.

Abb. 105. Vektordiagramm der Verbindungsleitung zweier Kraftwerke ohne und mit Induktionsregler.

werden kann, darf nicht zu dem Fehlschluß führen, daß man mit ihm eine unmittelbare Verbesserung des Leistungsfaktors in einer Leitung herbeiführen könne. Wie die Diagramme der Erzeuger- und Verbraucherseite zeigen, tritt eine wesentliche Änderung der Phasenverschiebung nicht ein; bei induktiver Netzlast sogar eine geringe Verschlechterung des Leistungsfaktors, hervorgerufen durch die Blindleistung des Reglers.

Eine mittelbare Verbesserung des Leistungsfaktors kann allerdings durch den Induktionsregler erreicht werden, und zwar im Parallelbetrieb von Kraftwerken. Soll etwa von einem Kraftwerk I über eine Verbindungsleitung mit dem Ohmschen Widerstand R und dem induktiven Widerstand X Leistung auf ein

Werk *II* übertragen werden und beide Kraftwerke außerdem für sich Leistung in ein Netz abgeben, so sind beide Spannungen U_1 und U_2 gleich groß und die Phase des Stroms, wie das Diagramm Abb. 105 zeigt, durch die Leitungskonstanten R und X gegeben, da I in Phase mit IR ist. Bei verhältnismäßig geringer Leitungsinduktivität tritt also neben dem Wirkstrom ein großer Blindstrom auf, der die Leitungsverluste um den Betrag $3 I_b^2 R$ erhöht. Baut man einen Induktionsregler in die Verbindungsleiter ein (s. Abb. 106), so kann dadurch die abgegebene Spannung U_1' im Kraftwerk *I* soweit erhöht werden, daß der Blindstrom in der Verbindungsleitung verschwindet, wie Abb. 105 b zeigt. Die Spannung U_1 des Kraftwerks *I* kann dann unabhängig von der an Kraftwerk *II* abgegebenen Leistung eingestellt werden.

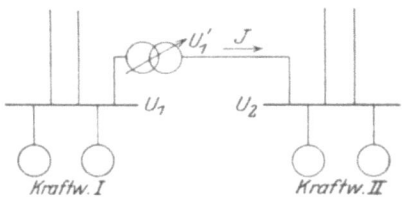

Abb. 106. Zu Abb. 105.

Die konstruktive Ausführung des Induktionsreglers ist je nach Größe verschieden. Für kleine und mittlere Leistungen genügt Luftkühlung. Der Apparat unterscheidet sich dann von einem Drehstrommotor nur durch das angebaute Schneckengetriebe zum Verdrehen des Läufers (s. Abb. 107). Die größern Typen werden in Ölkessel untergebracht und entweder mit natürlicher oder mit künstlicher Kühlung versehen.

Abb. 107. Induktionsregler für kleine Leistung. (AEG.)

III. Die Kommutatormaschinen.

Die Kommutatormaschine wurde eingeführt aus dem Bedürfnis heraus, dem Induktionsmotor eine verlustlose Regelung zu geben und seinen Leistungsfaktor zu verbessern. Solange

Strom nur dem Primäranker der Drehstrommaschine zugeführt wird, ist sie an die Drehzahl des Drehfelds gebunden und muß zur Erzeugung dieses Felds einen Blindstrom aufnehmen. Speist man aber auch den Sekundäranker, so ist es je nach Phase und Größe der zugeführten Spannung nicht nur möglich, von dort aus das Feld zu erzeugen, sondern auch die Schlüpfung beliebig zu verändern, unabhängig von der Größe der Belastung und von der Richtung der Energieumwandlung, d. h. von Motor- oder Generatorwirkung.

Die Schwierigkeit, dies auszuführen, lag darin, die niedrige und veränderliche Frequenz der Läuferströme auf die Periodenzahl des Netzes zu transformieren. Görges hat im Jahre 1891 als Erster die Eigenschaft des Kollektors erkannt als eines Schaltapparats, der die Schlüpfungsfrequenz stets auf diejenige Frequenz umwandelt, die dem Motorfeld eigen ist, also auf die Netzfrequenz. Eines solchen Apparats aber bedarf man unter allen Umständen, da die Drehwirkung aller elektrischen Maschinen mit alleiniger Ausnahme der Unipolarmaschine nur dadurch zustande kommt, daß im Ständer und Läufer Ströme verschiedener Frequenz fließen können, deren Frequenzunterschied die Läufergeschwindigkeit bestimmt.

Erst etwa 10 Jahre nach dieser Entdeckung trat das Bedürfnis ein, von ihr Gebrauch zu machen, und zwar in steigendem Maße, als man erkannte, daß es nicht nötig ist, die ganze Motorleistung durch den Kommutator gehen zu lassen, sondern nur die bei der Drehzahlregelung auftretende Schlupfleistung. Man kam so zur Kaskadenschaltung der Induktionsmaschine mit einer Kommutatormaschine, die gestattet, die Drehzahl großer Motoren mittels einer verhältnismäßig kleinen Hintermaschine zu regeln.

Jede Kommutatormaschine besitzt einen Ständer, der im Aufbau dem eines Induktionsmotors völlig gleicht, und einen Läufer, der wie ein Gleichstromanker gewickelt (s. Abb. 12) und an einen Kommutator angeschlossen ist. Die Stromzuführung geschieht im Läufer entweder verkettet durch je 3 Bürsten pro Polpaar oder offen durch je 6 Bürsten. In diesem Fall ist ein Zwischentransformator nötig, der zugleich den Zweck hat, die Spannung auf einen für den Kommutator günstigen Wert umzuformen.

Die Möglichkeit der Drehzahlregelung und Phasenkompensation ergibt sich durch die Zuführung einer zusätzlichen Spannung im Sekundäranker. Während beim Induktionsmotor der kurzgeschlossene Sekundäranker nur ganz nahe am Synchronismus arbeiten kann, wenn nicht zu große Ströme induziert werden sollen, ist beim Kommutatormotor die Schlupfdrehzahl nicht mehr durch den Strom, sondern durch die aufgedrückte Spannung bestimmt. Die bei Unter- oder Übersynchronismus auftretende Schlupfenergie wird dem Netz zugeführt oder entnommen. Da nicht nur die Größe, sondern auch die Phase der Zusatzspannung durch die Lage der Bürsten gewählt werden kann, ist auch die Phase des Sekundärstroms und damit die des Primärstroms einstellbar. Die Wirkungsweise des Kommutatormotors hängt ab von der Schaltung des Sekundärankers und dem dadurch bedingten Gleichgewicht der Spannungen. Schaltet man den Läufer in Reihe zum Ständer, so erhält man den Reihenschlußmotor, bei dem sich die Ständer- und die Läuferspannung zur Netzspannung addieren. Legt man den Läufer parallel zum Ständer, so hat man den Nebenschlußmotor. Da die Drehzahl außer von der Primärfrequenz stets von der Läuferspannung abhängt, läßt sich eine allgemeine, für alle Arten von Drehstromkommutatormotoren gültige Beziehung für sie aufstellen. Ist Φ das Drehfeld des Motors, das mit der Drehzahl $n_1 = \dfrac{60 \cdot f_1}{p}$ umläuft, so ist die Statorspannung

$$E_s = C \cdot n_1 \cdot \Phi . \tag{192}$$

Die Rotorspannung ist beim Synchronismus Null, im übrigen proportional der Schlupfdrehzahl $n_s = n_1 - n$, also

$$E_r = C \cdot n_s k \Phi = C \cdot (n_1 - n) k \cdot \Phi , \tag{193}$$

wobei k das Verhältnis der wirksamen Windungen in Rotor und Stator bedeutet. Hieraus ergibt sich durch Division

$$n = n_1 \cdot \left(1 - \frac{E_r}{k \cdot E_s}\right). \tag{194}$$

Im folgenden sollen die hier kurz angedeuteten Erscheinungen entwickelt und die Wirkungsweise der praktisch wichtigsten Schaltungen und deren Anwendung besprochen werden.

1. Der Kommutatoranker im Drehfeld.

a) Ströme, Durchflutung und magnetische Achse des Dreiphasenankers.

Wir betrachten der Einfachheit halber einen 2 poligen Ringanker, dem an 3 um 120° versetzten Stellen der Dreiphasenstrom zugeführt wird. Um Größe und Richtung des Stroms in den einzelnen Ankerabteilungen zu ermitteln, bedienen wir uns des Kirchhoffschen Gesetzes, wobei wir über die Richtungen der Ströme Festsetzungen zu treffen haben. Es seien J_1, J_2 und J_3 die Ströme, die im Uhrzeigersinn auf die Bürsten B_1, B_2 und B_3 zufließen, und zwar sei diese Stromrichtung die positive; ferner seien positiv die aus den Bürsten austretenden Ströme J_{b_1}, J_{b_2} und J_{b_3} (s. Abb. 108).

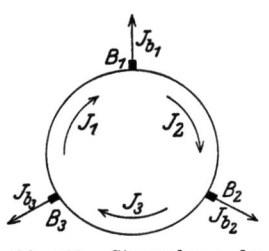

Abb. 108. Stromschema des Kommutatorankers.

Es gilt dann in einem symmetrischen Drehstromsystem die Beziehung:

$$J_{b_1} \mathbin{\widehat{+}} J_{b_2} \mathbin{\widehat{+}} J_{b_3} = 0. \tag{195}$$

Nehmen wir ferner an, daß im Innern des Ankers keine Ströme zirkulieren sollen, dann ist

$$J_1 \mathbin{\widehat{+}} J_2 \mathbin{\widehat{+}} J_3 = 0. \tag{196}$$

Nach Kirchhoff ist nun

für Speisepunkt	B_1	$J_1 \mathbin{\widehat{-}} J_2 = J_{b_1}$,	I
,, ,,	B_2	$J_2 \mathbin{\widehat{-}} J_3 = J_{b_2}$,	II
,, ,,	B_3	$J_3 \mathbin{\widehat{-}} J_1 = J_{b_3}$.	III
Durch Addition $I + II$		$J_1 \mathbin{\widehat{-}} J_3 = J_{b_1} \mathbin{\widehat{+}} J_{b_2}$,	IV
$I + II + III$		$J_1 \mathbin{\widehat{-}} J_1 = J_{b_1} \mathbin{\widehat{+}} J_{b_2} \mathbin{\widehat{+}} J_{b_3}$,	V
$I + IV + V$		$3 J_1 \mathbin{\widehat{+}} 0 = 3 J_{b_1} \mathbin{\widehat{+}} 2 J_{b_2} \mathbin{\widehat{+}} J_{b_3}$;	VI

hieraus

$$J_1 = J_{b_1} \mathbin{\widehat{+}} \tfrac{2}{3} J_{b_2} \mathbin{\widehat{+}} \tfrac{1}{3} J_{b_3}. \tag{197}$$

Stellt man die Bürstenströme im Vektordiagramm dar, so ergibt sich J_1 wie in Abb. 109; dem Betrage nach ist $J_1 = \frac{1}{3}\sqrt{3} \cdot J_{b_1}$ und eilt um 30° gegen J_{b_1} nach.

Der Kommutatoranker im Drehfeld. 129

Ersetzen wir den Ringanker durch einen Trommelanker, so ändert das an dieser Betrachtung gar nichts. Es ist wieder J_1 der Strom, der von Bürste B_3 nach B_1 durch alle dazwischen liegenden Leiter fließt. Diese sind nun teils Oberstäbe, teils Unterstäbe, die sich bei Durchmesserwicklung gerade gegenüber liegen (s. Abb. 110). Der Strombelag bildet dadurch sechs verschiedene Abteilungen

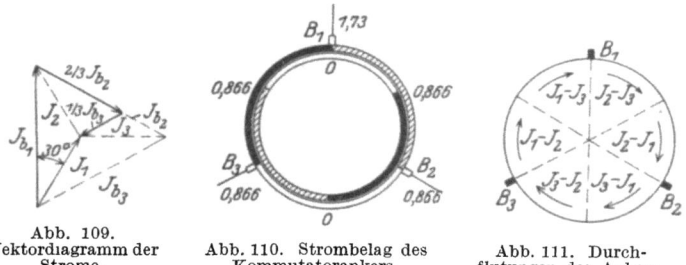

Abb. 109. Vektordiagramm der Strome.

Abb. 110. Strombelag des Kommutatorankers.

Abb. 111. Durchflutungen des Ankers.

(s. Abb. 111). Die Durchflutung des Ankerumfangs an irgendeiner Stelle wird gebildet aus der Differenz zweier Ströme, deren Größe sich aus dem Vektordiagramm nach Abb. 112 ergibt.

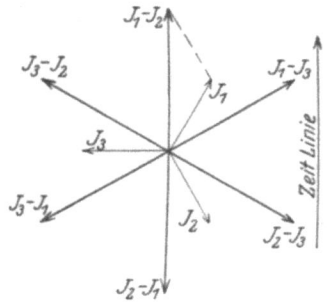
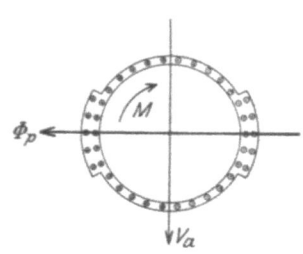

Abb. 112. Vektordiagramm der Durchflutungen.

Abb. 113. Augenblicksdurchflutung entsprechend der Zeitlinie in Abb. 112.

Der Anker verhält sich so, als würde ein Ringanker 6phasig gespeist. Zeichnen wir die Momentanwerte der Ankerdurchflutung für den durch die Zeitlinie in Abb. 112 gekennzeichneten Augenblick, so erhalten wir das in Abb. 113 nach Größe und Richtung dargestellte Bild des Strombelags, wenn wir etwa annehmen, daß positive Ströme in die Bildebene hinein-, negative aus ihr herausfließen.

Sallinger, Drehstrommaschinen. 9

Die Bürste B_1 führt in diesem Augenblick das Maximum ihres Stroms. Legt man durch sie und den Mittelpunkt eine Gerade, so teilt sie den Anker in 2 Teile mit entgegengesetzter Durchflutung. Diese Durchflutung erzeugt ein magnetisches Feld, dessen Achse durch die Bürste B_1 hindurchgeht. Das Feld hat nahezu sinusförmigen Verlauf und dreht sich mit der Zeitlinie; nach einer Drehung um 30° fällt sein Nullwert am Umfang gerade mit denjenigen Leitern zusammen, die ihren Höchststrom führen. Obwohl die Achse des Ankerdrehfelds ständig rotiert, so ist ihre augenblickliche Lage doch von Bedeutung, sobald ein zweites Drehfeld auftritt, mit dem das Ankerfeld ein resultierendes Feld bildet. Wie die Achse eines Ständerfelds stets mit der Achse derjenigen Spule zusammenfällt, die gerade das Maximum ihres Stromes führt, so kann man sagen: Die magnetische Ankerachse geht stets durch diejenige Bürste hindurch, die gerade ihren maximalen Strom hat. Will man also zum Beispiel das Drehfeld einer in ⊥ geschalteten Ständerwicklung mit dem Drehfeld des mit ihr in Reihe geschalteten Ankers zusammenfallen lassen, so müssen die Bürsten gegenüber den Mitten der entsprechenden Ständerströme stehen; bei Dreieckschaltung der Ständerwicklung dagegen gegenüber den Stromzuführungspunkten.

b) **Der Kommutator als Periodenumformer.**

Bringt man den Kommutatoranker in das Drehfeld des Ständers, das mit der Drehzahl $n_1 = \dfrac{60 \cdot f_1}{p}$ umläuft, so hat die in seinen Windungen induzierte EMK, solange der Anker still steht, die Frequenz des Ständerstroms. An den Bürsten könnte wie an den Anschlußpunkten eines Phasenankers der Strom von der Frequenz f_1 entnommen werden. Rotiert der Anker, so ändert sich wie beim Induktionsmotor die Frequenz f_2 der Läufer-EMKe entsprechend der Schlüpfung und beträgt bei n Umdrehungen

$$f_2 = \frac{p \cdot n_s}{60} = \frac{p(n_1 - n)}{60} = s \cdot f_1 \,. \tag{198}$$

Anders verhält es sich dagegen mit der Frequenz der Bürstenspannung. Der Stromwender wirkt als Periodenumformer, und zwar stellt er unabhängig von der Drehzahl des Ankers stets die Periodenzahl des Ständerstroms her. Bei der Gleichstrommaschine, wo das Feld im Raume stillsteht ($f_1 = 0$), wird die im

Der Kommutatoranker im Drehfeld. 131

rotierenden Anker erzeugte Wechsel-EMK durch den Stromwender bei jeder Drehzahl in eine Gleich-EMK verwandelt. Die Größe dieser EMK hängt außer von der Ankerdrehzahl von der Lage der Bürsten zum Feld ab und beträgt zum Beispiel Null, wenn die Bürstenebene mit der Feldachse zusammenfällt. Würden wir die Bürsten rotieren lassen, oder die Pole in entgegengesetzter Richtung, so würden wir an den Bürsten eine Wechsel-EMK messen, deren Frequenz durch die Drehzahl der Bürsten bzw. der Pole gegeben wäre. Bei der Dreiphasenmaschine hat man im Drehfeld nichts anderes als rotierende Pole. Die Periodenzahl der an den Bürsten auftretenden EMKe ist also unabhängig von der Drehzahl des Ankers gleich der Netzperiodenzahl f_1. Daraus ergibt sich die wichtige Tatsache, daß man die Stromwenderbürsten ohne Rücksicht auf die Drehzahl des Stromwenders an dasselbe Netz anschließen darf, an dem die Ständerwicklung liegt. Man kann somit dem Anker direkt vom Netz Energie zuführen, im Gegensatz zur Induktionsmaschine, wo dem Anker Strom und Leistung nur über das Drehfeld durch Induktion zugeführt werden können. Hieraus ergibt sich auch die Freiheit der Drehzahl der Kommutatormaschine gegenüber der Drehfelddrehzahl.

Die Größe der EMK hängt ab von der relativen Geschwindigkeit der Leiter gegenüber dem Feld. Bei synchronem Lauf des Ankers, also wenn $n = n_1$ ist, ist diese Geschwindigkeit Null und damit auch die Anker-EMK. EMKe treten erst auf bei Abweichung der Drehzahl von der synchronen. Die EMK des Ankers ist also bestimmt durch die Schlupfdrehzahl $n_s = n_1 - n$. Ist Φ_p der Drehfeldfluß pro Pol, z die gesamte Leiterzahl des Ankers, $2a$ die Zahl der parallelen Ankerstromkreise, so ist der Höchstwert der EMK zwischen zwei um eine Polteilung gegeneinander versetzte Bürsten bekanntlich

$$E_0 = \frac{p}{a} \cdot \frac{\Phi_p \cdot z \cdot n_s}{60} \text{Volt} . \qquad (199)$$

Unter Voraussetzung einer sinusförmigen Änderung des Feldes, was beim Drehfeld einer sinusförmigen Feldkurve entspricht, ist der Effektivwert

$$E = \frac{p}{a} \cdot \frac{\Phi_p \cdot z \cdot n_s}{60 \cdot \sqrt{2}} \text{Volt} . \qquad (200)$$

Sind die Bürsten wie bei einem 3phasigen Anker nicht um 180°, sondern um den Winkel $\beta = 120°$ gegeneinander versetzt, so ist der größte Fluß, den man zwischen zwei Bürsten fassen kann, $\Phi = \Phi_p \cdot \sin\beta = \Phi_p \cdot \frac{\sqrt{3}}{2}$ und die EMK

$$E = \frac{p}{a} \cdot \frac{\Phi_p \cdot z \cdot n_s}{60 \cdot \sqrt{2}} \sin\beta = \frac{p}{a} \cdot \frac{\sqrt{3}}{2 \cdot \sqrt{2}} \cdot \frac{\Phi_p \cdot z \cdot n_s}{60}. \qquad (201)$$

Wir können zur Berechnung der EMK auch Gleichung (8) heranziehen, wenn wir mit w_2 die Zahl der hintereinander geschalteten Leiter zwischen zwei Bürsten bezeichnen. Danach ist

$$E = 4{,}44 \cdot s \cdot f_1 \cdot w_2\, \xi_2 \cdot \Phi_p \cdot 10^{-8}. \qquad (202)$$

Der Wicklungsfaktor für eine Gleichstromwicklung mit ihrer hohen Nutenzahl errechnet sich nach Abb. 16 als Verhältnis von Sehne zu Bogen zu

$$\xi = \frac{\sin q\,\dfrac{\alpha}{2}}{q \cdot \dfrac{\alpha}{2}} = \frac{\sin\beta}{\operatorname{arc}\sin\beta} = \frac{\sin\dfrac{b}{\tau} \cdot \dfrac{\pi}{2}}{\dfrac{b}{\tau} \cdot \dfrac{\pi}{2}} = \frac{\sqrt{3}}{2 \cdot \dfrac{2}{3} \cdot \dfrac{\pi}{2}}, \qquad (203)$$

wenn $b = \tfrac{2}{3}\tau$ die Zonenbreite eines Wicklungsstrangs am Ankerumfang bedeutet. Setzt man diesen Wert für ξ_2, ferner

$$s \cdot f_1 = s \cdot \frac{p \cdot n_1}{60} = \frac{p \cdot n_s}{60}$$

und

$$w_2 = \frac{1}{3} \cdot \frac{z}{2a},$$

in Gleichung (202) ein, so geht sie über in Gleichung (201).

Wir haben oben gesehen, daß man den Anker einer Kommutatormaschine an das Netz des Ständers legen kann, ihn also vom Netz aus speisen kann. Die Ankerströme erzeugen, wie im vorigen Abschnitt gezeigt wurde, ein Drehfeld und es fragt sich, welche Drehzahl dieses Drehfeld gegenüber dem Raum und gegenüber dem Ständerdrehfeld annimmt. Das Zusammenarbeiten mit dem Ständerfeld erfordert, daß das Feld der Läuferströme gegenüber dem Ständerfeld stillsteht, wie dies ja auch bei der Induktions- und Synchronmaschine der Fall ist. Da die Ankerwicklung eine in sich geschlossene symmetrische Wicklung ist, macht die Drehung des Ankers auf die Verteilung des Stroms zwischen den Bürsten nichts aus, d. h. es muß sich das gleiche Feld ausbilden wie bei einer stillstehenden Wicklung, die an 3 Punkten mit Drehstrom gespeist wird, nämlich ein gegenüber dem Raum mit der Drehzahl

$n_1 = \dfrac{60 \cdot f_1}{p}$ rotierendes, gegenüber dem Ständerfeld aber stillstehendes Drehfeld.

Anders verhält sich der Kommutatoranker, wenn er über die Schleifringe statt über die Bürsten gespeist wird. Das von den eingeleiteten Strömen erzeugte Drehfeld hat auch hier die Drehzahl n_1 gegenüber der Wicklung wie im Ständer, in bezug auf den Raum aber folglich die Drehzahl $n_1 \pm n$. Falls der Ständer gleichzeitig gespeist wird, sind nur 2 Drehzahlen des Läufers möglich, bei denen Ständer und Läuferfeld gegenseitig ruhen, nämlich $n = 0$ und $n = 2\,n_1$.

Die bei der Schleifringspeisung in den einzelnen Ankerspulen vom Ankerdrehfeld induzierten EMKe haben die Frequenz des zugeführten Stromes, während an den Bürsten die Schlupffrequenz auftritt. Ist zum Beispiel $n = n_1$, so hat man an den Bürsten Gleichspannung, ein Fall, der beim Einankerumformer eintritt.

Bei der Bürstenspeisung ist es umgekehrt. Hier hat das Ankerdrehfeld gegenüber den Ankerspulen die Drehzahl $n_1 - n$ und die EMKe in den Ankerspulen folglich die Schlupffrequenz. Im Synchronismus ($n_1 = n$) fließt hier in den Ankerspulen Gleichstrom.

c) Die Phase der Läufer- und Ständer-EMKe.

Wir nehmen einen 2poligen Dreiphasenmotor nach Abb. 114 mit 2 Ringwicklungen, die beide in Dreieck geschaltet sind, und denken uns zunächst die Bürsten so eingestellt, daß sie gegenüber den Stromzuführungstellen liegen. Dann fallen die Achsen der entsprechenden Ständer- und Läuferstränge zusammen und ein Drehfeld erzeugt in beiden Wicklungen gleichphasige EMKe. Verschiebt man nun die Bürsten um einen Winkel ϱ gegenüber den Ständeranschlußpunkten, etwa gegen die Drehrichtung des Drehfelds wie in Abb. 114, so trifft das

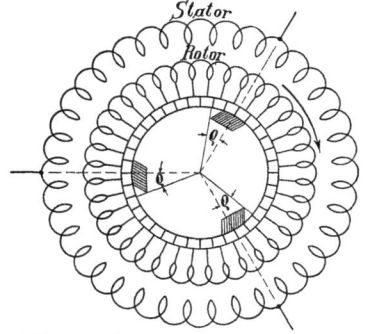

Abb. 114. Schema eines 2poligen Dreiphasenmotors. (Aus Arnold, Bd. V, 2).

Drehfeld die Läuferstränge um eine dem Winkel ϱ entsprechende Zeit früher als die entsprechenden Ständerstränge, und die

Läufer-EMKe eilen den Ständer-EMKen um den Winkel ϱ zeitlich vor. Die Bürstenverschiebung bewirkt also eine zeitliche Phasenverschiebung zwischen den EMKen des Ständers und Läufers.

d) Das Drehmoment.

Das Drehmoment wird gebildet durch Strom und Magnetfeld. Betrachten wir die in Abb. 113 dargestellte Ankerdurchflutung, deren Achse von oben nach unten gerichtet ist, so würde zweifellos das größte Drehmoment dann entstehen, wenn die Achse des Feldes Φ_p senkrecht zur magnetischen Achse des Ankers gerichtet ist, denn nur so wirken alle einzelnen Schubkräfte im gleichen Drehsinn. Zur Erzielung des maximalen Drehmoments in einer Kommutatormaschine müssen also Ankerachse und Feldachse aufeinander senkrecht stehen. Für Rechtslauf des Ankers müßte das Feld in unserm Fall nach der linken Handregel von rechts nach links gerichtet sein.

Die Größe der momentanen Kraft, die auf einen vom Strom i durchflossenen Leiter von der Länge l im Felde der Induktion $\mathfrak{B}$ ausgeübt wird, ist bekanntlich

$$P_1 = \mathfrak{B} \cdot l \cdot i \cdot 10^{-1} \text{Dyn} = \frac{\mathfrak{B} \cdot l \cdot i}{9{,}81} \cdot 10^{-6} \text{ kg}. \quad (204)$$

Ist r der Halbmesser des Ankers in cm, so ist das Drehmoment eines Leiters

$$M_1 = \frac{\mathfrak{B} \cdot l \cdot i \cdot r}{9{,}81} \cdot 10^{-8} \text{ mkg}. \quad (205)$$

Besitzt der Anker z Leiter auf dem ganzen Umfang, so trifft auf das räumliche Winkelelement $d\alpha$ die Leiterzahl $\frac{z}{2\pi} \cdot d\alpha$ und innerhalb eines Poles tritt ein Drehmoment auf vom Betrage

$$M_p = \frac{z}{2\pi} \cdot \frac{10^{-8}}{9{,}81} \cdot \int_0^{\pi/p} \mathfrak{B} i l r d\alpha \text{ mkg}$$

und bei $2p$-Polen für die ganze Maschine ein Moment

$$M = z \cdot p \cdot \frac{10^{-8}}{\pi \cdot 9{,}81} \cdot \int_0^{\pi/p} \mathfrak{B} \cdot i \cdot l \cdot r d\alpha \text{ mkg}. \quad (206)$$

Der Kommutatoranker im Drehfeld.

Das Drehmoment hängt nun von der räumlichen Verteilung der Induktion und des Stromes innerhalb eines Pols ab. Bei der Mehrphasenmaschine verläuft, abgesehen von den Oberwellen, die Induktion und ebenso der Strom in den Leitern nach einem räumlichen Sinusgesetz. Fallen die Amplituden beider Sinuslinien zusammen, wie es zur Erreichung eines möglichst großen Drehmoments wünschenswert ist, so ist

$$i = i_0 \cdot \sin(p\alpha),$$

und ebenso

$$\mathfrak{B} = \mathfrak{B}_0 \cdot \sin(p\alpha)$$

wenn i_0 bzw. $\mathfrak{B}_0$ die Höchstwerte von Strom und Induktion bedeuten. Das Drehmoment des Mehrphasenmotors ist dann:

$$M = z \cdot p \cdot l \cdot r \cdot \mathfrak{B}_0 \cdot i_0 \cdot \frac{10^{-8}}{\pi \cdot 9{,}81} \cdot \int_0^{\pi/p} \sin^2(p\alpha)\,d\alpha$$

$$= z \cdot p \cdot l \cdot r \cdot \mathfrak{B}_0 \cdot i_0 \cdot \frac{10^{-8}}{\pi \cdot 9{,}81} \cdot \frac{\pi}{2p}.$$

Führen wir statt der Induktion den Fluß pro Pol Φ_p ein, nämlich

$$\Phi_p = \mathfrak{B}_0 \cdot \frac{2}{\pi} \cdot l \cdot \frac{r\pi}{p} \cdot 10^{-8} = \mathfrak{B}_0 \cdot \frac{2l \cdot r}{p} \cdot 10^{-8} \text{ Voltsec},$$

und für den räumlichen Höchstwert des Stroms, der mit dem zeitlichen identisch ist, den Effektivwert $J = \frac{i_0}{\sqrt{2}}$, so erhalten wir für das Drehmoment des Dreiphasen-Kommutatormotors

$$M = z \cdot p \cdot J \cdot \Phi_p \cdot \frac{\sqrt{2}}{4 \cdot 9{,}81} \text{ mkg}. \qquad (207)$$

Dieses Drehmoment ist ein ziemlich konstanter Wert, da sowohl das Feld wie die Stromverteilung in gegenseitig gleicher Lage umlaufen. Die zeitliche Änderung des Stroms und des Felds an einer Stelle des Ankerumfangs spielt daher keine Rolle.

Der Strom J in Formel 207 bedeutet den Effektivwert des Leiterstroms. Bei der üblichen Trommelwicklung besteht an irgendeiner Stelle des Umfangs die Durchflutung aus zwei Strömen verschiedener Phase; die Unterstäbe führen einen andern Strom als die Oberstäbe. Ersetzt man die wirkliche Stromverteilung durch eine solche, bei der etwa die Oberstäbe allein den

136   Die Kommutatormaschinen.

resultierenden Strom der beiden Schichten führen (s. Abb. 111), so sieht man, daß statt der arithmetischen Summe die geometrische Summe zweier Leiterströme tritt, wodurch die Wirkung im Verhältnis $\frac{\sqrt{3}}{2}$ verringert wird und Gleichung (207) übergeht in

$$M = \frac{\sqrt{3}}{2} \frac{\sqrt{2}}{4 \cdot 9{,}81} \cdot p \cdot z \cdot \Phi_p \cdot J \text{ mkg}. \quad (208)$$

Da die Voraussetzung sinusförmiger Strom- und Feldverteilung in Wirklichkeit nicht erfüllt ist, muß der aus Gl. (208) berechnete Wert des Drehmoments noch einen Korrektionsfaktor erhalten, der in unserm Fall nach Schenkel (s. L. 10) 0,969 beträgt.

Gl. (208) gilt ferner nur für den Fall, daß die Ankerachse und die Feldachse aufeinander senkrecht stehen. Bilden beide den Winkel β miteinander, so muß der Höchstwert mit $\sin \beta$ multipliziert werden.

e) Die Kommutierung.

α) **Die Stromwendespannung.** Jede Ankerspule tritt bei der Drehung des Ankers, während sie durch die Bürste kurz geschlossen wird, von einem Strang des durch die drei Bürsten gebildeten Dreiphasensystems in den andern über. In der sehr kurzen Zeit muß ihr Strom von dem Augenblickswert des Stroms

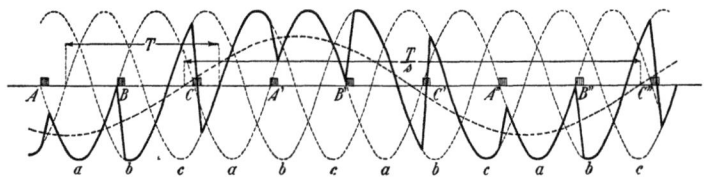

Abb. 115. Kommutierung der Ankerströme. (Aus Arnold, Bd. V, 2).

im ersten Strang übergehen in den Augenblickswert des Stroms im benachbarten Strang. Man nennt diesen Vorgang die **Stromwendung** oder **Kommutierung**, weil bei Gleichstrom der Strom in den entgegengesetzten Wert umgewendet wird. Bei Mehrphasenstrom findet diese volle Umwendung nur im ungünstigsten Fall statt; es kommt hier auf den Momentanwert der Ströme an. In Abb. 115 sind a, b, c die Sinusströme der 3 Stränge. Der Strom einer Spule folgt im Stillstand des Ankers stets der

Sinuslinie ihres Strangs, im Lauf des Ankers aber nur so lange, bis die Spule an eine Bürste kommt. Während der Zeit ihres Kurzschlusses, der sog. Kommutierungszeit T_K, die durch die Breite der Bürste und die Umfangsgeschwindigkeit des Kommutators gegeben ist, muß sie den Momentanwert des nächsten Strangstromes annehmen. Wir erhalten für den Strom in einem Rotorstrang den zeitlichen Verlauf nach der in Abb. 115 stark gezeichneten, gebrochenen Kurve. Das Bild ändert sich von Spule zu Spule, weil in jeder Spule der Strom zu einer andern Zeit gewendet wird. Die Dauer des Verbleibens auf einer jeden Sinuslinie, d. h. der scheinbare Bürstenabstand in Abb. 115, ist gegeben durch den räumlichen Bürstenabstand dividiert durch die Ankergeschwindigkeit. Abb. 115 ist also nur für eine bestimmte Ankergeschwindigkeit gültig, und zwar beträgt die Zeit, während der ein Wicklungselement sich in einem Strang befindet und also $1/3$ einer doppelten Polteilung zurücklegt, offenbar $T/2$, wenn T die Zeitdauer einer Periode ist. Also wird eine doppelte Polteilung in $\frac{3T}{2}$ Sekunden zurückgelegt oder die Drehzahl des Ankers ist $2/3$ der Drehfelddrehzahl; die Schlupfdrehzahl ist $n_s = \frac{1}{3} n_1$ und die Schlüpfung $s = \frac{n_s}{n_1} = \frac{1}{3}$. Nach Zurücklegung von drei doppelten Polteilungen muß wieder derselbe Zustand eintreten, oder die Periode des Spulenstroms beträgt $\frac{T}{s} = 3T$ Sekunden. Es ist, wie schon auf Seite 130 festgestellt, $f_s = s \cdot f_1 = \frac{1}{3} f_1$. Im Synchronismus also für $n = n_1$ und $s = 1$ würden die Bürsten ABC auf $\frac{2}{3}$ des gezeichneten Abstandes zusammenrücken und der Strom in der angenommenen Spule würde ein pulsierender Gleichstrom werden.

Der Betrag, um den der Strom in einer Ankerspule gewendet wird, ist gleich der Differenz der Momentanwerte der Ströme zweier benachbarter Stränge und somit gleich dem Momentanwert des Bürstenstroms, denn dieser ist, wie oben gezeigt wurde, wie der verkettete Strom eines in Dreieck geschalteten Systems gleich der Differenz der Strangströme.

Die Änderung des Stroms in der kurzgeschlossenen Spule hat eine Änderung des mit der Spule verketteten Flusses Φ_σ zur Folge und führt somit zur Erzeugung einer EMK, der sog. Reaktanz- oder Stromwendespannung e_r. Nimmt man an, daß dieser

138 Die Kommutatormaschinen.

Fluß, der dem Streufluß der Spule entspricht, proportional dem Strom ist, also $\Phi_\sigma = c \cdot i$, so ist die Stromwendespannung

$$e_r = -\frac{d\Phi_\sigma}{dt} = -c \cdot \frac{di}{dt} = c \cdot \frac{J_b}{T_k} \text{Volt}, \qquad (209)$$

wenn die Änderung gleichmäßig über die ganze Kommutierungszeit vor sich geht, wie es bei der anzustrebenden geradlinigen Kommutierung der Fall ist.

Gl. (209) zeigt, daß die Stromwendespannung durch die Größe des Bürstenstroms gegeben ist. Je mehr Phasen man zur Speisung des Ankers anwendet, um so kleiner wird der Bürstenstrom und also auch die Stromwendespannung und um so besser die Kommutierung.

Die Phase der Stromwendespannung stimmt mit der Phase des Bürststroms überein, denn e_r ist am größten, wenn J_b seinen Höchstwert hat und Null, wenn $J_b = 0$ ist.

β) **Die Kurzschlußspannung.** Während man bei Gleichstrommaschinen zur Herstellung einer funkenfreien Kommutierung nur die durch die Selbstinduktion des Ankerstroms bewirkte Stromwendespannung e_r zu beseitigen hat, treten bei den Wechselstrom-Kommutatormaschinen noch weitere EMKe an den Bürsten auf. Sie werden induziert durch die Wechselfelder in ähnlicher Weise wie die EMK in der Sekundärwicklung des Transformators und heißen daher auch EMKe der Transformation. Bei der Mehrphasenmaschine hängt diese EMK, die sog. **Kurzschlußspannung** e_K, von der Größe des Drehfelds und von dessen Relativgeschwindigkeit n_r zum Anker ab. Ihr Effektivwert ergibt sich daher für eine Windung zwischen 2 Lamellen zu

$$e_{k_1} = 4{,}44 \cdot f_r \cdot \Phi_p \text{Volt},$$

wenn der von einer Windung umfaßte Fluß gleich dem Polfluß Φ_p ist und $f_r = \dfrac{p\,n_r}{60}$ die Frequenz des Flusses. Bei k Lamellen ist die Zahl der Windungen zwischen zwei benachbarten Lamellen $w = \dfrac{p}{a} \cdot \dfrac{z}{2k}$ und somit allgemein für eine $2p$-polige Maschine

$$e_k = 4{,}44 \cdot \frac{p}{a} \cdot \frac{z}{2k} \cdot f_r \cdot \Phi_p \text{Volt}. \qquad (210)$$

Die Spannung e_k eilt, als transformatorisch erzeugt, dem Fluß um 90° nach. Im Anlauf, wo $f_r = f_1$, ist e_k am größten, bei der

Der Kommutatoranker im Drehfeld. 139

synchronen Drehzahl des Ankers ($f_r = 0$) fällt die Kurzschlußspannung weg. Die Drehstrom-Kommutatormotoren sind daher mit Rücksicht auf das Bürstenfeuer etwas an ihre synchrone Drehzahl gebunden.

γ) **Die Funkenspannung.** Die Stromwendespannung e_r und die Kurzschlußspannung e_k setzen sich zu einer resultierenden Spannung der sog. Funkenspannung e_f zusammen. Die Addition muß natürlich unter Berücksichtigung der Phase vorgenommen werden. Es ist

$$e_f = e_r \mp e_k \tag{211}$$

Die Phasenverschiebung zwischen e_r und e_k ergibt sich aus folgender Überlegung. Bei bester Ausnutzung der Maschine sollen, wie oben gezeigt, die Feldachse und die Ankerachse senkrecht aufeinander stehen. Die Ankerachse fällt mit derjenigen Bürste zusammen, die gerade den Höchstwert ihres Stromes hat und somit auch den Höchstwert der EMK e_r in der von der Bürste kurzgeschlossenen Spule. Dieselbe Spule wird dann im gleichen Moment vom vollen Polfluß durchdrungen und hat somit eine EMK $e_k = 0$. Die beiden EMKe e_r und e_k sind also 90° in der Phase versetzt. Wenn auch dieser Idealfall nicht immer eintritt, so sucht man ihn doch stets ungefähr zu erreichen, so daß praktisch

$$e_f \approx \sqrt{e_r^2 + e_k^2}. \tag{212}$$

Die Funkenspannung ist die Ursache von zusätzlichen Strömen im kurzgeschlossenen Wicklungselement. Diese geben Anlaß zu örtlichen Erhitzungen der Bürste und damit zum sog. Bürstenfeuer. Sie verzögern die Stromwendung derart, daß noch kurz vor Ende der Kurzschlußperiode ein im Verhältnis zur Berührungsfläche starker Strom übertritt, der sich in einem kleinen Lichtbogen fortsetzt.

Zur Beseitigung der störenden EMKe bedient man sich der sog. Wendepole, das sind Pole, die sich gegenüber den kommutierenden Leitern befinden und durch ihren Fluß in diesen EMKe induzieren, die den oben beschriebenen EMKen der Selbstinduktion und der Transformation entgegen gerichtet sind. Die durch den Wendefluß Φ_w induzierte EMK e_w ist in Phase mit diesem Fluß und also auch mit dem die Wendepole erregenden Strom; anderseits muß e_w nach Größe und Phase sich nach e_f richten.

140   Die Kommutatormaschinen.

Es ist nicht immer leicht, diese Bedingungen zu erfüllen; die dazu nötigen Schaltungen sind von Fall zu Fall verschieden.

2. Der Drehstrom-Reihenschlußmotor.

a) Schaltung und Drehmoment.

Beim Reihenschlußmotor durchfließt der Netzstrom zuerst je einen Strang der Ständerwicklung und tritt dann in die Ankerbürsten ein, wie in Abb. 116 für eine 2polige Maschine dargestellt ist. Das Feld des Motors wird durch die Durchflutungen des Ständers und Läufers zusammen hervorgerufen. Je nach der

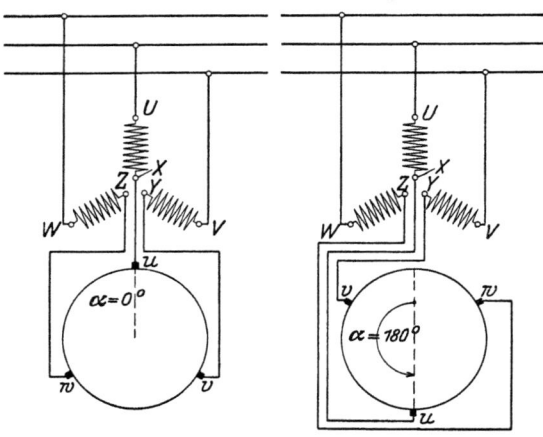

Abb. 116. Schema des Reihenschlußmotors. Bürsten in Leerlaufstellung.

Abb. 117. Schema des Reihenschlußmotors. Bürsten in Kurzschlußstellung.

Stellung der Bürsten ändert sich die resultierende Stärke des Feldes sowohl als auch die Aufteilung der Klemmenspannung in die Ständer- und Läuferspannung und damit nach Gl. (194) die Drehzahl. Auch das vom Feld und den Ankerströmen gebildete Drehmoment wird durch die Bürstenverschiebung beeinflußt.

Es gibt zwei ausgezeichnete Stellungen der Bürsten, bei denen kein Drehmoment auftritt. Das ist der Fall, wenn $\sin \alpha = 0$, d. h. wenn die Ankerachse mit der Feldachse zusammenfällt. Bei Sternschaltung der Ständerwicklung müßte die Bürste u gegenüber der Mitte des Ständerstrangs UX liegen; dabei kann die Ankerachse wie in Abb. 116 mit der Feldachse die gleiche Richtung oder wie in Abb. 117 die entgegengesetzte Richtung haben.

Der Drehstrom-Reihenschlußmotor.

Im ersten Fall besteht das Maximum des Feldes und das Minimum der Stromaufnahme; es ist die Nullstellung der Bürsten ($\alpha = 0°$) oder die sog. Leerlaufstellung; im zweiten Fall ($\alpha = 180°$) heben sich die MMKe der beiden Wicklungen auf und der Motor nimmt wie ein Transformator im Kurzschluß einen großen Strom auf; es ist dies die sog. Kurzschlußstellung der Bürsten.

Verschiebt man nun die Bürsten aus der Nullstellung um einen bestimmten Winkel (ca. 150° bei der Nennleistung), so werden die Amplituden der beiden Felderregerkurven um diesen Winkel räumlich gegeneinander verschoben, während sie zeitlich in Phase bleiben. Wir können sie, da die Verteilung der magnetischen Spannungen nahezu sinusförmig ist, durch räumliche Vektoren darstellen, wie in Abb. 118 ausgeführt ist, und zwar für einen Augenblick, in dem der Strom im Strang UX ein Maximum und das Ständerfeld V_s nach unten gerichtet ist. Die Amplitude des Ankerfelds V_a, die meist etwa 10% größer ist als V_s, ist in diesem Augenblick um $\alpha = 150°$ nach oben gedreht. Sie fällt ja stets mit der Achse derjenigen Bürste (u) zusammen, die das Maximum ihres Stromes führt.

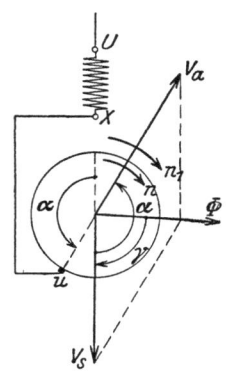

Abb. 118. Raumdiagramm der magnetischen Spannungen im Luftspalt.

Nehmen wir die Drehrichtung des Drehfelds (n_1) im Uhrzeigersinn und die Bürstenverschiebung entgegengesetzt an, so hat V_a die in Abb. 118 gezeichnete Richtung. Die beiden Felderregerkurven geben addiert die sinusförmige resultierende Erregerkurve, die den Fluß Φ des Drehfelds hervorruft. Aus der Richtung des Feldes und der Richtung der magnetischen Ankerachse V_a ergibt sich die Drehrichtung des Ankers nach Abb. 113 im Uhrzeigersinn, also entgegen der Verdrehung der Bürsten. Die Lage des Feldes ist für die Drehmomentbildung günstig, denn die Feldachse schließt mit der Ankerachse beinahe den Winkel 90° ein. Eine Änderung des Winkels α wirkt in 2facher Weise auf die Größe des Drehmoments: es ändert sich sowohl der Fluß Φ wie auch der Winkel zwischen V_a und Φ.

Hätte man die Bürsten im Uhrzeigersinn, also in der Richtung des Drehfelds verschoben, so würde die Achse des resultierenden

Felds von rechts nach links gerichtet sein und nach Abb. 113 die Drehung des Ankers entgegen dem Uhrzeigersinn erfolgen. Beim Drehstrom-Reihenschlußmotor ist also die Drehrichtung des Ankers von der Drehrichtung des Drehfelds unabhängig und nur durch die Verschiebungsrichtung der Bürsten gegeben. Normalerweise läßt man den Anker im Sinne des Drehfelds laufen, weil sonst infolge der größeren Relativgeschwindigkeit zwischen Drehfeld und Anker in den kurzgeschlossenen Spulen große EMKe induziert und außerdem die Eisenverluste des Ankers groß werden.

b) Aufteilung der Spannung.

Um zu einem einfachen Spannungs- und Stromdiagramm zu gelangen, an Hand dessen sich die Arbeitsweise der Maschine leicht überblicken läßt, seien die Ohmschen und induktiven Spannungsabfälle der beiden Wicklungen außer acht gelassen. Außerdem sei angenommen, daß geringe Sättigung und somit Proportionalität zwischen Strom und Fluß herrsche.

Das Drehfeld trifft bei seiner Rotation die Wicklungen zu verschiedenen Zeiten, deren Abstand durch den räumlichen Verschiebungswinkel α bestimmt ist. Folglich erzeugt es in beiden Wicklungen EMKe, die um den zeitlichen Winkel α verschoben sind. Die Lage des Spannungsvektors zum Stromvektor ergibt sich ebenfalls aus dem Raumdiagramm. Dieses ist in Abb 118 für den Augenblick gezeichnet, in dem der Strom im Strang UX seinen Höchstwert hat. Das resultierende Feld fällt mit der Achse der Ständerwicklung erst zusammen, wenn es den zeitlichen Winkel γ zurückgelegt hat. In diesem (späteren) Augenblick erzeugt es in der Spule UX die Spannung 0 und die größte positive Spannung zeitlich um 90° später. Hieraus ergibt sich die Phasenverschiebung zwischen J und E_s, in dem man nacheilend zum Stromvektor um den Winkel $90 + \gamma$ den Spannungsvektor anträgt (s. Abb. 119). In Voreilung um $\alpha = 150°$ zu E_s liegt dann der Vektor E_a. Beide zusammen ergeben die gesamte EMK E des Motors, die gleich und entgegengesetzt der zugeführten Klemmenspannung U sein muß. So ergibt sich das in Abb. 119 dargestellte Diagramm, das zunächst nur für Stillstand des Ankers gilt. Wir entnehmen daraus, daß der Strom der Ständerspannung $U_s = -E_s$ um $180 - (90 + \gamma) = 90 - \gamma$ nacheilt und daß die Bürstenspannung $U_a = -E_a$ der Ständerspannung um $\alpha°$ voreilt.

Halten wir, wie in der Praxis üblich, die Klemmenspannung des Motors konstant und ebenso die Bürstenstellung, so müssen sich E_s und E_a mit der Drehzahl derart ändern, daß ihre geometrische Summe stets gleich der Klemmenspannung ist, und der von ihnen eingeschlossene Winkel (180 — α°) beträgt. Nach einem bekannten geometrischen Satz bewegt sich die Spitze des Spannungsdreiecks auf einem Kreis mit dem Peripheriewinkel 180 — α über der Sehne U (s. Abb. 120).

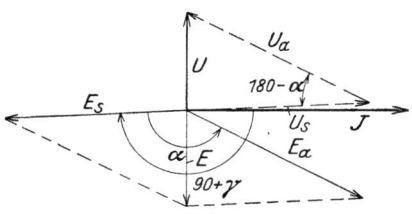

Abb. 119. Vektordiagramm der Spannungen für Stillstand.

Für jede beliebige Gestalt des Spannungsdreiecks liefert Gl. (194) die vom Verhältnis der Spannungen abhängige Drehzahl. Beim Lauf mit dem Drehfeld wird U_a immer kleiner und im Synchronismus 0. Steigt die Ankerdrehzahl über die synchrone, so nimmt U_a wieder zu und erreicht im doppelten Synchronismus dasselbe Verhältnis zu U_s wie im Stillstand. Bei unendlich großer Drehzahl würde die ganze Spannung für den Anker verbraucht werden und die Ständerspannung wäre gleich

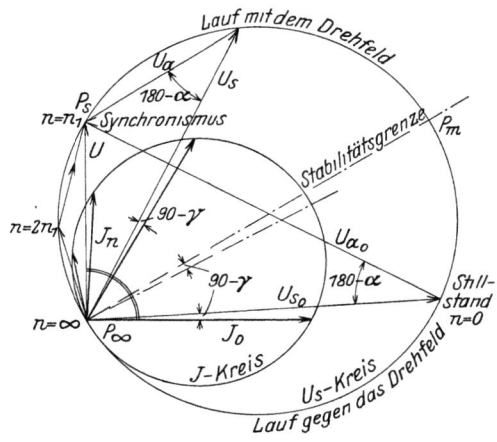

Abb. 120. Kreisdiagramm für den Strom und die Ständerspannung bei verschiedenen Belastungen und Drehzahlen.

Null. Auf der untern Seite des Kreises ist $U_a > U_{a_0}$; dies entspricht dem Lauf gegen das Drehfeld.

Der Strom J ist sowohl Arbeitsstrom im Anker als Magnetisierungstrom im Ständer und als letzterer abhängig von der Ständerspannung U_s, gegen die er stets um 90 — γ nacheilt. Im Stillstand steht J senkrecht auf U, wie es der Annahme des verlustfreien Motors entspricht. Beschreibt der Vektor der Statorspannung mit zunehmender Drehzahl einen Kreis, so muß auch der Stromvektor J einen Kreis beschreiben, der um den Winkel $90 - \gamma$ rückwärts verschoben ist (s. Abb. 120). Verfolgen wir die Phasenverschiebung zwischen Strom und Klemmenspannung in Abb. 120, wo einige zusammengehörige Werte eingetragen sind, so ergibt sich, daß mit zunehmender Drehzahl die Phasenverschiebung kleiner wird; im Synchronismus beträgt sie nur mehr $90 - \gamma$, bei noch größerer Drehzahl tritt schließlich Voreilung ein. Beim Lauf gegen das Drehfeld erhält man stets einen kleinen Leistungsfaktor.

Der Grund für die Verbesserung des Leistungsfaktors mit zunehmender Drehzahl liegt darin, daß die Magnetisierung nur zum Teil vom Ständer, zum andern Teil vom Läufer aus bewirkt wird. In unserm Fall, wo die wirksame Läuferwindungszahl um 10% größer als die Ständerwindungszahl gemacht wurde, ist der Läuferanteil sogar größer. Der Läufer liefert nun aber den Magnetisierungstrom bei kleinerer Spannung, denn die Ankerspannung ist der Schlupfperiodenzahl, die Ständerspannung der Netzperiodenzahl proportional. Die Blindleistung der Maschine muß also um so kleiner werden, je kleiner der Schlupf wird. Im Synchronismus fließt in den Ankerleitern Gleichstrom und ist somit zur Lieferung des Magnetisierungstroms im Läufer überhaupt keine Blindleistung mehr nötig. Um einen guten Leistungsfaktor zu bekommen, macht man daher die MMK des Läufers meist um etwa 15% größer als die des Ständers.

Das Stromdiagramm gibt auch Aufschluß über die Leistungsverhältnisse im Motor. Im Stillstand ist die vom Motor aus dem Netz aufgenommene Leistung gleich Null, denn U und J stehen senkrecht aufeinander. Die vom Ständer aus dem Netz aufgenommene Leistung $U_s \cdot J \cdot \sin \gamma$ wird induktiv über das Drehfeld auf den Läufer übertragen und von diesem als elektrische Leistung $U_a \cdot J \cdot \sin (\alpha - \gamma)$ dem Netz wieder zurückgegeben. Im Synchronismus ist die dem Anker über die Bürsten zugehende Leistung (abgesehen von den Verlusten) Null; die vom Läufer in mechanische Leistung umgewandelte elektrische Leistung wird vom Ständer auf induktivem Wege übertragen. Im Untersynchronismus wird der der Schlüpfung entsprechende Teil vom Läufer als elektrische Leistung dem Netz zurückgegeben im Über-,

Der Drehstrom-Reihenschlußmotor.

synchronismus nimmt der Läufer noch zusätzliche Leistung aus dem Netz auf, die er ebenfalls in mechanische Leistung umwandelt.

Das Drehmoment des Motors ist proportional dem Produkt aus dem Fluß und der auf dem Fluß senkrecht stehenden Komponente der Ankerdurchflutung. Der Fluß ist nun proportional V_r, ebenso läßt sich V_a aus V_r berechnen, da die Winkel des aus V_s, V_a und V_r gebildeten Dreiecks durch die Bürstenverschiebung und das Verhältnis der wirksamen Windungszahlen gegeben sind. Man erhält also für einen konstanten Winkel α das Drehmoment wie beim Gleichstrommotor ohne Sättigung zu

$$M = c_1 \cdot \Phi \cdot V_a$$
$$V_a = c_2 V_r$$
$$V_r = c_3 \cdot \Phi$$

also
$$M = c_4 \cdot \Phi^2. \tag{213}$$

Da bei gegebener Wicklung und Netzfrequenz die Statorspannung nur vom Fluß abhängt, kann man in Gl. (213) Φ durch U_s ersetzen und erhält
$$M = c \cdot U_s^2. \tag{214}$$

Da ferner bei konstanter Klemmenspannung zu jeder Statorspannung eine bestimmte Rotorspannung gehört und somit nach

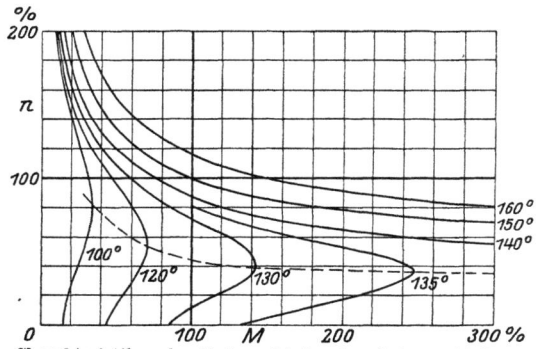

Abb. 121. Charakteristiken des Reihenschlußmotors bei verschiedenen Bürstenverschiebungswinkeln.

Gl. (194) eine bestimmte Drehzahl, so ist die Abhängigkeit der Drehzahl vom Drehmoment, also die Motorcharakteristik, durch die Gl. (194) und (214) gegeben. In Abb. 121 sind die Charakteristiken für verschiedene Bürstenwinkel dargestellt.

Sallinger, Drehstrommaschinen.

Geht man in Abb. 120 vom Stillstand aus, so nimmt mit der Drehzahl auch das Drehmoment zu bis zu dem Kreispunkt P_m, der mit P_∞ auf dem Durchmesser liegt. Erst von hier an nimmt mit steigender Drehzahl das Drehmoment ab, was gleichbedeutend mit stabilem Betrieb ist. Der Durchmesser durch P_∞ ist also die Stabilitätsgrenze. Für großen Winkel ist das maximale Drehmoment, das proportional U_s^2 ist, sehr viel größer als das normale Drehmoment, das etwa beim synchronen Punkt P_s eintritt. Nimmt man einen kleinen Winkel α, so tritt schon früher der Umkehrpunkt in der Charakteristik ein, wie die Kurven für $\alpha = 135°$ in Abb. 121 zeigen. Man könnte das labile Verhalten dadurch vermeiden, daß man die Ständerspannung im Stillstand gleich oder größer als den Durchmesser des Kreises machte, dann würde gleich von Anfang an das Moment mit der Drehzahl abnehmen. Man müßte zu diesem Zweck die wirksame Windungszahl im Ständer größer als im Läufer machen. Dann wäre aber die Phasenverschiebung im Synchronismus schlechter. Man nimmt daher lieber das labile Verhalten bei kleineren Drehzahlen in Kauf.

c) **Der Reihenschlußmotor mit doppeltem Bürstensatz.**

Einen stabilen Reihenschlußmotor kann man erhalten durch Anwendung zweier Bürstensätze unter Zwischenschaltung eines Transformators. Dieser „Zwischentransformator" wird auch bei einfachem Bürstensatz fast immer angewendet, da er den Anker vom Netz trennt und so ermöglicht, die Wicklungen für die ihnen gemäßen Spannungen auszuführen, nämlich die Ständerwicklung für Hochspannung, die Ankerwicklung für Niederspannung. Der Einfluß des Zwischentransformators auf das Verhalten des Motors ist gering, wenn er mit geringer Sättigung ausgeführt wird; bei starker Sättigung kann er das Durchgehen des Motors verhindern, da er eine Erhöhung der Ankerspannung nur bis zu einem gewissen Grad zuläßt. Außerdem erreicht man mittels des Zwischentransformators durch Verdopplung der Phasenzahl eine bessere Ausnutzung des Ankers und eine leichtere Kommutierung. Die Größe des Zwischentransformators richtet sich nach dem Regelbereich; er erhält zwar den vollen Ankerstrom, aber nur die Spannung, die der Abweichung vom Synchronismus entspricht. Gewöhnlich baut man ihn für $1/3$ bis $1/2$ der Motorleistung.

Der Drehstrom-Reihenschlußmotor.

Beim Motor mit doppeltem Bürstensatz ist nun der eine der Bürstensätze UVW fest, der andere XYZ beweglich (s. Abb. 122). Der feste Bürstensatz steht in der Achse der Ständerstränge, und zwar so, wie es der Kurzschlußstellung in Abb. 117 entspricht. Werden die beweglichen Bürsten diametral gegenübergestellt, so hat man die „Kurzschlußstellung", stehen sie auf denselben Lamellen, so hat man die „Nullstellung". Bei dieser ist der Zwischentransformator sekundär kurz geschlossen und der Anker offen. Die ganze Primärspannung liegt an der Ständerwicklung; der Motor besitzt das volle Feld im Gegensatz zum Motor mit einfachem Bürstensatz, der in diesem Fall infolge der Hintereinanderschaltung der beiden Wicklungen ein etwa halb so großes Feld besitzt.

Durch Verschiebung der beweglichen Bürsten kann man nun die aktive Windungszahl des Ankers beliebig einstellen. Die zur Erreichung der vollen Leistung erforderliche Bürstenverschiebung beträgt etwa 120°. Bei diesem Winkel ist das Verhältnis der Windungszahlen derart, daß der Motor stabil ist. Zum Verständnis der Schaltung stellt man sich nach Schenkel am besten den Anker zweimal gespeist vor. Derselbe Strom tritt bei dem festen Bürstensatz ein und beim beweglichen aus. Bei $\alpha = 180°$ addieren sich die Wirkungen beider Ströme zur vollen MMK des Ankers, die Ströme jedes Bürstensatzes haben gewissermaßen je die halbe MMK. Die MMK der festen Bürsten steht im Raume fest, die der beweglichen wird mit ihnen im Raum gedreht. Man erhält für 120° Verdrehung das Diagramm in Abb. 123.

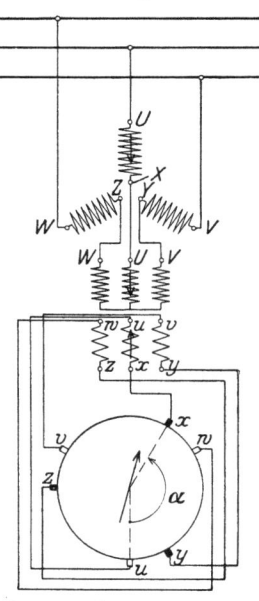

Abb. 122. Reihenschlußmotor mit doppeltem Bürstensatz.

Dem Vorteil größerer Stabilität des Motors mit doppeltem Bürstensatz stehen einige kleine Nachteile gegenüber. Er hat im Untersynchronismus einen schlechteren Leistungsfaktor; bei

10*

höheren Drehzahlen kann man diesen dadurch verbessern, daß man auch die festen Bürsten etwas verschiebt, und zwar entgegen dem Verschiebungssinn der beweglichen. Die Kommutierung im Anlauf ist ebenfalls schlechter wie beim Motor mit einfachem Bürstensatz, denn der Motor hat, wie schon erwähnt, in der Anlaufstellung etwa doppeltes Feld, das dann in den kurzgeschlossenen Spulen auch etwa die doppelte Kurzschlußspannung erzeugt. Die beiden Komponenten der Funkenspannung ändern sich beim Reihenschlußmotor mit der Drehzahl im entgegengesetzten Sinn. Während die Kurzschlußspannung mit steigender Drehzahl abnimmt und im Synchronismus Null wird, nimmt die Stromwendespannung proportional mit der Drehzahl zu. Die Resultierende erreicht ein Minimum etwas unterhalb des Synchronismus und steigt im Übersynchronismus ziemlich rasch an, so daß schließlich die Drehzahlregelung nach oben durch die Kommutierungsschwierigkeit begrenzt wird (s. L. 10, S. 177). Man kann zur Beseitigung der Funkenspannung Wendepole anbringen, macht jedoch selten davon Gebrauch, weil man dadurch die Möglichkeit der Bürstenverschiebung einbüßt und außerdem neben der großen Bürstenzahl viel Raum am Ständerumfang benötigt und die Ausnützung der Maschine herabsetzt.

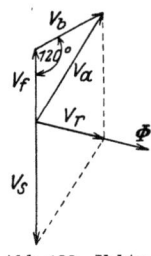

Abb. 123. Vektordiagramm der magnetischen Spannungen beim Motor mit doppeltem Bürstensatz.

3. Der Drehstrom-Nebenschlußmotor.

Die Bezeichnung Nebenschlußmotor rührt von jenem Gleichstrommotor her, bei dem die das Feld erzeugende Wicklung, die Erregerwicklung, und die den „Arbeitsstrom" führende Ankerwicklung nicht wie beim Reihenschlußmotor von ein und demselben Strom durchflossen sind, sondern zwei getrennte Stromkreise bilden, die im Nebenschluß zueinander liegen. Die Folge dieser Schaltweise ist die, daß das Feld vom Arbeitsstrom, abgesehen von dessen magnetischer Rückwirkung, unabhängig ist und somit bei veränderlicher Belastung konstant bleibt. Sobald nun dem Anker Spannung aufgedrückt wird, hat er infolge der Stromwirkung das Bestreben, sich so schnell im Feld zu drehen, daß die in ihm induzierte EMK der zugeführten Spannung das Gleichgewicht hält. Ist auch diese konstant, so kann sich die

Drehgeschwindigkeit bei Belastungsänderung nur wenig ändern; sie nimmt wegen dem mit dem Belastungsstrom zunehmenden Spannungsabfall etwas ab. Dieses sog. **Nebenschlußverhalten** ist für die meisten Antriebe erwünscht und zeichnet auch den gewöhnlichen Induktionsmotor aus. Bei ihm ist ja auch die wesentliche Bedingung, das konstante Feld, gegeben.

Die Drehzahl eines Nebenschlußmotors muß sich ändern, wenn entweder sein Feld oder seine Ankerspannung geändert wird. Beim Gleichstrommotor geschieht meist das erstere; beim Drehstromnebenschlußmotor stets das letztere. Beim Induktionsmotor ist die zugeführte Ankerspannung gleich Null; er stellt also einen Spezialfall des Nebenschlußmotors dar. Will man dem Anker eine Spannung zuführen, so kann das, wie schon erwähnt, nur mit Hilfe eines Kommutators geschehen, der die Netzfrequenz auf die Schlupffrequenz transformiert. Unter Anker ist beim Nebenschlußmotor die den Arbeitsstrom führende Wicklung, also der Sekundäranker, zu verstehen, im Gegensatz zum Primäranker, der die felderzeugende Wicklung trägt.

Je nachdem nun die Primärwicklung im Ständer oder im Läufer sitzt, spricht man vom „ständergespeisten" oder vom „läufergespeisten" Drehstrom-Nebenschlußmotor. Im ersten Fall wird dem Läufer die **veränderliche** Spannung zugeführt und der Bürstenstrom hat die Netzfrequenz, im zweiten Fall dem Ständer und der Bürstenstrom hat die Schlupffrequenz.

a) Der ständergespeiste Nebenschlußmotor.

Sein Schaltungsschema ist in Abb. 124 dargestellt. Der Ständer ist also unmittelbar an das Netz angeschlossen. Im Nebenschluß zu ihm liegt der Läufer mit Hilfe von Anzapfungen, die jeder Strang der Ständerwicklung besitzt. Bewegen sich die Läuferanschlüsse etwa von u_1 bis u_3, so nimmt die dem Anker zugeführte Spannung ab bis auf Null; darüber hinaus also in u_4 und u_5 ändert sie ihre Richtung.

Das vom Ständer hervorgebrachte konstante Drehfeld, das im Raume mit der Geschwindigkeit $n_1 = \dfrac{60 \cdot f_1}{p}$ umläuft, erzeugt bei Stillstand im Läufer eine EMK, die ebenso groß, aber entgegengesetzt gerichtet sei wie die dem Anker durch die Wicklung u_1, u_3 zugeführte Spannung. Der Anker wird sich dann nicht bewegen, weil kein Strom fließen kann. Rücken wir den Anschluß nach u_2, so wird die zugeführte Spannung kleiner; es muß ein Strom auftreten, der den Anker im Sinne des Drehfelds antreibt, so daß auch die in ihm induzierte Spannung kleiner wird, bis der Strom den Wert annimmt, der dem belastenden Drehmoment entspricht. In u_3 ist die zugeführte Spannung Null; die Differenz zwischen der Drehfelddrehzahl und der Läuferdrehzahl braucht hier nur mehr so groß zu sein, daß eine den Spannungsabfällen des Stroms entsprechende Spannung (e) erzeugt wird. Der Motor, dessen Anker ja nun kurzgeschlossen ist, verhält sich wie ein gewöhnlicher Induktionsmotor.

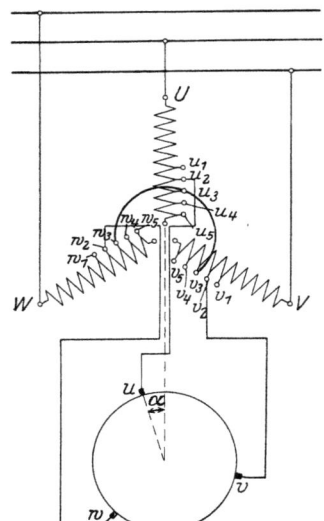

Abb. 124. Schema des ständergespeisten Nebenschlußmotors.

In u_4 und u_5 ändert sich der Sinn der zugeführten Spannung, folglich muß sich auch der Sinn der im Anker induzierten Spannung ändern oder die Relativbewegung des Ankers zum Feld sich umkehren. Der Anker läuft übersynchron $(n > n_1)$. In Abb. 125 sind für ein im Ständer, also im Raum mit n_1 Umdrehungen rechts umlaufendes Drehfeld durch Größe und Richtung der Pfeile die Relativgeschwindigkeiten des Ankers gegenüber dem Raum (n) und des Felds gegenüber dem Anker (n_s) dargestellt.

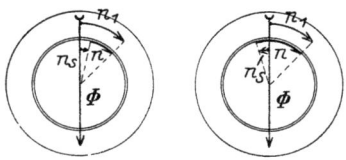

Abb. 125. Relative Drehzahlen für unter- und übersynchronen Lauf des ständergespeisten Nebenschlußmotors.

Die Regelung des ständergespeisten Motors geschieht also stufenweise und erfordert hierzu eine Schaltwalze, die um so kostspieliger wird, je mehr Kontakte sie hat, je feinstufiger also die Regelung sein soll. Man kann nun auch beim Nebenschlußmotor wie beim Reihenschlußmotor eine Drehzahlregelung durch Bürstenverschiebung ausführen, wodurch jene nicht nur stufenlos wird, sondern auch die unbequeme Schaltwalze und den

Transformator erübrigt. Führt man nämlich dem Läufer die Primärspannung zu, so kann man am Kommutator beliebige Spannungen abgreifen, je nach dem Abstand der Bürsten. Man benützt also den Kommutator und die Bürsten selbst als Walzenschalter und kommt zu dem in Abb. 126 dargestellten

b) **läufergespeisten Nebenschlußmotor.**

Der Läufer erhält außer dem Kommutator 3 Schleifringe, über die der Primärstrom drei festen Punkten der Primärwicklung zugeführt wird. Die von dieser getrennte Kommutatorwicklung, in Abb. 126 durch einen Kreis dargestellt, sowie die Ständerwicklung stehen mit dem Netz in keiner Verbindung. Die 3 Ständerstränge sind offen und jeder für sich an zwei gegenläufige Bürsten des Kommutators angeschlossen. Stehen die beiden Bürsten auf derselben Lamelle, so ist die Ständerwicklung kurzgeschlossen.

Das Drehfeld läuft nun mit der synchronen Geschwindigkeit gegenüber beiden Läuferwicklungen; die Geschwindigkeit gegenüber dem Raum und der Ständerwicklung hängt von der Drehzahl des Läufers ab. Im Stillstand ist sie gleich n_1; der dann in der Ständerwicklung induzierte Strom wirkt nach dem Lenzschen Gesetz seiner Erzeugung entgegen; das von ihm gebildete Moment treibt den Läufer entgegen der Drehfeldrichtung, bei kurzgeschloßner Wicklung bis nahe an die synchrone Drehzahl. Das Drehfeld hat dann im Raum nur mehr die geringe Schlupfdrehzahl und die von ihm in der Ständerwicklung induzierten EMKe haben die Schlupfperiodenzahl. Infolge der unveränderlichen Relativgeschwindigkeit des Feldes gegen die Kommutatorwicklung wird in jeder Windung eine unveränderliche EMK der Netzfrequenz induziert. Entfernt man zwei zusammengehörige Bürsten ($u\ x$) voneinander, so greift man eine immer größer

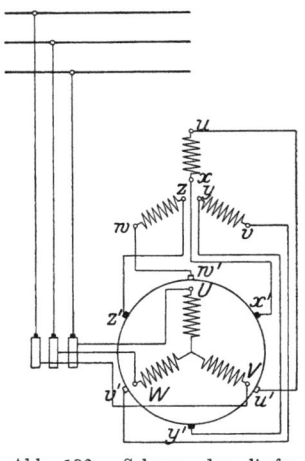

Abb. 126. Schema des läufergespeisten Nebenschlußmotors.

werdende EMK heraus, die aber durch die Kommutierung an den Bürsten die Schlupfperiodenzahl erhält. Wir haben also wieder die Möglichkeit, dem Sekundäranker, d. h. dem Ständer, eine veränderliche Spannung von der Schlupffrequenz aufzudrücken. Hat diese entgegengesetzte Richtung wie die EMK im Ständer, so muß der Schlupf zunehmen; wir erhalten eine niedrigere Drehzahl. Ist die Bürstenspannung gleichgerichtet, so steigt die Läuferdrehzahl bis zur synchronen, um schließlich übersynchron zu werden. Im Synchronismus führen die Bürsten und die Ständerwicklung Gleichstrom, das Feld steht im Raume still wie bei einem Einankerumformer. In Abb. 127 sind die Drehrichtungen des Feldes und des Läufers wieder für beide Fälle dargestellt.

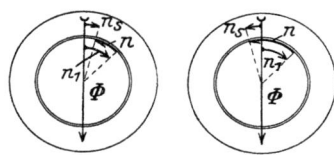

Abb. 127. Drehzahlen des Läufers und des Feldes beim läufergespeisten Nebenschlußmotor im unter- und übersynchronen Lauf.

Der maximale Regelbereich ist beim ständergespeisten Motor gegeben durch die Spannung der Wicklung zwischen $u_1\ u_3$ und $u_3\ u_5$, beim läufergespeisten durch die maximale Kommutatorspannung bei einer Bürstenverschiebung um 180°. Macht man im ersten Fall das Verhältnis der Windungen $u_1\ u_3$ zu den Windungen des Läufers gleich 1, im zweiten Fall die maximale Bürstenspannung gleich der Ständerspannung, so kann man den Motor bis zum Stillstand regeln.

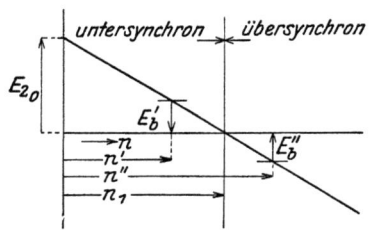

Abb. 128. Abhängigkeit der Sekundarspannung von der Drehzahl.

Die Größe der zuzuführenden Bürstenspannung für eine bestimmte Regelung bei konstantem Drehmoment läßt sich aus der Proportionalität der Sekundärspannung E_2 mit der Schlupfdrehzahl sehr einfach ermitteln. Unter Annahme konstanten Feldes ist E_2 im Leerlauf in Abhängigkeit von der Drehzahl eine Gerade, gegeben durch den Wert Null im Synchronismus und durch die sog. Schleifringspannung E_{2_0}, die man bei Stillstand und offener Sekundärwicklung mißt (s. Abb. 128). Im Leerlauf müßte man also, um etwa die untersynchrone Drehzahl n' zu erhalten, eine Bürstenspannung E'_b zuführen. Bei größerer Belastung würde dann die Drehzahl entsprechend der durch den Spannungsabfall verursachten Schlupfvergrößerung sinken. Durch die Bürstenspannung wird die Charakteristik des Motors je nach deren Größe und Richtung nach oben oder unten verlegt. In Abb. 129 sind die Drehzahlkurven angetragen für den Fall einer Regulierung im Leerlauf von 1 zu 3.

c) Der Leistungsfaktor der Nebenschlußmotoren.

Drückt man der Sekundärwicklung einer Induktionsmaschine eine Spannung auf, die der vom Drehfeld induzierten EMK um

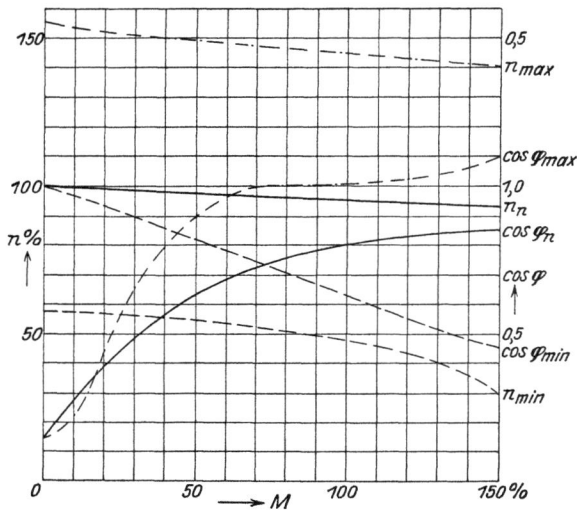

Abb. 129. Abhängigkeit der Drehzahl und des Leistungsfaktors vom Drehmoment bei einem Nebenschlußmotor.

90° voreilt, so läßt sich damit der Leistungsfaktor der Maschine verbessern. Die Phase der Bürstenspannung, die ja der Sekundärwicklung zugeführt wird, hängt ab von der Lage der Bürsten gegenüber der Ständerwicklung. Man braucht also beim ständergespeisten Motor nur die Bürsten, die für bloße Drehzahlregelung in der Achse der Ständerwicklung stehen müssen, um den Winkel α, wie in Abb. 124 angegeben, zu verschieben, um eine Phasenkompensation zu erreichen. Beim läufergespeisten Motor muß für Drehzahlregelung allein die Verbindungslinie jedes Bürstenpaars mit der Achse der zugehörigen Ständerphase zusammenfallen. Bei einer reinen Drehzahländerung müssen daher beide Bürstensätze gegeneinander verschoben werden. Man ordnet sie zu diesem Zweck auf zwei getrennten Bürstenträgern an. Zur Phasenkompensation muß auch hier die Bürstenachse verdreht, die Bürstensätze also ungleich verschoben werden. Der rascher bewegte Bürstensatz geht bei einer Erhöhung der Drehzahl in der Drehrichtung des Motors vorwärts, der langsamer bewegte rückwärts. Berühren beide Bürsten eines Strangs die gleiche Kommutatorlamelle, so ist der Ständer kurzgeschlossen und der Motor hat die Phasenverschiebung des Induktionsmotors. In Abb. 129 sind die zu den Drehzahlkurven gehörigen Leistungsfaktoren eingetragen.

d) Die kompensierten Asynchronmotoren.

Beschränkt man sich auf die Phasenkompensation unter Verzicht auf eine Drehzahlregelung, so entstehen aus dem Drehstrom-Nebenschlußmotor die sog. kompensierten Motoren. Der dem ständergespeisten Nebenschlußmotor entsprechende kompensierte Motor wurde von Heyland schon im Jahre 1901 angegeben. In seiner jetzigen Ausführung wird nicht der ganze Arbeitsstrom über den Kommutator geführt, sondern nur der Kompensationsstrom, während der Arbeitsstrom in einer besonderen Käfigwicklung fließt. Der Heylandmotor stellt also eine Kombination des Kurzschloßmotors mit einem Nebenschlußmotor dar. Der Kommutator wird dadurch wesentlich kleiner und die Kommutierung besser, da die Kurzschlußwicklung dämpfend auf die Kurzschlußströme wirkt. Die Primärwicklung kann für Stern-Dreieck umschaltbar gemacht werden, um den Anlauf als Kurzschlußmotor zu erleichtern; natürlich kann die Arbeitswicklung im Läufer zwecks besseren Anlassens als Phasenwicklung mit Schleifringen gebaut werden. Auch macht es nichts aus, ob die Bürsten an die Primärwicklung direkt nach Art eines Spartransformators angeschlossen sind oder an eine die Ständerwicklung transformatorisch beeinflussende Hilfswicklung. Abb. 130 zeigt die Arbeitsweise eines Heylandmotors der SSW für 5,5 kW. Der Motor ist gerade richtig kompensiert, er zeigt nur im Leerlauf etwas Überkompensierung. Bemerkenswert ist der geringe Primärstrom im Leerlauf infolge des Fehlens des Erregerstroms. Das ist auch die

Der Drehstrom-Nebenschlußmotor. 155

Ursache des günstigen Wirkungsgrads, der trotz der Verluste durch den Kollektor den Wert des Einheits-Induktionsmotors erreicht. Die Drehzahl ist durchweg untersynchron. Der dem läufergespeisten Motor entsprechende kompensierte Motor wurde von Osnos im Jahre 1902 angegeben. Dieser Motor wird heute von den SSW bis zu 40 kW und in etwas veränderter Form von der AEG und dem Sachsenwerk ausgeführt. Eine gewisse Schwierigkeit bildet hier die Kommutierung. Während beim ständergespeisten Motor die Kurzschlußspannung wenigstens im Lauf infolge der geringen Relativgeschwindigkeit

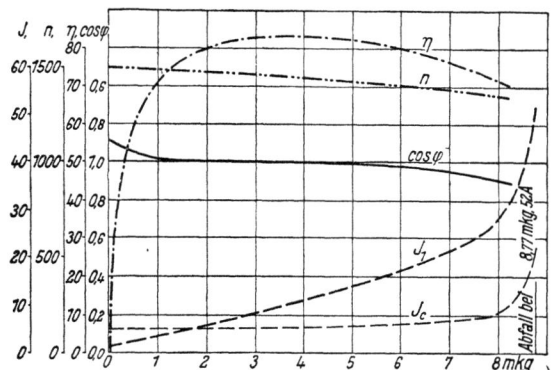

Abb. 130.. Betriebskurven eines Heylandmotors der SSW für 5,5 kW.

zwischen Feld und Kommutatorwicklung sehr gering ist, ist sie beim läufergespeisten Motor stets durch die volle synchrone Drehzahl und den Fluß gegeben. Die AEG umgeht diese Schwierigkeit durch Verkürzung des Wicklungsschritts auf $1/6$ bis $1/9$ der Polteilung, wodurch allerdings der Raumbedarf dieser Wicklung größer wird. Das Sachsenwerk wendet statt dessen eine sehr einfache offene Wicklung an und erreicht dadurch die Möglichkeit, den Motor für sehr große Leistungen (bis 2000 PS) auszuführen. Die Doppelbürsten des Nebenschlußmotors nach Abb. 126 entfallen, da ja eine Drehzahlregelung nicht vorgesehen ist und nur die zur Kompensation nötige Spannung in richtiger Phasenlage abzugreifen ist, was durch Verschiebung des ganzen Bürstensatzes geschehen kann. In Abb. 131 sind die Betriebskurven

156   Die Kommutatormaschinen.

eines kompensierten Motors des Sachsenwerks angegeben, in Abb. 132 dessen Schaltung.

Ein großer Vorteil aller kompensierten Motoren besteht in der durch die Kompensation erreichten, nicht unwesentlichen Erhöhung der Überlastbarkeit. Daß der Luftspalt mit Rücksicht auf den Leistungsfaktor nicht mehr so außerordentlich klein ge-

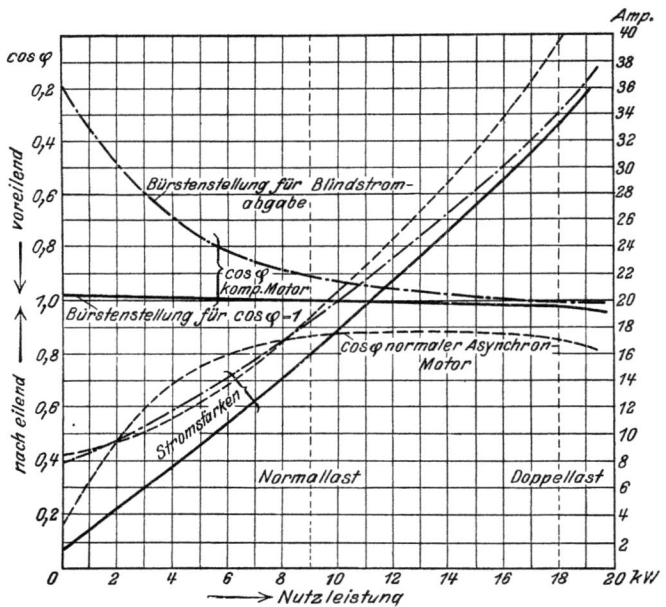

Abb. 131. Betriebskurven des kompensierten Motors des Sachsenwerks.

macht werden muß wie beim gewöhnlichen Induktionsmotor, erhöht die Betriebssicherheit und macht die kompensierten Motoren für schwerste Betriebe geeignet.

e) Das Diagramm des Nebenschlußmotors.

Da der ständer- und der läufergespeiste Motor in ihrer Wirkungsweise identisch sind, so läßt sich auch für beide ein gemeinsames Strom- und Spannungsdiagramm aufstellen, wie Schenkel nachweist (s. L. 10, S. 192). Der Einfachheit halber soll hier nur das Diagramm am ständergespeisten Motor, und zwar für unter- und

Der Drehstrom-Nebenschlußmotor.

übersynchronen Lauf, entwickelt werden. Es würde an der Wirkungsweise nichts ändern, wenn wir, statt die Primärwicklung nach Art eines Spartransformators anzuzapfen, eine getrennte Sekundärwicklung auf den Ständer brächten. Es vereinfacht sich aber dadurch die Betrachtung. Wir haben dann außer der Primärwicklung 1 eine sekundäre Hilfswicklung h, in der derselbe Strom fließt wie in der sekundären Läuferwicklung 2.

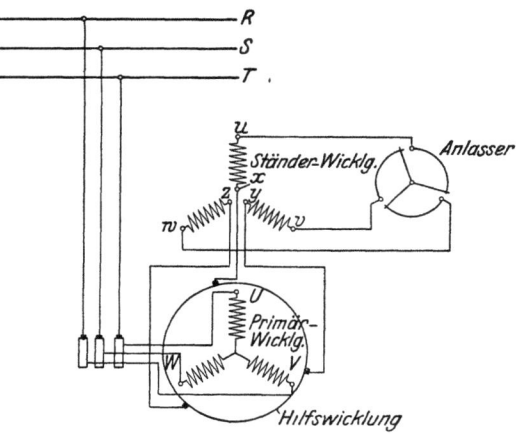

Abb. 132. Schaltschema des kompensierten Motors des Sachsenwerks.

In Abb. 133 sind die Wicklungen für den Strang U dargestellt. Entsprechend Abb. 124 sei dem Läufer zunächst die Spannung $u_2 u_3$ zugeführt, die halb so groß ist wie die Spannung $u_1 u_3$ und wie die im Läufer bei Stillstand durch das Drehfeld induzierte EMK. Der Motor macht dann ungefähr die halbe synchrone Drehzahl. Zwecks Phasenkompensierung sind die Bürsten um den Winkel α gegen die Drehrichtung verschoben. Zur Aufstellung des Zeit- und Raumdiagramms sei festgesetzt, daß positive Spannungen

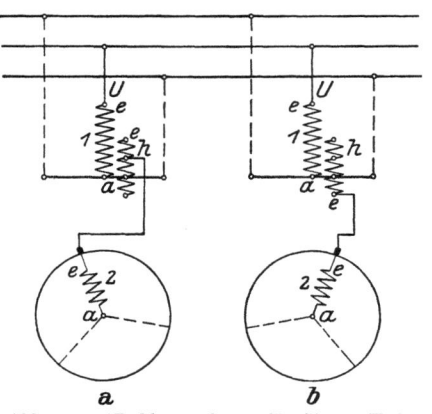

Abb. 133. Wicklungsschema für Strang U des ständergespeisten Nebenschlußmotors zur Aufstellung des Diagramms.

und Ströme in den Wicklungen vom Anfang a zum Ende e (s. Abb. 133) gerichtet seien, und daß ein positiver Strom eine in der Wicklungsachse von a nach e gerichtete MMK erzeuge, also z. B. in der Ständerwicklung, ein Feld von unten nach oben. Durch die Anzahl der Zickzacklinien seien ferner die wirksamen Windungszahlen angedeutet. Die Netzspannung erzeugt durch den Magnetisierungsstrom J_m in der Primärwicklung das Motorfeld Φ (s. Abb. 134a). Dieses induziert in allen Wicklungen EMKe. E_1 und E_h eilen dem Feld um 90° nach, während bei der Bürstenverschiebung α E_2 nur um den Winkel $90 - \alpha$ nacheilt. Die EMK E_1 ist um den vom Primärstrom J in der Wicklung hervorgerufenen Ohmschen und induktiven Spannungsabfall kleiner als die Klemmenspannung. Die EMK E_2, die E_h um $\alpha°$ voreilt, ist im Stillstand doppelt so groß wie E_h; im Lauf mit etwa der halben synchronen Drehzahl aber auf beinahe den halben Stillstandswert reduziert, also ein wenig größer wie E_h. Die Differenz e dieser beiden EMKe erzeugt mit einer durch Widerstand und Streuung gegebenen Nacheilung den Strom J_2, der sowohl in der Hilfswicklung (J_h)

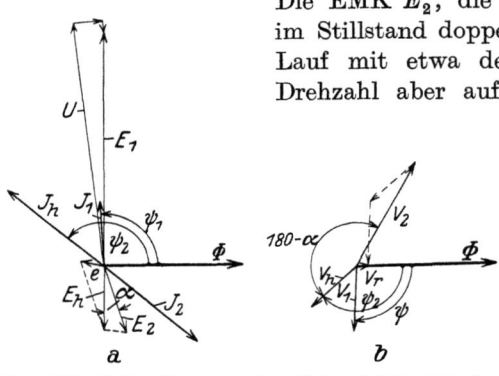

Abb. 134. Vektordiagramm des Nebenschlußmotors für untersynchronen Lauf.

fließt, wie in der Läuferwicklung, wo er aber infolge der umgekehrten Anschaltung um 180° versetzt auftritt. J_2 muß mit der Läufer-EMK E_2 eine positive elektrische Leistung ergeben, nämlich die Leistung, die im untersynchronen Lauf an das Netz zurückgegeben wird. Hieraus ergibt sich der Richtungssinn von J_2 und J_h. Die magnetische Wirkung der Ströme J_1, J_2 und J_h in den 3 Wicklungen muß nun den Gesamtfluß hervorbringen. Hieraus läßt sich die Größe und Phase des Primärstroms ermitteln, wenn man die räumliche Lage der Wicklungen berücksichtigt. Wir zeichnen zu diesem Zweck das Raumdiagramm der magnetischen Spannungen in Abb. 134b. Mit Φ muß die resultierende magnetische Spannung V_r in Phase sein, wenn man die Eisenverluste vernachlässigt. Da der Strom in der Hilfswicklung laut Zeitdia-

Der Drehstrom-Nebenschlußmotor.

gramm dem Fluß um den Zeitwinkel ψ_2 voreilt, muß die von ihm bewirkte magnetische Spannung V_h um den gleichen Raumwinkel ψ_2 weiter nach rechts im Umlaufssinn des Feldes vorgeschoben sein. Ihm um 180° entgegen würde dem Zeitvektor nach V_2 wirken. Da aber die Bürsten um α° zurückgeschoben sind, ist der räumliche Winkel zwischen V_h und V_2 180 — α; was der Summe dieser beiden Felder noch fehlt, um V_r zu ergeben, muß durch die primäre MMK V_1 aufgebracht werden, die damit ihrer Größe und Phase nach gegeben ist. Der räumliche Winkel ψ_1 ergibt den zeitlichen Voreilwinkel des Primärstroms.

Für Übersynchronismus speisen wir mit der Spannung $u_3\,u_4$ und verschieben die Bürsten wegen dor Phasenkompensation in der Drehrichtung um α° (s. Abb. 133b). Infolge der umgekehrten Relativgeschwindigkeit des Läufers zum Feld hat E_2 (s. Abb. 135) sein Vorzeichen gewechselt, eilt also Φ um den Winkel (90 — α) vor und ist etwas kleiner als E_h, da die Drehzahl nicht ganz

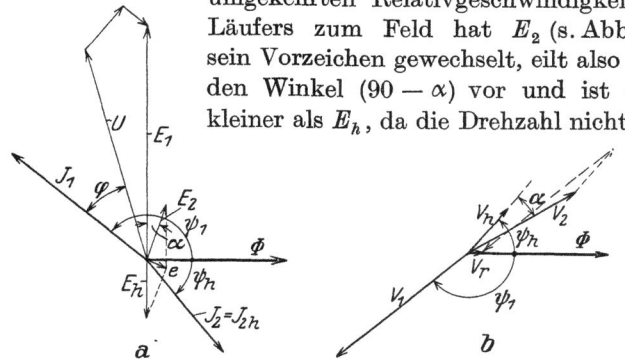

Abb. 135. Vektordiagramm des Nebenschlußmotors für übersynchronen Lauf.

das $1^1/_2$fache der synchronen erreicht; bei doppeltem Synchronismus wäre E_2 wie im Stillstand doppelt so groß wie E_h. Die Ströme J_2 und J_h treten im Zeitdiagramm nicht mehr in entgegengesetzter Richtung auf. Auch ist im Kreise 2 — h nicht mehr die Differenz $E_2 \frown E_h$ sondern die Summe $E_2 \overset{\frown}{+} E_h$ wirksam, erzeugt aber trotzdem nur eine kleine Resultierende e, weil E_2 sein Vorzeichen gewechselt hat. e bestimmt wieder den Strom J_2, der sich E_2 gegenüber motorisch verhält, entsprechend der nun dem Läufer über die Bürsten zugeführten elektrischen Leistung, die zusammen mit der durch das Feld übertragenen in mechanische Leistung umgewandelt wird. Die Richtung des Primärstroms ergibt sich wieder aus dem Raumdiagramm der magnetischen Spannungen.

Der Strom wird jetzt größer entsprechend der größeren Leistung bei etwa gleichem Drehmoment (Φ und J_2 blieben gleich), aber erhöhter Drehzahl. Außerdem haben wir Voreilung, also Überkompensation, bei gleichem Bürstenverschiebungswinkel. Das Drehmoment des Motors ergibt sich nach Gl. (207) aus Φ und der Komponente von J_2, die der zum Fluß senkrechten Komponente von V_2 entspricht. Die Winkel sind in beiden Fällen für die Drehmomentbildung günstig.

f) Die Kommutierung.

Während alle für die Arbeitsweise wichtigen Größen des Nebenschlußmotors aus dem Diagramm zu entnehmen sind, erfordert die Kommutierung eine Betrachtung für sich. Hierin verhalten sich auch beide Motoren nicht gleich.

Beim ständergespeisten Motor sind die Kommutierungsverhältnisse ganz ähnlich denen des Reihenschlußmotors. Die Kurzschlußspannung ist ein Maximum bei Stillstand, nimmt ab bis Null im Synchronismus und steigt im übersynchronen Lauf wieder proportional dem Schlupf, aber mit entgegengesetzten Vorzeichen. Die EMK der Selbstinduktion steigt vom Wert Null im Stillstand proportional mit der Drehzahl. Das Minimum der Funkenspannung tritt etwas unterhalb des Synchronismus ein.

Beim läufergespeisten Motor hat die Kurzschlußspannung infolge der unveränderlichen Geschwindigkeit des Drehfelds gegenüber der Kommutatorwicklung stets den gleichen Wert. Die Stromwendespannung steigt auch hier bei konstantem Strom geradlinig an, wird aber im Synchronismus, wo die Bürsten auf derselben Lamelle stehen, unstetig Null, um dann wieder auf derselben Geraden weiter zu steigen. Die beiden Bürstensätze haben nicht die gleiche Funkenspannung; die in der Drehrichtung vorgeschobenen Bürsten haben günstigere Kommutierung.

Hinsichtlich des Bürstenfeuers ist also der läufergespeiste Motor etwas ungünstiger wie der ständergespeiste. Er hat aber diesem gegenüber einen anderen Vorteil. Die Größe seines Kollektors nämlich ist abhängig vom Regelbereich und nimmt mit diesem ab. Die Größe der zulässigen Kommutatorspannung richtet sich bei beiden Motoren nach der Kurzschlußspannung und ist daher für beide gleich, wenn auch der ständergespeiste Motor nur im Anlauf mit ihr zu rechnen hat. Da der Kollektor außerdem den vollen Betriebsstrom J_2 zu führen hat, ist seine Größe nach der Leistung $3 \cdot E_2 \cdot J_2$ zu bemessen, die beim ständergespeisten Motor gleich der vollen Motorleistung ist, wie sich ergibt, wenn man die Werte für E_2 und J_2 aus Gl. (208) und (201) einsetzt. Beim läufergespeisten Motor aber bestimmt der Regelbereich das Verhältnis der Spannungen in der Kommutatorwicklung und der Ständerwicklung. Will man etwa nur bis zum halben Synchronismus heruntergehn, so wird die Windungszahl in der Kommutatorwicklung nur halb so groß wie in der Ständerwicklung. Die Spannung in der Ständerwicklung ist im Stillstand doppelt so groß wie in der Kommutatorwicklung. Lassen wir die gleiche Kommutatorspannung für beide Maschinentypen zu, so hat der läufergespeiste Motor im Ständer die doppelte Spannung und für gleiche Motorleistung im Vergleich zum ständergespeisten Motor nur den halben Strom, für den dann die Kollektorbürsten zu bemessen sind. Der Kollektor wird also nur halb so groß. Für den Regelbereich Null ist der Kollektor ganz überflüssig und für bloße Kompensation muß der Kollektor die der Magnetisierung entsprechende Blindleistung führen.

4. Die Drehstromerregermaschinen.

Wir haben im vorhergehenden Abschnitt gesehen, daß beim läufergespeisten Nebenschlußmotor der Kommutator sehr klein wird, wenn es sich nur um Verbesserung des Leistungsfaktors handelt. Dies gilt auch für den ständergespeisten Motor, wenn man dessen Arbeitswicklung von der an den Kommutator angeschlossenen Erregerwicklung trennt, wie es beim Heylandmotor geschieht. Man kann nun die Kommutatorwicklung mit ihrem Kommutator vollständig von der Asynchronmaschine trennen und erhält so die Drehstromerregermaschine oder den ,,Phasenschieber''.

Man unterscheidet die eigenerregte und die fremderregte Drehstromerregermaschine. Die erstere ist ein Kommutatoranker, dessen magnetischer Widerstand durch einen feststehenden oder mitrotierenden Ring vermindert ist. Sie wird in Kaskade mit dem zu kompensierenden Induktionsmotor, dem ,,Hauptmotor'', geschaltet und mit beliebiger Drehzahl angetrieben, entweder durch die Welle des Hauptmotors oder durch einen eigenen

Die Kommutatormaschinen.

Antriebsmotor (s. Abb. 136). Während des Anlaufs liegt der Kommutator im Sternpunkt des Anlassers, nach Kurzschließen des Anlassers direkt an den Schleifringen des Hauptmotors. Die Wirkungsweise ergibt sich aus folgender Überlegung: Die den Bürsten zugeführten Sekundärströme des Induktionsmotors erzeugen in der Kommutatorwicklung ein Drehfeld, das unabhängig von der Drehzahl der Wicklung im Raum mit der der niedern Schlupffrequenz dieser Ströme entsprechenden geringen Drehzahl
$$n_s = \frac{60 \cdot s \cdot f_1}{p_{ph}} = \frac{60 \cdot f_s}{p_{ph}}$$
umläuft, wenn s die prozentuale Schlüpfung des Hauptmotors und p_{ph} die Polpaarzahl des Phasenschiebers bedeutet. Ist zum Beispiel die Netzfrequenz $f_1 = 50$, $s = 3\%$ und $p = 2$, so ist $n = \frac{60 \cdot 3 \cdot 50}{100 \cdot 2} = 45$ Umdr./min. So lange der Phasenschieber stillsteht, wirkt er im Sekundärkreis des Hauptmotors wie eine Drosselspule, in der vom Drehfeld EMKe

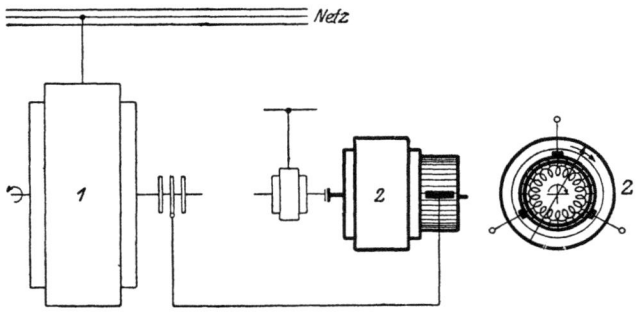

Abb. 136. Schema der eigenerregten Drehstromerregermaschine[1].

erzeugt werden, die dem Feld und den Rotorströmen um nahezu 90° nacheilen. Treibt man aber den Anker im Sinne des Drehfelds an, so werden die EMKe zunächst kleiner, verschwinden im Synchronismus, also schon bei 45 Umdr., und nehmen im übersynchronen Lauf entgegengesetzte Richtung an. Wir erhalten also die zur Kompensation benötigte voreilende EMK. Der Phasenschieber wirkt jetzt wie ein Kondensator im Sekundärkreis des Induktionsmotors. Da die im Phasenschieber erzeugte EMK, wenn man vom Ohmschen Widerstand und den Eisenverlusten absieht, senkrecht zu seinem Strom steht, ist seine

---

[1] Nach Kozisek ETZ 25, S. 142.

Die Drehstromerregermaschinen.

Leistung Null und der Antriebsmotor braucht nur die Reibungsverluste zu decken.

Das Zusammenwirken des Phasenschiebers mit der Induktionsmaschine ergibt sich wieder aus dem Vektordiagramm; es sei Abb. 137a das vereinfachte Diagramm des Hauptmotors; der Fluß Φ bringt im Läufer die EMK $E = s \cdot E_2$ hervor, wenn E_2 die Läuferspannung im Stillstand bedeutet. Ihr entspricht der Läuferstrom $J_2 = \frac{E_2 \cdot s}{R_2}$, wobei R_2 der Gesamtwiderstand einschließlich des Phasenschiebers ist. Der Primärstrom ergibt sich aus der

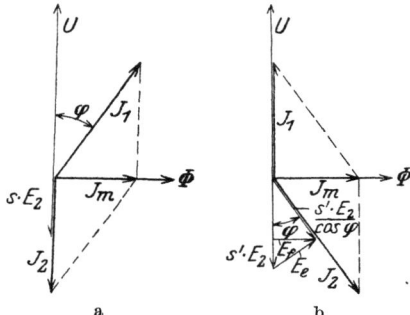

Abb. 137. Vereinfachtes Diagramm eines Induktions ohne (a) und mit (b) Drehstromerregermaschine.

Summe von J_2 und J_m. Im Falle voller Kompensation (s. Abb. 137b) ist bei gleichbleibender Leistung der Primärstrom J_1 so groß wie vorher J_2, dagegen der Sekundärstrom gleich $\frac{J_2}{\cos \varphi}$. Die diesen Sekundärstrom erzeugende Spannung muß im gleichen Verhältnis größer, also gleich $\frac{E_2 \cdot s}{\cos \varphi}$ sein, und ist die Resultierende aus der Schlupfspannung im Läufer des Hauptmotors und der um 90° dem Strom voreilenden EMK E_e des Phasenschiebers, was nur möglich ist, wenn der Schlupf auf s' vergrößert wird.

Es ist nach Abb. 137b

$$E_e = \frac{E_2 \cdot s}{\cos \varphi} \cdot \operatorname{tg} \varphi \qquad (215)$$

und

$$E_2 \cdot s' = \frac{E_2 s}{\cos^2 \varphi},$$

woraus sich der neue Schlupf zu $s' = \frac{s}{\cos^2 \varphi}$ ergibt. (216)

Der Phasenschieber ist zu bauen für die Leistung

$$N_{ph} = E_e \cdot \frac{J_2}{\cos \varphi} = E_2 \cdot J_2 \cdot \frac{s}{\cos^2 \varphi} \cdot \operatorname{tg} \varphi, \qquad (217)$$

während die Leistung des Hauptmotors gegeben ist durch

$$N = E_2 \cdot J_2 \cdot \eta.$$

Das Leistungsverhältnis $\frac{N_{ph}}{N} = \frac{1}{\eta} \cdot \frac{s}{\cos^2 \varphi} \cdot \operatorname{tg} \varphi$ ist um so größer, je größer die zu kompensierende Phasenverschiebung ist, aber stets klein wegen des Faktors s. Wie aus Abb. 137b hervorgeht, ist bei Kompensation der Ständerstrom des Hauptmotors kleiner geworden, dafür aber der Läuferstrom größer. Dieser hat jetzt die Magnetisierung zu besorgen. Ebenso ist im Gegensatz zum gewöhnlichen Induktionsmotor hier der Ankerfluß um die Streuflüsse größer als der Fluß im Ständer (s. a. Abb. 153).

Die Stromwendung des eigenerregten Phasenschiebers ist schwieriger als die der andern Kommutatormaschinen, und zwar rührt dies davon her, daß sich hier die Reaktanzspannung und die Kurzschlußspannung arithmetisch addieren; denn das die Kurzschlußspannung induzierende Feld geht ja von der magnetisierenden Kraft des Ankerstroms aus und ist mit ihm in Phase ebenso wie die EMK der Selbstinduktion, solange der Anker im Sinne des Drehfelds rotiert. Die eigenerregte Drehstrommaschine verhält sich in dieser Hinsicht wie eine Gleichstrommaschine ohne Wendepole mit starkem Ankerfeld. Um e_K möglichst klein zu machen, bringt man im feststehenden Ständerring gegenüber den Bürsten sog. Kommutierungsnuten an, die das Feld in der Kommutierungszone abschwächen. Insofern ist die Bauweise mit feststehendem Ring der mit rotierendem vorzuziehen.

Die Größe der kompensierenden Spannung E_e hängt ab von der Drehzahl des Phasenschiebers und vom Fluß Φ. Da dieser letztere durch die Größe der Läuferströme bestimmt ist, folgt, daß die Kompensierung im Leerlauf des Hauptmotors nicht möglich und bei geringer Belastung nur unbedeutend ist. Bis zu einem gewissen Grad kann man sich dadurch behelfen, daß man durch starke Eisensättigung eine langsamere Abnahme des Feldes mit dem Strom herbeiführt. Bei geringer Belastung geht aber trotzdem der Leistungsfaktor stark zurück, wie Abb. 138 zeigt.

Das Bestreben, die Induktionsmaschine auch bei schwachen Belastungen bis Leerlauf und sogar bei negativer Last zu kompensieren, führte zum Bau der fremderregten Drehstromerregermaschine. Diese unterscheidet sich in ihrer einfachsten Ausführung von der eigenerregten nur dadurch, daß der Anker außer dem Kommutator noch Schleifringe besitzt, durch die es möglich ist, vom Netz aus das Feld zu erzeugen und dieses von der Belastung des Hauptmotors unabhängig zu machen. Da die vom

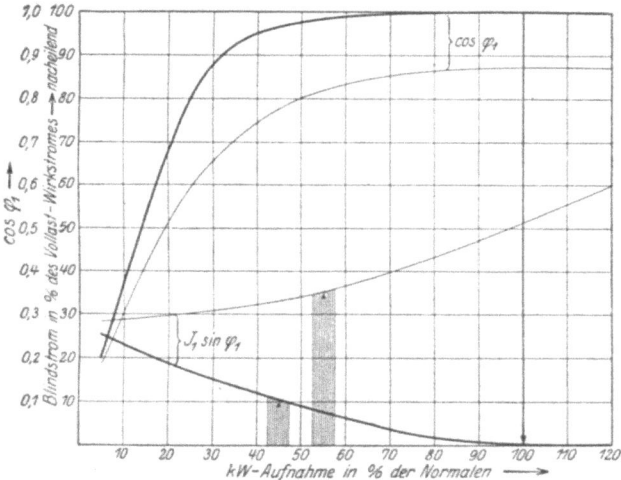

Abb. 138. Leistungsfaktor und Blindstromaufnahme eines mit eigenerregter Drehstromerregermaschine kompensierten Induktionsmotors im Vergleich zum gewöhnlichen Motor[1].

Feld induzierten EMKe die Schlupffrequenz des Hauptmotors haben müssen, ist nun aber die Drehzahl nicht mehr beliebig.

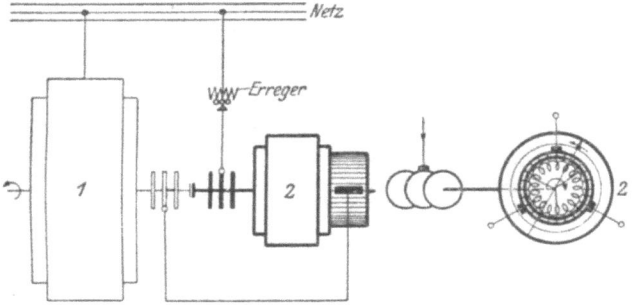

Abb. 139. Schema der fremderregten Drehstromerregermaschine[2].

Der Anker muß daher entweder mechanisch oder elektrisch mit dem Hauptmotor gekuppelt sein. Bei der mechanischen Kupplung (s. Abb. 139) erfolgt der Antrieb meist über Zahnräder, um

[1] Siehe ETZ 1925, S. 142. [2] Siehe ETZ 1925, S. 143.

zugleich eine absolute Drehzahlsteigerung zu erhalten. Bei der elektrischen Kupplung wird der Anker durch einen kleinen Induktionsmotor angetrieben, der parallel zum Hauptmotor teils vom Netz, teils vom Kommutator aus gespeist wird und folglich dieselbe Schlüpfung wie der Hauptmotor hat. Der über einem Transformator den Schleifringen zugeführte Strom von der Frequenz f_1 erzeugt im Anker ein Drehfeld, das wie beim läufergespeisten Nebenschlußmotor gegenüber dem Anker die konstante Drehzahl $n_1 = \dfrac{60 \cdot f_1}{p_{ph}}$ hat, während die Bürstenspannung die Schlupffrequenz besitzt. Die fremderregte Drehstromerregermaschine ist also ein F r e q u e n z w a n d l e r und wurde auch unter dieser Bezeichnung seinerzeit in die Praxis eingeführt.

Durch den Kommutator wird lediglich die Frequenz des über die Schleifringe zugeführten Stroms verändert, nicht aber die Größe der Spannung. Die Bürstenspannung ist, unabhängig von der Drehzahl des Ankers, ebenso groß wie die Schleifringspannung; denn das Drehfeld behält seine Geschwindigkeit gegenüber den Leitern bei und zwischen zwei Schleifringen liegen ebenso viele Leiter wie zwischen zwei Bürsten. Um für die Bürstenspannung die Schlupffrequenz zu erhalten, muß der Anker gegen das Drehfeld angetrieben werden.

Wird aus den Schleifringen oder dem Kommutator Strom entnommen, so muß dem Kommutator oder den Schleifringen der gleiche Strom zugeführt werden, damit das Feld nicht gestört wird. Die zugeführte Leistung ist also gleich der abgegebenen. Der Nutzstrom durchläuft den Frequenzwandler, ohne das Feld zu stören oder ein Drehmoment zu bilden.

Durch den Frequenzwandler wird wieder dem Läufer des Hauptmotors eine Spannung aufgedrückt, deren Wirkung je nach Größe und Phase verschieden ist. Für reine Phasenkompensation muß E_f der vom Fluß des Hauptmotors in dessen Läufer induzierten EMK um $90°$ voreilen. Diese Voreilung kann bei mechanischer Kupplung erreicht werden durch Änderung der Phase der zugeführten Erregerspannung mittels eines Drehtransformators oder durch Verstellung der Lage des Ankers des Frequenzwandlers durch Versetzen des Zahnradeingriffs (während des Betriebs mittels eines Planetengetriebes) und schließlich durch Bürstenverschiebung, die aber bei Wendepolen nicht möglich ist.

Ändert man auch die Größe der Spannung E_f, was nur möglich ist durch Änderung der zugeführten Erregerspannung mit Hilfe eines Regeltransformators, so kann man dadurch auch eine **Drehzahlregelung** mit dem Frequenzwandler bewirken. Die Drehstromerregermaschine in dieser einfachen Form konnte sich aus zwei Gründen nicht stärker einführen: Einmal führen seine Schleifringe, wie oben schon ausgeführt, den ganzen Läuferstrom des Hauptmotors und dann sind die Schwierigkeiten der Kommutierung erheblich. In dieser Hinsicht ist der Frequenzwandler noch ungünstiger daran wie der Einankerumformer. Der Unterschied zwischen beiden Maschinen besteht darin, daß bei letzterem das Ständerfeld fest steht und daher der Kommu-

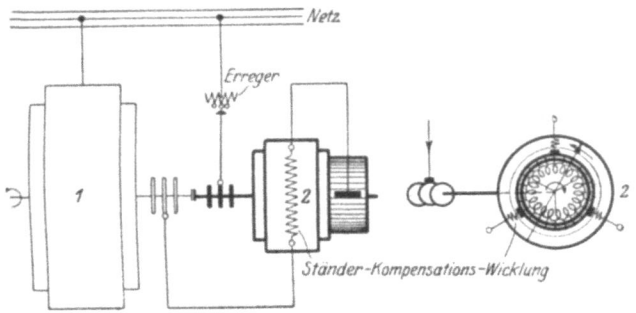

Abb. 140. Schema der kompensierten Drehstromerregermaschine nach Kozisek.

tator Gleichstrom abgibt, während es im Frequenzwandler mit der Schlupffrequenz gegen die Ankerdrehrichtung umläuft und folglich der Kommutator Ströme der Schlupffrequenz abgibt. Gerade das umlaufende Drehfeld aber ruft in den kurzgeschlossenen Spulen die Kurzschlußspannung hervor, die beim Einankerumformer vollständig fehlt. Dazu kommen noch störende Oberfelder, die von den Oberwellen der Läuferströme herrühren, und ein viel kleinerer Luftspalt. Alle diese Nachteile können nun beseitigt werden, wenn man nach Kozisek[1] im Ständer der fremderregten Drehstromerregermaschine eine Kompensationswicklung anordnet. Diese hat wie bei der Gleichstrommaschine die gleiche wirksame Windungszahl wie die Ankerwicklung und wird vom Bürstenstrom derart umflossen, daß sie das Ankerfeld vollständig aufhebt (s. Abb. 140). Die Schleifringe brauchen

---
[1] Siehe ETZ 1925, S. 143.

nun nicht mehr den zur Aufrechterhaltung des Feldes bei Belastung nötigen Kompensationsstrom dem Anker zuzuführen, sondern nur mehr den Magnetisierungsstrom. Dadurch werden die Schleifringe gegenüber dem einfachen Frequenzwandler wesentlich verkleinert, wie Abb. 141 zeigt, und dementsprechend natürlich auch der Erregertransformator. Hinsichtlich der Antriebsleistung besteht ebenfalls ein Unterschied zwischen beiden Maschinen. Während beim einfachen Frequenzwandler die An-

Abb. 141. Kompensierte Drehstromerregermaschine.

triebsmaschine nur die Verluste der Maschine zu überwinden hat, und die Erregerleistung über den Transformator und die Schleifringe zugeführt wird, muß beim kompensierten Frequenzwandler die Erregerleistung in der Maschine erst erzeugt werden. Das bedeutet aber natürlich nicht einen Mehraufwand an Energie, sondern nur eine Änderung des Energiestroms. Die erforderliche Leistung ist im Gegenteil aus einem andern Grund beim Frequenzwandler sogar geringer als beim eigenerregten Phasenschieber; während nämlich dort nach Abb. 137b nur die senkrecht auf dem Strom J_2 stehende Spannung E_e erzeugt werden kann, kann bei der fremderregten Drehstromerregermaschine durch passende Wahl der Phase der Erregerspannung mit der tatsächlich erforderlichen Kompensationsspannung E_f auskommen. Daraus folgt, daß die fremderregte Erregermaschine stets kleiner wird als die eigen erregte.

Abb. 142 zeigt den Leistungsfaktor und den dem Netz entnommenen Blindstrom einer Induktionsmaschine, die sekundär auf eine kompensierte Erregermaschine geschaltet und mit 12

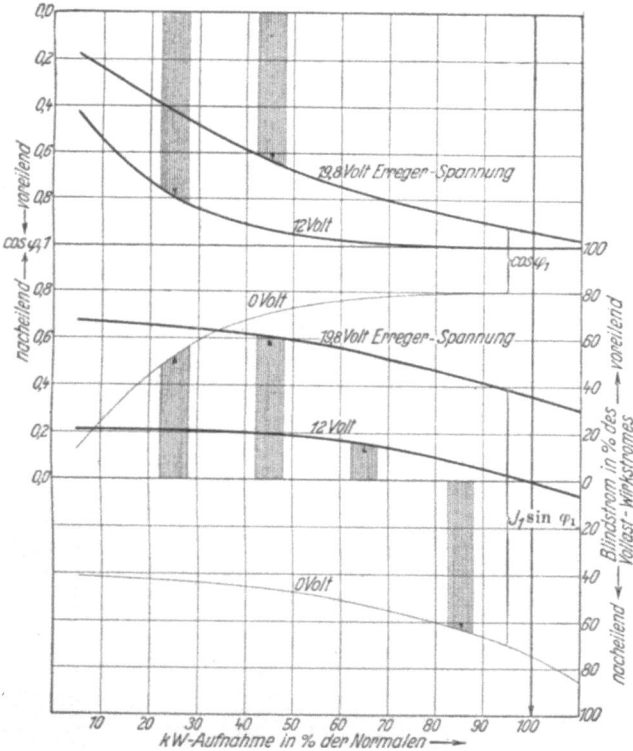

Abb. 142. Leistungsfaktor und Blindstromaufnahme eines mit einer kompensierten Drehstromerregermaschine versehenen Induktionsmotors[1].

bzw. 19,8 V erregt war. Im letzten Fall wirkt die Maschine stark als Blindleistungsmaschine.

5. Der synchronisierte Asynchronmotor und der Synchronmotor mit Anlaufwicklung.

Diese beiden Maschinenarten ergeben sich aus der zuletzt besprochenen Kaskade, wenn man die Drehstromerregermaschine durch eine Gleichstromerregermaschine ersetzt. Statt des nieder-

---
[1] Siehe ETZ 1925, S. 144.

frequenten Drehstroms wird beim **synchronisierten Asynchronmotor** dem Läufer nach dem normalen Anlauf mittels Anlaßwiderständen über zwei seiner Schleifringe Gleichstrom zugeführt (s. Abb. 143). Die Gleichstrommaschine erzeugt ihr Feld selbst. Beim Umschalten auf die Gleichstromerregung ändert sich das Drehfeld nur wenig, da das Netz für die Ströme der Frequenz $f = \frac{p \cdot n}{60}$ als Kurzschluß betrachtet werden kann und die Kurzschlußströme im Ständer das Gleichstromfeld abdrosseln. Das Drehmoment besteht nun aus zwei Teilen: aus dem asynchronen Moment der induzierten Läuferströme mit dem Drehfeld und dem synchronen Moment des Erregergleichstroms mit demselben Feld. Während das erstere nur von der Schlüpfung abhängt und stets beschleunigend wirkt, ist das Synchronmoment durch die augenblickliche Lage des Rotors gegeben und wirkt periodisch bald verzögernd, bald beschleunigend. Es gibt eine günstigste Einschaltstellung des Läufers, bei der beide Momente den Anker beschleunigen. Ist beim Erreichen des Synchronismus das synchrone Moment infolge der Polradstellung noch größer als der Belastung entspricht, so tritt eine weitere Beschleunigung, also übersynchroner Lauf ein, was zur Folge hat, daß das asynchrone Moment nun verzögernd wirkt. Nach einigen Pendelungen stellt sich schließlich der synchrone Lauf des Rotors ein. Die günstigste Einschaltstellung kann man an einem den Schlupfstrom anzeigenden Stromzeiger erkennen. Das Einschalten geht stoßfrei vor sich, wenn man den Gleichstrom in dem Augenblick einschaltet, wo der Schlupfstrom in Richtung des nachher fließenden Erregerstroms durch Null hindurch geht.

Die Eigenschaften des Motors entsprechen denen des Synchronmotors mit dem Unterschied, daß für das Außertrittfallen sein

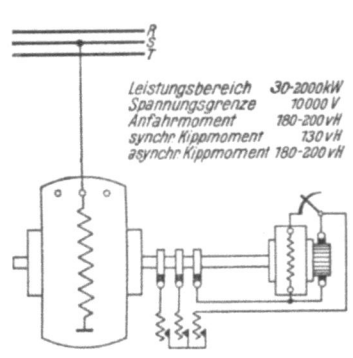

Abb. 143. Synchronisierter Asynchronmotor[1].

---

[1] Siehe SZ 1924, S. 36.

asynchrones Kippmoment in Betracht kommt, das größer ist als das bei der üblichen Bauart der Induktionsmaschine mögliche synchrone Kippmoment.

In der Bauart des Läufers, abweichend von der eben besprochenen Asynchronmaschine, ist der Synchronmotor mit Anlaufwicklung. Ist die Anlaufwicklung nur ein Dämpferkäfig, so kann mit herabgesetzter Primärspannung, die durch einen Spartransformator hergestellt wird, ein Anfahren mit 30% des normalen Drehmoments erreicht werden bei einem Netzstrom, der das 1,5fache des Nennstroms nicht überschreitet (s. Abb. 144). Will man ein starkes Anfahrmoment, so versieht man den Läufer

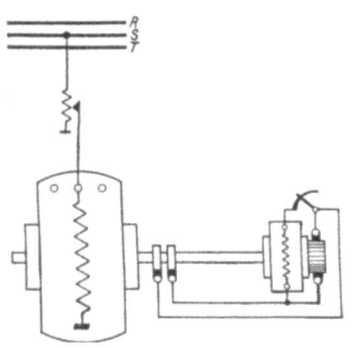

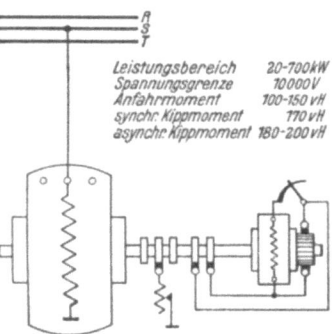

Abb. 144. Synchronmotor mit Dämpferkäfig und Selbstanlauf[1].

Abb. 145. Synchronmotor mit Anlaufwicklung[2].

mit einer Dreiphasenwicklung, die an 3 Schleifringe zwecks Anschluß eines Anlaßwiderstands geführt wird. Der Motor erhält also 5 Schleifringe (s. Abb. 145). Auch hier ist die Überlastbarkeit durch das asynchrone Kippmoment gegeben.

6. Drehstromregelsätze.

a) **Begrenzung der Leistungsfähigkeit von Kommutatormaschinen.**

Wir haben in der Drehstrom-Kommutatormaschine eine Drehstrommaschine kennen gelernt, die eine verlustlose und stetige Regelung der Drehzahl bei gleichzeitiger Phasenkompensation

---

[1] Siehe SZ 1924, S. 35.   [2] Siehe SZ 1924, S. 36.

gestattet. Das bedeutet aber die Aufhebung der beiden wesentlichen Nachteile des Drehstrom-Induktionsmotors. Daß trotzdem diese neue Maschinengattung eine weitere Verbreitung nicht gefunden hat, ist in dem relativ hohen Preis begründet, der bedingt ist durch den Kommutator und die relativ niedrigen Drehzahlen bei größerer Leistung. Der Kommutator nämlich begrenzt bei allen Kommutatormaschinen die Leistung pro Pol, wodurch bei gegebener Netzfrequenz und Leistung die Drehzahl fast eindeutig festgelegt ist. Bei größeren Leistungen ergeben sich hieraus besonders bei den Drehstrom-Kommutatormaschinen viele Pole und damit langsamlaufende, teure Maschinen.

Zum Beweis dieser Tatsache diene folgende Überlegung. Die Leistung eines Gleichstromankers ist

$$N = E \cdot J \cdot 10^{-3} \text{ kW} . \tag{218}$$

Sie ist begrenzt durch die Segmentspannung e_s, den Mittelwert der zwischen zwei benachbarten Kommutatorsegmenten periodisch auftretenden Spannung, die erfahrungsgemäß den Wert von 20 V nicht überschreiten darf, wenn Rundfeuer vermieden werden soll. Es ist

$$e_s = \frac{E}{k} \cdot 2p = \frac{E}{\frac{z}{2}} \cdot 2p = \frac{E \cdot 4p}{z}, \tag{219}$$

wenn wir, wie bei größern Maschinen stets nötig, Stabwicklung annehmen, also die Zahl der Kommutatorteile k gleich der halben Ankerleiterzahl z machen.

Führen wir statt E den Wert e_s in Gl. (218) ein und statt des Stroms die für die Kommutierung und Erwärmung maßgebende „lineare Ankerbelastung":

$$A = \frac{J \cdot z}{2 a \cdot d \cdot \pi}, \tag{220}$$

so erhalten wir als Leistungsgleichung:

$$N = \pi \cdot e_s \cdot A \cdot \frac{a}{p} \cdot \frac{d}{2} \cdot 10^{-3} \text{ kW} . \tag{221}$$

Da für große Maschinen wegen der relativ niedern Spannung stets Parallelschaltung ($a = p$) genommen werden muß, vereinfacht sich Gl. (221) in

$$N = \pi \cdot e_s \cdot A \cdot \frac{d}{2} \cdot 10^{-3} . \tag{222}$$

Dann ist
$$N \cdot n = A \cdot e_s \cdot \frac{\pi d \cdot n}{2} \cdot 10^{-3} \qquad (223)$$

und unter Einführung der Ankerumfangsgeschwindigkeit

$$\left.\begin{array}{c} v = \dfrac{\pi \cdot d \cdot n}{6000} \text{ m/sec.} \\ N \cdot n = 3 \cdot A \cdot e_s \cdot v \text{ kW} \cdot \text{U/min.} \end{array}\right\} \qquad (224)$$

Gl. (224) stellt eine für den Gleichstrommaschinenbau sehr wichtige Beziehung dar. Sie besagt, wie das Produkt $N \cdot n$ von den 3 Hauptbeanspruchungen abhängt, der elektrischen A, der magnetischen e_s und der mechanischen v. Die Größe A ist bei Kommutatormaschinen insofern eine elektrische Beanspruchung, als sie maßgebend ist sowohl für die Strombelastung des Ankerkupfers als auch für die Reaktanzspannung; die Größe e_s ist proportional der magnetischen Induktion. Für eine bestimmte Maschinengattung (Turbogenerator, Langsam- oder Schnelläufer) liegen diese Beanspruchungen ziemlich fest, so daß das Produkt $N \cdot n$ eine Konstante ist und die Abhängigkeit der Leistung von der Drehzahl durch eine gleichseitige Hyperbel dargestellt wird (L. 15). Nimmt man zum Beispiel für einen großen normalen Gleichstrommotor als Höchstwerte $A = 500$ Amp./cm, $e = 20$ V und $v = 50$ m/sec, so ist nach Gl. (224)

$$N \cdot n = 1{,}5 \cdot 10^6$$

und seine Höchstleistung bei 300 Umdr. wäre

$$N = 4500 \text{ kW}.$$

Eine entsprechende Beziehung läßt sich auch für die Drehstrom-Kommutatormaschinen ableiten. Als magnetische Höchstbeanspruchung kommt hier aber nicht die Segmentspannung, sondern die im Stillstand auftretende Kurzschlußspannung e_K in Frage. Sie bestimmt die Größe des von einer Windung umfaßten Polflusses und damit schließlich die Leistung pro Polpaar, da auch hier die Ankerdurchflutung und die Umfangsgeschwindigkeit feste Grenzen haben.

Die Leistung des Ankers einer Dreiphasenmaschine ist gegeben durch
$$N = 3 \cdot E_2 \cdot J_2 \cdot 10^{-3} \text{ kW}, \qquad (225)$$
wobei
$$E_2 = \pi \cdot \sqrt{2} \cdot f_1 \cdot w_2 \xi \cdot \Phi \cdot 10^{-8} \text{ Volt}, \qquad (226)$$

die Spannung im Stillstand und $w_2\xi$ die wirksame Windungszahl zwischen 2 Bürsten bedeutet.

Der Strom J_2 läßt sich wieder durch den Strombelag A ausdrücken, und zwar ist

$$A = \frac{3 \cdot J_2 \cdot 2w_2}{\pi d} \text{ Amp/cm}. \quad (227)$$

Hieraus

$$J_2 = \frac{A \cdot \pi d}{3 \cdot 2w_2} \text{ Amp}, \quad (228)$$

somit

$$N = \frac{\pi \cdot \sqrt{2}}{2} \cdot f \cdot \xi \cdot \Phi \cdot A \cdot \pi d \cdot 10^{-11}. \quad (229)$$

Die Kurzschlußspannung e_K zwischen zwei benachbarten Segmenten ist nun bei der stets ausgeführten Schleifen-Stabwicklung $(a = p)$ gegeben durch

$$e_K = \pi \cdot \sqrt{2} \cdot f_1 \cdot \Phi \cdot 10^{-8} \text{ Volt},$$

so daß nach Einsetzen dieser Größe Gl. (229) sich umbildet in

$$N = \tfrac{1}{2} \cdot e_K \cdot \xi \cdot A \cdot \pi \cdot d \cdot 10^{-3} \quad (230)$$

und das Produkt $N \cdot n$ unter Einführung der Umfangsgeschwindigkeit

$$v = \frac{\pi \cdot d \cdot n}{6000} \text{ m/sec}$$

sich ergibt zu

$$N \cdot n = 3 \cdot \xi \cdot A \cdot e_K \cdot v \text{ kW U/min}. \quad (231)$$

Es tritt also an Stelle der Segmentspannung die Kurzschlußspannung e_K, die etwa 3 V nicht überschreiten soll. Berücksichtigt man noch den Wicklungsfaktor ξ, der für den Dreiphasenanker nach Gl. (203) 0,827 beträgt, so ergibt sich, daß man Drehstrom-Kommutatormaschinen nur für Höchstleistungen bauen kann, die etwa $\tfrac{3}{20} \cdot 0{,}827 = \tfrac{1}{8}$ derjenigen bei Gleichstrommaschinen betragen. Setzt man als Höchstwerte etwa $A = 400$ Amp. pro Zentimeter, $e_K = 3$ V und $v = 70$ m pro Sekunde, so ist

$$N \cdot n \leqq 210\,000 \text{ kWU/min}.$$

Ein Kommutatormotor für 1000 kW kann also höchstens für 201 U/min gebaut werden.

Drehstromregelsätze. 175

Da die Drehzahlen und die Periodenzahlen zugleich die Polzahl bestimmen, erhält man die Leistungsbegrenzung sehr anschaulich in der „Leistung pro Polpaar" zu

$$\frac{N}{p} \leqq \frac{1}{p \cdot n} \cdot 3 \cdot \xi \cdot A \cdot e_K \cdot v = \frac{\xi}{20 f} \cdot A e_K \cdot v \text{ kW}. \qquad (232)$$

Für $f = 50$ und die obigen Beanspruchungen wird die Polpaarleistung

$$\frac{N}{p} = 70 \text{ kW}.$$

Der Drehstrom-Kommutatormotor eignet sich also nur für mäßige Leistungen und, wie Gl. (232) zeigt, vor allem für den Betrieb mit niedriger Frequenz. Beide Bedingungen sind erfüllt bei der Verwendung als Hintermotor von Regelsätzen, wo er mit niedriger Frequenz gespeist wird und nur eine der Regelung entsprechende Schlupfleistung aufzunehmen hat bei weitaus größerer Gesamtleistung des Maschinensatzes.

Gerade, was die Leistung der Hintermaschine anbetrifft, zeigt der Drehstromregelsatz einen Vorteil gegenüber den in Abschnitt I, 10d besprochenen Gleichstromregelsatz. Bei diesem ist ein Arbeiten im Bereich des Synchronismus wegen des mit der Schlupffrequenz laufenden Einankerumformers unmöglich. Die modernen Drehstromregelsätze aber gestatten bei allen Belastungen ohne Schwierigkeit durch den Synchronismus hindurchzugehen, so daß der gesamte Regelbereich zur Hälfte im untersynchronen, zur Hälfte im übersynchronen Gebiet der Hauptmaschine liegt. Dadurch wird entsprechend dem kleineren, auf die synchrone Drehzahl bezogenen Schlupf die Hintermaschine samt ihren Zusatzapparaten auf etwa die Hälfte der Leistung reduziert; die Anschaffungskosten werden geringer und der Wirkungsgrad des Aggregats verbessert gegenüber einer nur untersynchronen Regelung. Im folgenden sollen zwei in der Praxis bewährte Methoden besprochen werden.

b) Regelsatz mit Läufer-Fremderregung.

Diese von den SSW entwickelte und vielfach ausgeführte Anordnung (L. 11) besteht in der Verwendung des in Abschnitt III, 4 besprochenen, kompensierten Drehstrom-Erregermaschine als Hintermaschine. Der Vollständigkeit halber sei ihre Wirkungsweise hier nochmals kurz skizziert. An den Kommutatorbürsten der Erregermaschine wird eine Spannung von der Schlupffrequenz der Hauptmaschine erzeugt und dem Läuferkreis zugeführt. Je nach der Richtung dieser Spannung tritt positiver oder negativer Schlupf, m. a. W. unter- oder übersynchroner Lauf des Hauptmotors ein. Die Größe des Schlupfs wird bestimmt durch die Größe der zugeführten Spannung E_z. Solange das Aggregat leer läuft ($J_2 = 0$), muß bei irgendeiner Drehzahl die aufgedrückte Spannung genau gleich und entgegengesetzt der durch den Schlupf erzeugten Spannung E_2 sein. Der Verlauf dieser Spannung, abhängig von der Drehzahl, ist in Abb. 128 dargestellt. Wird nun das Aggregat als Motor belastet, so muß im untersynchronen Lauf eine weitere Vergrößerung des Schlupfs eintreten, wodurch $E_2 > E_z$ wird und ein Strom J_2 in Richtung von E_2 entsteht, der zusammen mit dem Feld dem verlangten Drehmoment das Gleichgewicht hält. Der Unterschied der beiden Spannungen entspricht dem Spannungsabfall $J_2 R_2$ des Läuferstroms. Die gesamte Schlupfleistung $E_2 \cdot J_2$ wird abgeführt und in der Hintermaschine in mechanische Leistung umgewandelt. Im übersynchronen Lauf wird der Schlupf bei Belastung geringer, E_2 kleiner als E_z und der Strom J_2 fließt gegen die Spannung E_z, Die Schlupfleistung wird nun dem Läufer der Hauptmaschine zugeführt durch die Hintermaschine, die als Generator läuft. Im Synchronismus ist die Schlupfspannung $E_2 = 0$ und der Strom wird von der Zusatzspannung verursacht. Die Schlupffrequenz ist Null; die Spannungen in den einzelnen Strängen der Läuferwicklung sind zu einem System von Gleichspannungen erstarrt, die irgendeinem Augenblickswert des Mehrphasensystems entsprechen. Im Läufer fließt Gleichstrom, der Motor arbeitet wie ein Synchronmotor. Während aber bei diesem die Erregermaschine nur Gleichstrom liefern kann, der den Motor an die synchrone Drehzahl bindet, geht hier der Gleichstrom bei der geringsten Zustandsänderung in Wechselstrom niedriger Frequenz über.

Die Erzeugung der Schlupffrequenz an den Kommutatorbürsten der Hintermaschine läßt sich durch zwei verschiedene Schaltungen erreichen. Bei der einen wird die Hintermaschine mit der Umdrehungsfrequenz der Hauptmaschine angetrieben, also mechanisch mit ihr gekuppelt und mit der Netzfrequenz über die Schleifringe erregt, bei der andern mit der Netzfrequenz an-

Drehstromregelsätze. 177

getrieben und mit der Umdrehungsfrequenz der Hauptmaschine erregt, also gewissermaßen nur elektrisch mit dieser gekuppelt. In beiden Fällen erzeugt die Erregerfrequenz in Verbindung mit der gegensinnigen Umdrehungsfrequenz der Hintermaschine die gewünschte Schlupffrequenz.

Bei dem „Regelsatz mit mechanisch gekuppelter Hintermaschine", dessen Schaltung in Abb. 146 wiedergegeben ist, kann die Kupplung direkt erfolgen oder indirekt über Zahnräder, um eine kleinere Hintermaschine zu erhalten. Die Erregung kann aus dem Netz direkt unter Zwischenschaltung eines Regeltransformators (siehe Abb. 146a) oder indirekt unter Benutzung eines Synchron-Synchron-Umformers erfolgen (Abb. 146b).

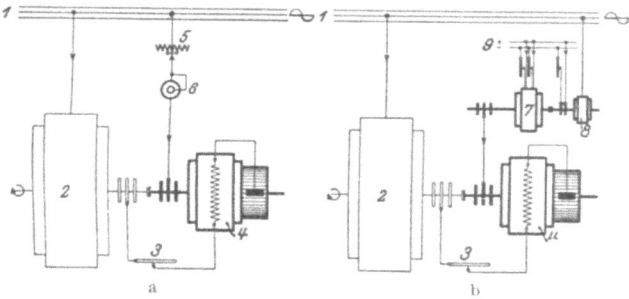

Abb. 146. Regelsatze mit Lauferfremderregung und mechanisch gekuppelter Hintermaschine; a mit Netzerregung; b indirekt durch Umformer erregt[1]. — *1* Drehstromnetz; *2* Hauptmaschine; *3* Anlasser; *4* Kommutator-Hintermaschine; *5* Drehzahltransformator; *6* Phasentransformator; *7* Synchron-Erregermaschine; *8* Synchron-Antriebsmotor; *9* Gleichstromnetz.

In beiden Fällen läßt sich auch eine Phasenkompensation erreichen; bei direkter Speisung durch einen Zusatz-Drehtransformator, bei indirekter mit Hilfe einer um 90° gegen die Hauptwicklung versetzten Hilfserregerwicklung.

Das Anlassen des Regelsatzes erfolgt von der Hauptmaschine aus durch einen Anlasser mit aufgelöstem Nullpunkt, wodurch der Übergang zum Regelsatzbetrieb ohne weiteres möglich ist. Das in der Hauptmaschine entwickelte Drehmoment ist durch die Wirkkomponente des Läuferstroms bestimmt und bei allen Drehzahlen konstant, da auch das Feld der Hauptmaschine konstant bleibt. Im Untersynchronismus kommt zu dem Moment des Hauptmotors das der Schlupfleistung entsprechende Moment der

---

[1] Siehe Kozisek, ETZ 1926, S. 991.

178   Die Kommutatormaschinen.

Hintermaschine, so daß das Gesamtmoment des mechanisch gekuppelten Regelsatzes mit abnehmender Drehzahl steigt. Im Übersynchronismus dagegen wird der der Schlupfenergie entsprechende Anteil des Hauptmotormoments in der Hintermaschine zur Erzeugung der Schlupfleistung wieder verbraucht, so daß das Gesamtmoment mit steigender Drehzahl kleiner wird. Der Regelsatz arbeitet also mit konstanter Leistung bei allen Drehzahlen wie ein im Nebenschluß geregelter Gleichstrommotor.

Die Schaltung ist für alle regelbaren Antriebe geeignet, insbesondere für Walzenstraßen, Ilgner-Antriebe und asynchrone Periodenumformer.

Beim „Drehstromregelsatz mit elektrischer Kupplung" ist die Hintermaschine mechanisch mit einer synchronen

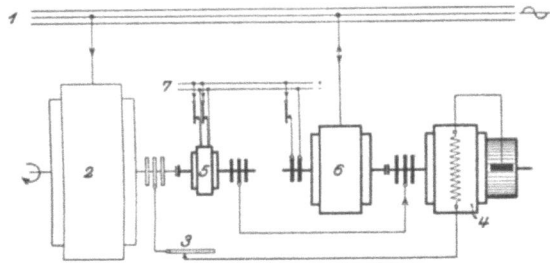

Abb. 147. Drehstromregelsatz mit elektrisch gekuppelter Hintermaschine[1]. 1 Drehstromnetz; 2 Hauptmaschine; 3 Anlasser; 4 Kommutator-Hintermaschine; 5 Synchron-Erregermaschine; 6 Synchron-Belastungsmaschine; 7 Gleichstromnetz.

Belastungsmaschine gekuppelt, die die Aufgabe hat, die von der Kommutatormaschine abgegebene oder aufgenommene Schlupfenergie dem Netz zurückzugeben bzw. aus dem Netz zu entnehmen. Die Schaltung ist in Abb. 147 dargestellt. Die Erregung der Kommutatormaschine erfolgt mit der Umdrehungsfrequenz der Hauptmaschine durch eine Synchron-Erregermaschine, die mit der Hauptmaschine schlüpfungsfrei gekuppelt ist. Die Drehzahlregelung der Hauptmaschine geschieht durch Änderung der Gleichstromerregung dieser synchronen Erregermaschine. Eine Phasenkompensation ist ermöglicht durch Verdrehen der Phase der Drehstrom-Erregerspannung entweder mittels drehbaren Ständers oder mittels einer um 90° versetzten Hilfserregerwicklung der Erregermaschine.

---
[1] Siehe Kozisek, ETZ 1926, S. 993.

Drehstromregelsätze. 179

Das Anlassen der Hauptmaschine erfolgt über ihren normalen Anlasser, das des Regelsatzes vom Netz aus mit Hilfe der Belastungsmaschine, die als normaler selbstanlaufender Synchronmotor gebaut wird. Die Schlupfenergie der Hauptmaschine wird über die Hintermaschine dem Netz zugeführt oder entnommen. Die Hauptmaschine arbeitet daher bei konstanter Netzentnahme mit konstantem Drehmoment. Mit zunehmender Drehzahl steigt ihre Leistung proportional. Die Schaltung kommt also für solche An-

Abb. 148. Kommutator-Hintermaschine für einen mechanisch gekuppelten Drehstrom-Regelsatz[1].

triebe in Betracht, wo konstantes Drehmoment bei verminderter Drehzahl genügt, also für Ventilatoren und Kompressoren. Gegenüber dem Regelsatz mit mechanisch gekuppeltem Hintermotor hat sie den Vorteil, daß der Hintermotor frei von der Hauptmaschine aufgestellt werden kann, dagegen den Nachteil geringeren Wirkungsgrades, da die Schlupfenergie hier zweimal umgeformt wird.

Abb. 148 zeigt einen Kommutator-Hintermotor für einen mechanisch gekuppelten Regelsatz für 225 kVA bei 100 V 1300 A

[1] Siehe ETZ 1926, S. 992.

500 Umdr./min, der den Schlupf eines Hauptmotors von 2000 kW in den Grenzen ± 10% regelt und den Leistungsfaktor bei allen Drehzahlen auf cos $\varphi = 1$ verbessert, Abb. 149 einen elektrisch gekuppelten Drehstrom-Regelsatz für 50 kVA, 65 V, 450 A, 1500

Abb. 149. Elektrisch gekuppelter Regelsatz, bestehend aus Kommutator-Hintermaschine (50 kW), Synchron-Belastungsmaschine und Gleichstrom-Erregermaschine[1].

Umdr./min mit Gleichstrom-Erregermaschine, der dazu dient, den Schlupf eines Drehstrommotors von 500 kW 125 Umdr. in den Grenzen ± 8% zu regeln und den Leistungsfaktor cos $\varphi = 1$ herzustellen.

c) Regelsatz Brown-Boveri-Scherbius.

Die Schaltung dieses Regelsatzes für doppelseitige Regelung ist in Abb. 150 angegeben. Die Kommutatormaschine ist hier eine ständererregte Dreiphasenmaschine mit Wendepolen von besonderer Bauart, eine sog. Scherbius-Maschine. Der Stator hat kein gleichmäßig verteiltes Eisen, sondern drei ausgeprägte Pole, die mit je einem Strang der dreiphasigen Erregerwicklung bewickelt sind. Die Anordnung der Pole entspricht also der bei Gleichstrommaschinen, doch kehrt die gleiche Polarität erst nach 3 Polen wieder. Der Anker ist ebenfalls ähnlich dem einer Gleichstrommaschine gewickelt. Der Wickelschritt umfaßt aber nur 120° statt 180° elektrisch. Auf dem Kollektor sitzen pro Polsatz drei um 120° verschobene Bürstenreihen, von denen Wicklungselemente kurz geschlossen werden, deren Leiter sich in den Pollücken befinden. Dort werden Wendepole angeordnet, durch

---

[1] Siehe ETZ 1926, S. 993.

die eine funkenfreie Kommutierung ermöglicht wird. Die im Ankerkreis der Maschine induzierte Spannung hat die Frequenz des Erregerstroms; ihre Größe aber ist von der Frequenz unabhängig und proportional dem Erregerfeld und der Drehzahl. Infolge der günstigen Kommutierungsbedingungen durch die Wendepole kann die Scherbius-Maschine für relativ hohe Drehzahlen gebaut, also klein und billig werden. Abb. 151 stellt eine Scherbius-Maschine für 400 kW und 1000 Umdr./min dar. Da das Erregerfeld im Gegensatz zu der Gleichstrommaschine ein Wechselfeld ist, wird in der Ankerwicklung außer der rotatorisch erzeugten EMK auch eine transformatorische EMK erzeugt, die unerwünscht ist. Sie wird aufgehoben durch Hintereinanderschaltung des Ankers mit einer im Ständer angeordneten Kompensationswicklung, die,

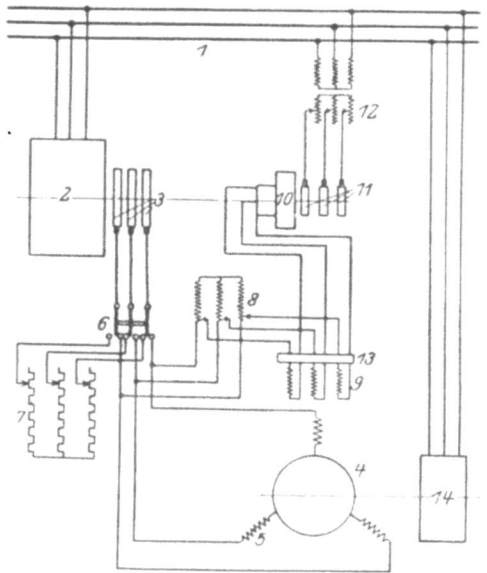

Abb. 150. Regelsatz Brown-Boveri-Scherbius für doppelseitige Regelung[1]. *1* Drehstromnetz; *2* Hauptmotor; *3* Schleifringe; *4* Scherbius-Maschine; *5* Wendepole; *6* Umschalter zum Anlassen; *7* Anlasser; *8* Erregertransformator; *9* Erregerwicklung; *10* Frequenzwandler; *11* dessen Schleifringe; *12* Hilfstransformator; *13* Umschalter; *14* Induktionsmaschine.

[1] Siehe ETZ 1926, S. 1414.
[2] Siehe ETZ 1926, S. 1413.

Abb. 151. Scherbius-Maschine 400 kVA, 1000 Umdr.[2]

mit der gleichen Windungszahl wie der Anker versehen, eine gleich große, aber entgegengesetzte Spannung ergibt.

Um dem Läufer des Hauptstrommotors eine Spannung E_z von der Schlupffrequenz zuführen zu können, muß der Erregerstrom der Scherbius-Maschine die Schlupffrequenz haben. Einen solchen Erregerstrom liefert ein Frequenzwandler *10*, der mit dem Hauptmotor *2* schlüpfungsfrei gekuppelt ist und dessen Schleifringe über einen regelbaren Hilfstransformator *12* an das Primärnetz angeschlossen sind.

Die Kommutatorspannung des Frequenzwandlers ist nur abhängig von der Größe der zugeführten Schleifringspannung und würde in der Erregerwicklung *9* der Scherbius-Maschine auch einen von der Belastung unabhängigen Erregerstrom hervorrufen, wenn deren Widerstand konstant bliebe. Dies ist aber nicht der Fall, denn bei einer Belastungsänderung ändert sich die Frequenz und mit der Frequenz des Erregerstroms der induktive Widerstand der Erregerwicklung. Die den Erregerkreis speisende Spannung muß sich also dieser Änderung anpassen und eine Komponente enthalten, die mit der Schlüpfung proportional ansteigt und so groß ist, daß sie bei jeder Schlupffrequenz dem induktiven Spannungsabfall des Erregerstroms gleich ist. Diese Komponente wird geliefert durch die Schleifringspannung des Hauptmotors, die ja proportional der Schlüpfung ist unter Zwischenschaltung eines Transformators mit veränderlichem Übersetzungsverhältnis, des sog. Erregertransformators *8*. Die dem Ohmschen Widerstand der Erregerwicklung entsprechende konstante Spannungskomponente wird dem Frequenzwandler entnommen. Die Einstellung der Leerlaufdrehzahl erfolgt durch Änderung der Übersetzung der Transformatoren *8* und *12*. Das Übersetzungsverhältnis des Transformators *8* muß deshalb bei Änderung des Schlupfs verändert werden, weil der induktive Spannungsabfall dem Quadrat der Schlüpfung proportional ist (es ändern sich das Feld und die Frequenz), während die ihn speisende Schleifringspannung dem Schlupf selbst proportional ist.

Beim Durchgang durch den Synchronismus muß der Wicklungssinn der Erregerwicklung *9* umgekehrt werden, was durch Schalter *13* geschieht. Die Einstellung der verlangten Übersetzungsverhältnisse erfolgt durch einen Walzenschalter, durch den auch die Umschaltung beim Übergang vom unter- zum übersynchronen Lauf betätigt wird.

Zum Anlassen des Hauptmotors wird dessen Läufer mittels des Schalters *6* zunächst auf den Anlasser *7* geschaltet und erst beim Lauf auf die Scherbius-Maschine umgeschaltet.

Durch die Induktionsmaschine *14* wird die Scherbius-Maschine auf konstanter Drehzahl gehalten. Sie liefert die Schlupfenergie bei untersynchronem Lauf ans Netz zurück und nimmt sie bei übersynchronem Lauf aus dem Netz auf. Das zulässige Drehmoment bleibt bei allen Drehzahlen konstant. Man kann auch hier die Scherbius-Maschine mit dem Hauptmotor mechanisch kuppeln, was dann konstante Leistung bei allen Drehzahlen ergibt.

Soll nur eine einseitige Drehzahlregelung, und zwar im untersynchronen Lauf, vorgenommen werden wie bei Induktionsmotoren, die zur Ausnutzung von Schwungmassen mit zu-

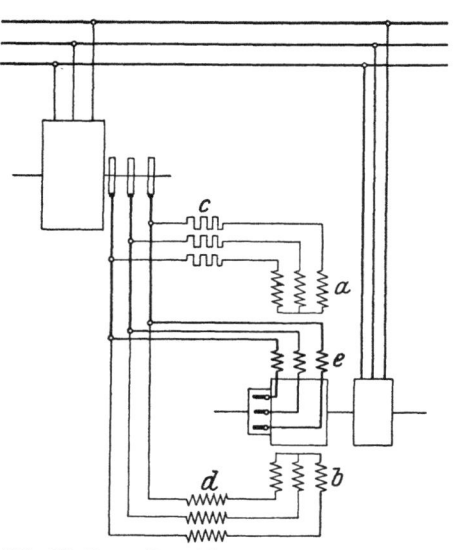

Abb. 152. Brown-Boveri-Scherbius-Schaltung für einseitige Drehzahlregelung.

sätzlichem Schlupf arbeiten, so können nach einer neuen Schaltung von BBC. (L. 12) die Transformatoren und der Frequenzwandler entfallen, bei voller Phasenkompensation und Rückgewinnung der Energie. Diese wesentlich einfachere Schaltung ist in Abb. 152 wiedergegeben.

Um den Einfluß der Schlupffrequenz auf den Widerstand des Erregerkreises der Scherbius-Maschine aufzuheben, wird hierbei die Erregerwicklung unterteilt in eine ,,Widerstandserregerwicklung'' *a* und eine ,,Drosselerregerwicklung'' *b*, die beide an die Schleifringe des Hauptmotors gelegt werden. Der Widerstandswicklung ist ein Ohmscher Widerstand *c*, der Drosselwicklung eine

Drosselspule vorgeschaltet. Widerstand und Drosselspule sind so bemessen, daß ihr Spannungsabfall wesentlich größer ist als die Spannung an den Klemmen der Wicklungen. Der Strom im Widerstandskreis ist dann nur der Schlüpfung proportional, da der Widerstand dieses Kreises konstant ist. Der Strom des Drosselerregerkreises ist konstant, da der induktive Widerstand der Drosselspule proportional der Schlüpfung ist. Das resultierende Erregerfeld der Kommutatormaschine entspricht der Summe der einzelnen Erregerströme und auch die Ankerspannung setzt sich aus einer der Schleifringspannung proportionalen und aus einer konstanten Spannung zusammen.

Die Widerstandserregung ist so bemessen, daß die der Schleifringspannung proportionale Komponente der Ankerspannung kleiner als diese und ihr entgegengesetzt gerichtet ist. Dadurch muß in bekannter Weise der zusätzliche Schlupf entstehen, der noch vergrößert wird durch eine vom Ankerstrom durchflossene Kompoundwicklung e, die eine weitere, dem Rotorstrom proportionale und ihm entgegengesetzt gerichtete Spannung induziert. Die durch die Drosselerregerwicklung bedingte Spannung eilt der ersten Komponente um 90° nach und bewirkt die Phasenkompensation.

Bezüglich der weiteren Vervollkommnung dieser Schaltungen und ihrer Anwendungen muß auf die oben angegebene Literatur verwiesen werden.

7. Asynchrone Blindleistungsmaschinen und Generatoren.

Wir haben in Abschnitt II, 6 die Induktionsmaschine als Generator kennengelernt. Wie dort erwähnt wurde, leistet dieser Generator in einzelnen Fällen gute Dienste. Einer weitergehenden Verwendung aber stehen zwei gewichtige Nachteile im Wege. Das ist einmal die Tatsache, daß die Induktionsmaschine ihren Erregerstrom nicht selbst erzeugen kann, sondern ihn aus dem Netz, dem sie andrerseits Leistung zuführen soll, entnehmen muß, und dann das verhältnismäßig kleine Höchstdrehmoment, das bereits bei geringen Abweichungen von der normalen asynchronen Drehzahl erreicht wird und den Bereich stabilen Betriebs eng begrenzt. Bleibt aus irgendeinem Grunde die Netzspannung aus, so verliert der Generator seine Erregung und die Möglichkeit,

Asynchrone Blindleistungsmaschinen und Generatoren. 185

Leistung abzugeben; die nun leerlaufende Antriebsmaschine beschleunigt den Generator über jene stabile Drehzahlgrenze hinaus, so daß beim Wiederkehren der Netzspannung die Maschine zwar wieder Leistung abgibt, diese aber unter weiterer Erhöhung der Drehzahl und gleichzeitiger Zunahme des Blindstroms ständig abnimmt, bis schließlich die Schutzeinrichtungen des Aggregats ansprechen und dieses stillsetzen.

Diese Unsicherheit im Betrieb des Asynchrongenerators kann nun dadurch vermieden werden, daß man die Induktionsmaschine in Verbindung bringt mit einer Kommutatormaschine. Solche Kombinationen haben wir bisher nur als Motoren kennengelernt, die den Vorzug hatten, ihren Erregerstrom selbst zu erzeugen und das Netz nicht mehr mit Blindstrom zu belasten. Durch dieselbe Maßnahme kann die Induktionsmaschine zu einem selbständigen Generator gemacht werden, der ohne Zuhilfenahme einer gleichstromerregten Synchronmaschine ein Netz speisen kann. Dies ist nur dadurch möglich, daß die Drehstrom-Kommutatormaschine eine sich selbsterregende Maschine ist. In welcher Weise diese Selbsterregung vor sich geht, soll daher zunächst besprochen werden.

a) Die Selbsterregung der Drehstrom-Kommutatormaschine.

Wir folgen hier der von Rüdenberg (L. 13) gegebenen Untersuchung. Die Kommutatormaschine habe die in Abb. 153 dargestellte Schaltung, die der einer Nebenschlußmaschine entspricht. In der Maschine bestehe ein Drehfeld, das in der Ständerwicklung die EMK E_1 von der Frequenz f_1 erzeugt, die gegeben ist durch die Geschwindigkeit n_1 des Drehfelds gegenüber dem Ständer. Im Läufer wird durch dasselbe Drehfeld eine EMK E_2

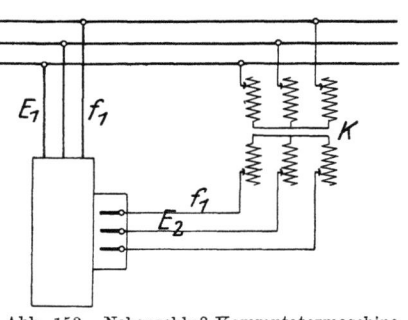

Abb. 153. Nebenschluß-Kommutatormaschine mit Regeltransformator.

induziert, deren Größe und Frequenz f_s von der Relativgeschwindigkeit des Läufers n_s gegenüber dem Drehfeld abhängt. Durch den Kommutator wird bekanntlich diese Schlupffrequenz in die Frequenz f_1 des Drehfelds umgewandelt, so daß die Kommutatorbürsten über den Transformator an das Netz gelegt werden können. Die Größe der Spannung wird bei der Frequenzumformung nicht verändert. Nimmt man der Einfachheit halber gleiche Windungszahlen in Ständer und Läufer an, so entspricht einer bestimmten Schlupffrequenz ein ganz bestimmtes Verhältnis der Spannungen E_1 zu E_2, dem das Übersetzungsverhältnis k des Transformators gleich sein muß, wenn Gleichgewicht in der Maschine herrschen soll.

Schließt man die Maschine an ein Netz konstanter Frequenz f_1 an, so rotiert das Drehfeld mit konstanter Geschwindigkeit n_1 im Ständer, während die Drehzahl des Rotors n sich so einstellen muß, daß eine dem Übersetzungsverhältnis des Transformators entsprechende EMK E_2, also eine bestimmte Schlüpfung sich ergibt. Dadurch ist die bekannte Drehzahlregelung des Nebenschlußmotors ermöglicht.

Als Generator ist die Drehzahl n als konstant anzunehmen. Ist ein Drehfeld vorhanden, so braucht keine Frequenz von außen aufgedrückt zu werden; die Maschine kann dann selbst Wechselstrom erzeugen. Der Zusammenhang der Frequenzen ist gegeben durch

$$f_s = f - f_1,\qquad 233$$

wobei die Läuferfrequenz f_s positiv ist, wenn der Läufer schneller als das Drehfeld, also übersynchron, läuft.

Anderseits ist nach obiger Überlegung das Übersetzungsverhältnis des Transformators

$$k = \frac{f_1}{f_s}.\qquad 234$$

Hieraus ergibt sich bei gegebener Umdrehungsgeschwindigkeit n des Generators und gegebenem Übersetzungsverhältnis k eine ganz bestimmte Drehfeldgeschwindigkeit in der Maschine und damit eine bestimmte Ständerfrequenz. Es ist

$$f_1 = f \cdot \frac{k}{1+k}\qquad 235$$

und die Läuferfrequenz

$$f_s = f \cdot \frac{1}{1+k}.\qquad 236$$

Asynchrone Blindleistungsmaschinen und Generatoren. 187

Man hat somit als Gegenstück zur Drehzahlregelung des Motors durch die Änderung von k beim Generator die Regelung der Drehfeldgeschwindigkeit; für $k = 1$ ist $f_1 = f_s = \dfrac{f}{2}$. Die Frequenz entspricht der halben Drehzahl $\dfrac{n}{2}$ der Maschine.

Verkleinert man die Übersetzung durch Abschalten von Windungen auf der an den Ständer angeschlossenen Seite des Transformators, so nimmt n_1 ab; das Drehfeld steht still bei Kurzschluß des Ständers. Vergrößert man k durch Abschalten von Windungen auf der andern Seite, so nimmt die Geschwindigkeit des Drehfelds zu; bei kurzgeschlossenem Läufer erreicht es Synchronismus mit der Drehzahl.

Die Ständer- und Läuferkreise eines Drehstrom-Kommutatorgenerators zeigen also ganz bestimmte Eigenfrequenzen, deren Höhe durch einen Regeltransformator beliebig eingestellt werden kann.

Die obigen Beziehungen gelten nur für Leerlauf und unter Vernachlässigung der induktiven und Ohmschen Widerstände. Sobald Ströme fließen, weichen die Spannungen von den EMKen etwas ab, was zur Folge hat, daß die Frequenzen gegen ihre Leerlaufwerte etwas schlüpfen.

Wir haben bisher ein Drehfeld in der Kommutatormaschine angenommen ohne Rücksicht auf dessen Herkunft. Man könnte nun das Feld hervorrufen durch die Ströme eines Synchronmotors, der parallel zum Ständer liegt. Durch Änderung der Erregung dieses Synchronmotors könnte dann die Größe des Feldes in beliebiger Weise eingestellt werden.

Der einfachere Weg ist aber die Anordnung selbsterregend zu machen. Die Möglichkeit einer solchen Selbsterregung wurde am Kommutatormotor bewiesen, wo es durch Bürstenverschiebung gelingt, die Aufnahme von Blindstrom aus dem Netz zu vermeiden, also die Magnetisierungsenergie selbst aufzubringen. Nimmt man an, ein Kommutatormotor arbeitet zunächst als Motor mit Phasenkompensation bei derselben Frequenz wie nachher als Generator, dann ändert sich ja nur die Richtung der Wirkströme, während die Magnetisierungsströme erhalten bleiben.

Damit ist also die Möglichkeit der Selbsterregung erwiesen, aber nicht die Bedingung geklärt, die erfüllt sein muß, um sie zu bewirken. Es ist die Frage, unter welchen Bedingungen Selbsterregung eintritt und bis zu welcher Höhe die Spannung ansteigt. Bei der selbsterregten Gleichstrommaschine ergibt sich diese aus der magnetischen Leerlaufcharakteristik und einer sog. Widerstandslinie (s. Abb. 154), d. i. die durch den Widerstand des Erregerkreises bestimmte Gerade, durch welche die Abhängigkeit der zum Durchdrücken des Erregerstroms nötigen Spannung vom Erregerstrom dargestellt ist. Dieselben beiden Linien müssen naturgemäß auch die Erregung der Drehstrom-Kommutatormaschine festlegen. Da der wirksame Magnetisierungsstrom sich aus dem Ständer- und Läuferstrom ergibt, ebenso die Gesamtspannung als Summe der beiden Spannungen E_1 und E_2, bedürfen wir zur Ermittlung der Widerstandslinie des Vektordiagramms. Aus diesem ergibt sich mit Hilfe des Energiesatzes, der die erzeugte Energie ($\sum EJ \cos(EJ)$) gleich der im Gesamtwiderstand durch die Ströme verbrauchten Energie ($\sum J^2 R$) setzt und der Beziehung $\frac{J_2}{J_1} = k$ der Magnetisierungsstrom zu

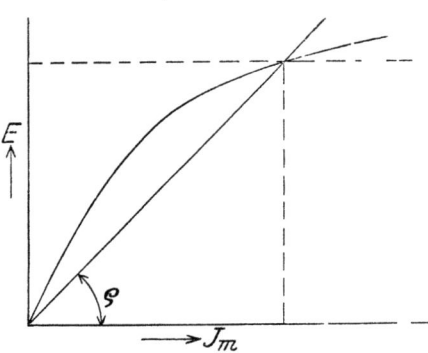

Abb. 154. Magnetische Charakteristik und Widerstandsgerade.

$$J_m = \frac{E}{R} \cdot \frac{k \sin \alpha}{1 + k^2}, \qquad 237$$

wobei α der Bürstenverschiebungswinkel, $R = R_1 = R_2$ der Ständer- bzw. Läuferwiderstand und E die „synchrone" EMK, d. h. die bei Synchronismus des Feldes mit dem Läufer im Ständer induzierte EMK bedeuten.

Gl. (237) stellt also die Widerstandslinie (siehe Abb. 154) dar, deren Neigungswinkel sich ergibt aus

$$\operatorname{tg} \varrho = \frac{E}{J_m} = \frac{R}{\sin \alpha} \cdot \frac{1 + k^2}{k}. \qquad 238$$

Die magnetische Charakteristik kann berechnet oder an der fertigen Maschine mit Drehstrom von synchroner Frequenz aufgenommen werden.

Asynchrone Blindleistungsmaschinen und Generatoren. 189

Die Drehstrom-Kommutatormaschine arbeitet wie eine Gleichstrommaschine, nur auf dem oberen Teil ihrer Charakteristik stabil. Die Stärke des Feldes und der Spannung kann eingestellt werden durch Bürstenverdrehung oder Änderung des Übersetzungsverhältnisses am Transformator.

Wenn dem Kommutatorgenerator Strom entnommen wird, sinkt seine Spannung. Im Falle eines Kurzschlusses im Netz verschwindet die Spannung vollständig, da der Kurzschluß die Verbindung zwischen Ständer und Läufer stört. Dauerkurzschlüsse sind daher unmöglich.

Wenn ein Nebenschlußmotor an ein Netz angeschlossen wird, so bringt dieses in der Maschine ein mit der Netzfrequenz umlaufendes Feld hervor, mit Hilfe dessen die Maschine auch als Generator wirken kann, etwa zum Zweck der Bremsung und Rückgabe von Energie. Stellt man zur Erzielung der Bremswirkung das Übersetzungsverhältnis k oder die Bürsten in bestimmter Weise ein, so ist die Möglichkeit der Selbsterregung gegeben. Da die Frequenz der Selbsterregung von der Netzfrequenz abweichen wird, so ist ein Zusammenarbeiten mit dem Netz ausgeschlossen, und dieses stellt für den sich selbst als Generator erregenden Motor einen Kurzschluß dar, der nach obigem eine Erregung unmöglich macht. Der Nebenschlußmotor kann also als Generator arbeitend Leistung in das ihn speisende Netz abgeben, ohne sich dabei selbst mit einer unpassenden Frequenz zu erregen. Er kann also nicht bloß zur Abbremsung äußerer Kräfte, sondern auch zur Energierückgewinnung benützt werden.

Beim Reihenschlußmotor arbeiten Ständer und Läufer nicht parallel auf das speisende Netz, sondern in Reihe mit ihm. Der Kurzschluß, den das andersperiodige Netz für den sich selbst erregenden Motor bildet, hemmt hier die Erregung nicht. Um die Selbsterregung fernzuhalten, muß man dem Drehstrom-Reihenschlußmotor Dämpfungs- oder Bremswiderstände vorschalten, die sich aus Gl. (237) berechnen lassen. Der Wirkungsgrad der Energierückgabe wird durch diese Widerstände stark herabgesetzt. Man verwendet die Fähigkeit des Reihenschlußmotors, als Generator zu wirken, daher nur zur Bremsung bei Fördermaschinen und Hebezeugen und schaltet die Widerstände erst bei Beginn der Bremsperiode ein.

b) Asynchrone Generatoren.

Wie schon bei Besprechung der kompensierten Drehstrommotoren und der Regelsätze gezeigt, ist die Absicht der Verbindung einer Induktionsmaschine mit einer Kommutatormaschine die Einführung einer von der letzteren erzeugten EMK in den Läuferkreis der Induktionsmaschine. Hat diese EMK die Phase des Magnetisierungsstroms, so wird dadurch die Phase des Läuferstroms derart verändert, daß er die Magnetisierung übernimmt und den Primärkreis von Blindstrom entlastet. Die Zusammensetzung der Felder und Ströme ergibt sich wie bei Ableitung des Heylandkreises aus einem der Abb. 39 entsprechenden Vektordiagramm Abb. 155. Gehen wir wieder vom Fluß Φ_2 im Läufer aus, so eilt die im Läufer induzierte EMK E_2 um 90° nach. Fügt man hiezu die in der Kommutatormaschine erzeugte Spannung E_z, so erhält man die resultierende Spannung $J_2 \cdot R_2$, mit der J_2 in Phase ist. Der Strom J_2 erzeugt den Streufluß $\Phi_{\sigma 2}$, um den der den Luftspalt durchdringende Fluß Φ_l kleiner ist als Φ_2. Dem Fluß Φ_l proportional und phasengleich ist der Magnetisierungsstrom J_m, wenn man von Eisenverlusten absieht. J_m ist zugleich die Resultierende aus dem Ständerstrom J_1 und dem Läuferstrom J_2 (gleiche Windungszahlen in Ständer und Läufer angenommen), woraus sich Größe und Phase von J_1 ergibt. Der mit J_1 allein verkettete Fluß Φ_1 ergibt sich nach Abzug des Streuflusses $\Phi_{\sigma 1}$ von Φ_l. Im Diagramm ist der Übersichtlichkeit halber Φ_l gleich J_m gesetzt; dann ergibt wieder OH den Leerlaufstrom J_0. Man sieht im Diagramm, wie nun J_2 größer ist als J_1, ebenso Φ_2 größer als Φ_1, da die Magnetisierung vom Läufer ausgeht. Die Primärspannung U_1 steht im Heylandkreis senkrecht zu Φ_1.

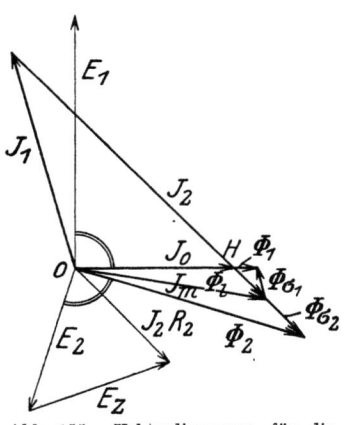

Abb. 155. Vektordiagramm für die kompensierte Induktionsmaschine.

Ermittelt man aus den im Diagramm zur Anschauung gebrachten Beziehungen (L 14) den Ständerstrom, so ergibt

Asynchrone Blindleistungsmaschinen und Generatoren. 191

sich, daß der Vektor J_1 sich ebenfalls auf einem Kreis bewegt. Für synchronen Lauf ergibt sich der Ständerstrom zu

$$J_{01} = J_0 \frown \frac{E_z}{(1+\sigma_1)\cdot R_2},$$

d. h. man hat zum Leerlaufstrom des Induktionsmotors den Vektor $\frac{E_z}{(1+\sigma_1) R_2}$ in Gegenphase zu E_z hinzuzufügen (siehe Abb. 156). Man erhält so den Kreispunkt für $s = 0$, der aber im allgemeinen nicht dem Leerlauf der Maschine entspricht. Es kommt hier auf die Phase von E_z an. Wählt man diese wie bei reinen Blindleistungsmaschinen, senkrecht U_1, dann erhält man für $s = 0$ Leerlauf und einen reinen voreilenden Blindstrom. Ist die zugeführte Spannung E_z von der Schlüpfung selbst nicht abhängig wie beim einfachen Frequenzwandler, dann fällt der Kreispunkt für $s = \infty$ des neuen Kreises mit dem Punkt $_\infty P$ des Heylandkreises zusammen; denn bei der gedachten unendlich großen Drehgeschwindigkeit hat

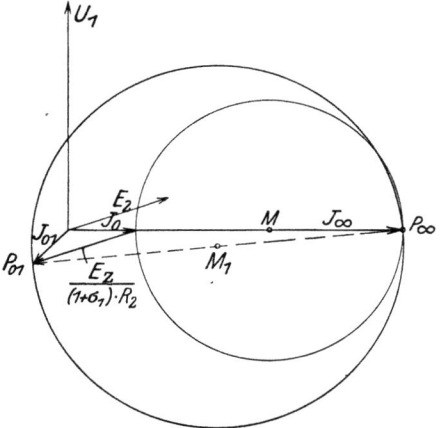

Abb. 156. Kreisdiagramm der kompensierten Induktionsmaschine. (Nach Schenkel.)

die Spannung E_z keinen Einfluß auf den Strom. Auf der Verbindungsgeraden $P_0 P_\infty$ liegt der Mittelpunkt M_1 des Diagrammkreises.

Der Vergleich der beiden Kreise zeigt deutlich die wesentlich vergrößerte Überlastbarkeit der kompensierten Induktionsmaschine. Zur Erzeugung von Blindleistung eignet sich nur eine Kommutatorhintermaschine mit Nebenschlußcharakteristik, also entweder die fremderregte Drehstrom-Erregermaschine oder die Nebenschluß-Kommutatormaschine nach Scherbius. Die Erregermaschine kann auch in die Induktionsmaschine eingebaut sein, wie es etwa bei den kompensierten Asynchronmaschinen der Fall ist, die vom Sachsenwerk bis zu Leistungen bis zu 1000 kVA als reine Blindleistungsmaschinen gebaut werden.

Durch die Möglichkeit der Selbsterregung tritt die Asynchronmaschine in Konkurrenz mit der Synchronmaschine nicht nur als Blindleistungsmaschine, sondern auch als selbständiger asynchroner Generator. Sie hat gegenüber der Synchronmaschine eine Reihe von Vorteilen, auf die zuerst Schenkel aufmerksam machte und die hier in Kürze angeführt seien.

Da die Maschine ihren asynchronen Charakter beibehält, sind bei Belastungs- und Frequenzschwankungen mechanische Pendelungen nicht zu befürchten. Sie ändert in diesem Falle ihren Schlupf, der sehr große Werte annehmen kann, ehe die Maschine außer Tritt fällt, da das Kippmoment durch die Verbindung mit der Kommutatormaschine besonders groß wird.

Während bei der Synchronmaschine zur Begrenzung des Stoß-Kurzschlußstroms fast nur die Streuung des Ständers dient, kommt bei der Asynchronmaschine die erhebliche Läuferstreuung hinzu und begrenzt den Stoß-Kurzschlußstrom auf das 6—8fache der Amplitude des Nennstroms. Bei der Synchronmaschine hält ja die Gleichstrom-Erregermaschine, unbekümmert um einen Kurzschluß, ihren Erregerstrom aufrecht, während die vom Netz fremderregte Drehstrom-Erregermaschine spannungslos wird. Die Folge davon ist ein rascheres Abklingen des Stoßkurzschlusses, und zwar nicht auf einen Dauerkurzschlußstrom, sondern auf den Wert Null.

Die Asynchronmaschine kann ohne Gefahr ebensoviel Blindleistung aufnehmen als abgeben, was für Spannungsregelung im Netz durch vor- und nacheilende Blindströme von Vorteil ist.

Der Wirkungsgrad der Asynchronmaschine ist etwas höher als der der Synchronmaschine, da die Luftreibungsverluste infolge gleichmäßigerer Bauart geringer sind und der kleine Luftspalt geringere Erregerverluste bedingt.

Zu diesen Vorteilen rein elektrischer Art kommen noch solche des Betriebs; das ist vor allem das leichtere Anlassen als Asynchronmotor mittels Anlaßwiderständen. Bei großen Leistungen muß allerdings ein Anwerfen durch einen Anwurfsmotor stattfinden, da sonst die Schleifringspannung zu hohe Werte annimmt, wenn der Erregerstrom mit Rücksicht auf die Hintermaschine klein gehalten werden soll. Um hohe Anlaufströme und Spannungen zu vermeiden, wird der Anwurfmotor in Reihe mit dem Hauptmotor geschaltet, so daß dieser zunächst nur geringe Span-

Asynchrone Blindleistungsmaschinen und Generatoren. 193

nung erhält und erst in der Nähe des Synchronismus die volle Spannung übernimmt. Bei Generatoren fallen diese Schwierigkeiten weg, weil hier die Antriebsmaschine den Anlauf übernimmt. Alle diese Vorteile haben bewirkt, daß die asynchronen Blindleistungsmaschinen neuerdings vielfache Verwendung gefunden haben und auch schon für große Leistungen gebaut werden. Abb 157 zeigt eine asynchrone Blindleistungsmaschine der SSW für 10000 kVA bei 1000 Umdr., 50 Perioden.
Während die kompensierte Asynchronmaschine als Blindleistungsmaschine stets mit einem Netz konstanter Frequenz ver-

Abb. 157. Asynchrone Blindleistungsmaschine der SSW für 10 000 kVA.

bunden ist und diesem lediglich Blindleistung zuführt, kommt beim Asynchrongenerator unter Umständen eine selbständige Frequenz oder Takthaltung in Frage. Daß sie dazu imstande ist, geht aus den Betrachtungen des vorigen Abschnitts hervor, die für Leerlauf die Frequenz als abhängig vom Übersetzungsverhältnis des Transformators und der Drehgeschwindigkeit ergeben haben. Eine genauere Berechnung unter Berücksichtigung der Spannungsabfälle, sowie Versuche zeigen, daß die kompensierten Asynchronmaschinen auch bei Belastung mit praktisch genügender Genauigkeit selbständig takthaltend sind.
Abb. 158 und 159 zeigen durch Versuch ermittelte Leerlauf- und Kurzschlußcharakteristik bzw. Belastungscharakteristik eines selbsterregenden Asynchrongenerators der SSW für 230 kVA (s. L 16).

Die Kommutatormaschinen.

Der Schlupf σ ist der Unterschied zwischen der von der Maschine gelieferten Frequenz und der Umdrehungsfrequenz. Man sieht,

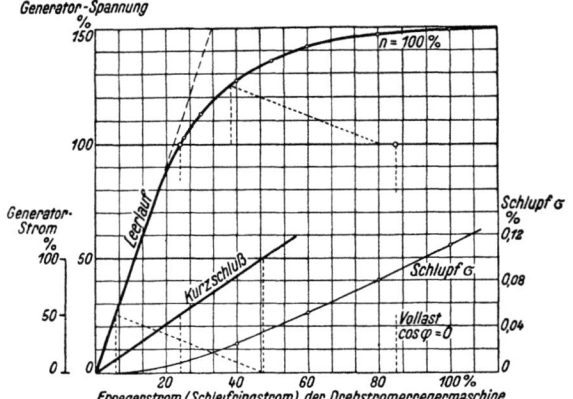

Abb. 158. Leerlauf- und Kurzschlußcharakteristik eines selbsterregten Asynchrongenerators mit Drehstromerregermaschine (nach Schenkel).

daß dieser bei Leerlauf und voller Erregung nur $^1/_{10}$%, bei induktiver Vollast 1% beträgt. Die Abweichung der Frequenz von der

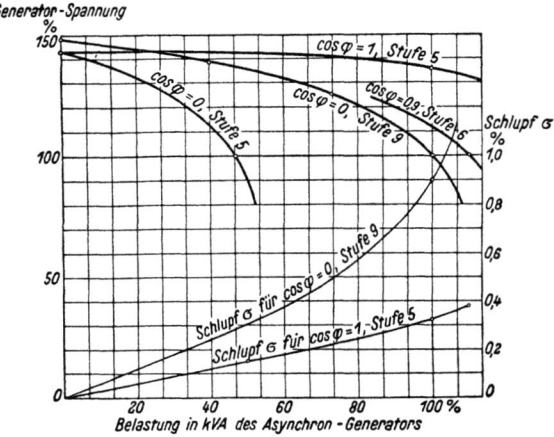

Abb. 159. Belastungscharakteristiken eines Asynchrongenerators 230 kVA (nach Schenkel).

der Drehzahl entsprechenden ist also geringfügig und kann stets durch die Antriebsmaschine ausgeglichen werden.

Literaturverzeichnis.

1. Richter: Ankerwicklungen für Gleich- und Wechselstrommaschinen. Julius Springer, Berlin.
2. Richter: Elektrische Maschinen. Julius Springer, Berlin.
3. Sallinger: Aufgaben über die Grundgesetze der Starkstromtechnik. Enke, Stuttgart.
4. Görges: Berechnung der EMK von Mehrphasen- und Einphasenwicklungen. ETZ 1907, 1.
5. Osanna: Starkstromtechnik, Taschenbuch für Elektrotechniker. Ernst & Sohn, Berlin.
6. Fraenkel: Theorie der Wechselströme, 2. Aufl. Julius Springer, Berlin.
7. Zabransky: Die wirtschaftliche Regelung von Drehstrommotoren durch Drehstrom-Gleichstromkaskaden. Julius Springer, Berlin.
8. Jahn: Messungen an elektr. Maschinen. Julius Springer, Berlin.
9. v. Brunn: Die Theorie des Induktionsreglers. Bull. d. schweiz. El.V. 1925, H. 1.
10. Schenkel: Die Kommutatormaschinen für ein- und mehrphasigen Wechselstrom. Walter de Gruyter & Co., Berlin.
11. Kosizeck: Drehstromregelsätze m. Läufer-Fremderregung. ETZ 1926, S. 991.
12. Seitz: Neue Schaltungen zur Phasenkompensation und Drehzahlregelung von Induktionsmotoren. BBC-Mitt. 1926.
13. Rüdenberg: Selbsterregende Drehstromgeneratoren für veränderl. Frequenz. ETZ 1911, H. 16.
14. Schenkel: Neuere Fortschritte auf dem Gebiete der Asynchrongeneratoren und Asynchron-Blindleistungsmaschinen. ETZ 1924, H. 47.
15. Trettin: Über die Grenzen großer Gleichstrommaschinen Siemens-Z. 1926.
16. Schenkel: Über große asynchrone Blindleistungsmaschinen und selbsterregte Asynchrongeneratoren. VDE Fachberichte d. 31. Jahresvers. 1926.

Sachverzeichnis.

Albokupplung 81.
Allgemeiner Induktionsapparat 3.
Anlaufmoment 19.
Anzugmoment 19.

Betriebskurven (Ind.-Mot.) 70.
Blindleistungsmaschine 193.
Bremse 59.
Bruchlochwicklung 5, 10.

Doppelkäfigmotor 82.
Doppelnutmotor 82.
Doppeltverkettete Streuung 21, 26
Drehfeld 14, 17.
Drehfeldleistung 43.
Drehtransformator 3.
Drehmoment 42, 44, 75, 134.
Dreietagenwicklung 6.
Drosselspule 3, 113.

Einschichtwicklungen 4.
EMK 13, 132.

Felderregerkurve 15, 32.
Feldkurve 19, 32.
Fliehkraftkupplung 79.
Formfaktor 12.
Frequenzwandler 166.
Funkenspannung 139.

Gegenläufige Oberfelder 18.
Gegenschaltung (Görges) 89.
Gegenseitige Induktion 25.
Gleichstromkaskade 97.

Heylandkreis 47.
Heylandmotor 154.

Induktionsmotor 2.
Induktionsregler 3, 117.

Käfigwicklung 42.
Kaskadenschaltung 94.
Kaskadenumformer 110.
Kommutierung 136.
Kippmoment 66.
Krämerkaskade 97.
Kupferverluste 53.
Kurzschlußanker 35.
Kurzschlußstellung 141.
Kurzschlußspannung 138.
Kurzschlußstrom 53.
Kurzschlußversuch 53.

Leerlauf 51, 52.
Leerlaufstellung 141.
Leerlaufverluste 52.
Leistungslinie 54, 63.
Luftspalt 50.

Mechanischer Anlasser 79.
Mechanische Leistung 43.
Mehrlochwicklung 4.
Mittlerer Drehschub 88.

Nebenschlußverhalten 149.
Nullstellung 147.
Nutenstern 10.
Nutstreuung 27.

Oberflächenverluste 34.
Oberwellen 14.
Osnosmotor 155.

Periodenumformer 3.
Phasenschieber 161.
Polumschaltbare Wicklung 91.
Primäranker 1.
Pulsationsverluste 34.

Richtermotor 85.
Schaltplan 9.
Scherbiuskaskade 102.
Scherbiusmaschine 180.
Schleifringanker 35.
Schleifringspannung 73.
Schleichen 19.
Schlüpfung 38.
Schutzschalter 77.
Sekundäranker 2.
Selbsterregung 185.
Selbstinduktion 24.
Spulenfaktor 21.
Spulengruppe 6.
Spulenweite 5.
Stabwicklung 8.
Sterndreieckschaltung 76.
Stirnstreuung 27, 29.
Streufluß 20.

Streukoeffizient 20, 48.
Streuung 49.
Stromverdrängung 53.
Stromverdrängungsmotor 82.
Stromwendespannung 136.
Synchrone Drehzahl 1.
Synchronmaschine 1.

Überlastungsfähigkeit 66.

Wickelköpfe 5.
Wicklungsfaktor 12, 132.
Wirbelstrommotor 82.

Zahnkopfstreuung 27, 28.
Zahnpulsationsverluste 44.
Zusammengedrängte Wicklungsköpfe 7.
Zweietagenwicklung 7.
Zwischentransformator 146.

Verlag von Julius Springer / Berlin

Der Drehstrommotor. Ein Handbuch für Studium und Praxis. Von Professor **Julius Heubach,** Direktor der Elektromotorenwerke Heidenau, G. m. b. H. Zweite, verbesserte Auflage. Mit 222 Abbildungen. XII, 599 Seiten. 1923. Gebunden RM 20.—

Die Asynchronmotoren und ihre Berechnung. Von Oberingenieur **Erich Rummel,** Strelitz i. Mecklb. Mit 39 Textabbildungen und 2 Tafeln. IV, 108 Seiten. 1926. RM 5.10; gebunden RM 6.30

Die asynchronen Drehstrommotoren und ihre Verwendungsmöglichkeiten. Von **Jakob Ippen,** Betriebsingenieur. Mit 67 Textabbildungen. VII, 90 Seiten. 1924. RM 3.60

Der Drehstrom-Induktionsregler. Von Dr. sc. techn. **H. F. Schait,** Professor am kantonalen Technikum in Winterthur. Mit 165 Textabbildungen. VIII, 356 Seiten. 1927. Gebunden RM 25.50

Die asynchronen Wechselfeldmotoren. Kommutator- und Induktionsmotoren. Von Prof. Dr. **Gustav Benischke.** Mit 89 Abbildungen im Text. IV, 114 Seiten. 1920. RM 4.20

Die wirtschaftliche Regelung von Drehstrommotoren durch Drehstrom-Gleichstrom-Kaskaden. Von Dr.-Ing. **H. Zabransky.** Mit 105 Textabbildungen. IV, 112 Seiten. 1927. RM 9.—

Berechnung von Drehstrom-Kraftübertragungen. Von **Oswald Burger,** Oberingenieur. Mit 36 Textabbildungen. V, 115 Seiten. 1927. RM 7.50

Die Elektromotoren in ihrer Wirkungsweise und Anwendung. Ein Hilfsbuch für die Auswahl und Durchbildung elektromotorischer Antriebe. Von **Karl Meller,** Oberingenieur. Zweite, vermehrte und verbesserte Auflage. Mit 153 Textabbildungen. VII, 160 Seiten. 1923. RM 4.60; gebunden RM 6.—

Elektromaschinenbau. Berechnung elektrischer Maschinen in Theorie und Praxis. Von Privatdozent Dr.-Ing. **P. B. Arthur Linker,** Hannover. Mit 128 Textfiguren und 14 Anlagen. VIII, 304 Seiten. 1925. Gebunden RM 24.—

Verlag von Julius Springer / Berlin

Der Transformator im Betrieb. Von Prof. Dr. techn. **Milan Vidmar,** Ljubljana. Mit 126 Abbildungen im Text. VIII, 310 Seiten. 1927. Gebunden RM 19.—

Die Transformatoren. Von Prof. Dr. techn. **Milan Vidmar,** Ljubljana. Zweite, verbesserte und vermehrte Auflage. Mit 320 Abbildungen im Text und auf einer Tafel. XVIII, 752 Seiten. 1925.
Gebunden RM 36.—

Wirkungsweise elektrischer Maschinen. Von Prof. Dr. techn. **Milan Vidmar,** Ljubljana. Mit 203 Textabbildungen. 232 Seiten. 1928. RM 12.—; gebunden RM 13.50

Die Meßwandler, ihre Theorie und Praxis. Von Dr. **J. Goldstein,** Oberingenieur der AEG-Transformatorenfabrik. Mit 130 Textabbildungen. VII, 166 Seiten. 1928. RM 12.—; gebunden RM 13.50

Arnold-la Cour, Die Gleichstrommaschine. Ihre Theorie, Untersuchung, Konstruktion, Berechnung und Arbeitsweise. Dritte, vollständig umgearbeitete Auflage. Herausgegeben von **J. L. la Cour.** In 2 Bänden.
I. Band: **Theorie und Untersuchung.** Mit 570 Textfiguren. XII, 728 Seiten. 1919. Unveränderter Neudruck 1923. Gebunden RM 30.—
II. Band: **Konstruktion, Berechnung und Arbeitsweise.** Dritte, vollständig umgearbeitete Auflage. Mit 550 Textfiguren und 18 Tafeln. XI, 714 Seiten. 1927. Gebunden RM 30.—

Die elektrische Kraftübertragung. Von Oberingenieur Dipl.-Ing. **Herbert Kyser.** In 3 Bänden.
Erster Band: **Die Motoren, Umformer und Transformatoren.** Ihre Arbeitsweise, Schaltung, Anwendung und Ausführung. Zweite, umgearbeitete und erweiterte Auflage. Mit 305 Textfiguren und 6 Tafeln. XV, 417 Seiten. 1920. Unveränderter Neudruck 1923.
Gebunden RM 15.—
Zweiter Band: **Die Niederspannungs- und Hochspannungs-Leitungsanlagen.** Ihre Projektierung, Berechnung, elektrische und mechanische Ausführung und Untersuchung. Zweite, umgearbeitete und erweiterte Auflage. Mit 319 Textfiguren und 44 Tabellen. VIII, 405 Seiten. 1921. Unveränderter Neudruck 1923. Gebunden RM 15.—
Dritter Band: **Die maschinellen und elektrischen Einrichtungen des Kraftwerkes und die wirtschaftlichen Gesichtspunkte für die Projektierung.** Zweite, umgearbeitete und erweiterte Auflage. Mit 665 Textfiguren, 2 Tafeln und 87 Tabellen. XII, 930 Seiten. 1923.
Gebunden RM 28.—

Verlag von Julius Springer / Berlin

Schaltungsbuch für Gleich- und Wechselstromanlagen. Dynamomaschinen, Motoren und Transformatoren, Lichtanlagen, Kraftwerke und Umformerstationen. Unter Berücksichtigung der neuen, vom VDE festgesetzten Schaltzeichen. Ein Lehr- und Hilfsbuch von Oberstudienrat Dipl.-Ing. **Emil Kosack,** Magdeburg. Zweite, erweiterte Auflage. Mit 257 Abbildungen im Text und auf 2 Tafeln. X, 198 Seiten. 1926.
RM 8.40; gebunden RM 9.90

Elektrische Schaltvorgänge und verwandte Störungserscheinungen in Starkstromanlagen. Von Prof. Dr.-Ing. und Dr.-Ing. e. h. **Reinhold Rüdenberg,** Chefelektriker, Privatdozent, Berlin. Zweite, berichtigte Auflage. Mit 477 Abbildungen im Text und einer Tafel. VIII, 510 Seiten. 1926. Gebunden RM 24.—

Die Wechselstromtechnik. Herausgegeben von Professor Dr.-Ing. **E. Arnold,** Karlsruhe. In fünf Bänden.

I. Band: **Theorie der Wechselströme.** Von **J. L. la Cour** und **O. S. Bragstad.** Zweite, vollständig umgearbeitete Auflage. Mit 591 in den Text gedruckten Figuren. XIV, 922 Seiten. 1910. Unveränderter Neudruck 1923. Gebunden RM 30.—

II. Band: **Die Transformatoren.** Ihre Theorie, Konstruktion, Berechnung und Arbeitsweise. Von **E. Arnold** und **J. L. la Cour.** Zweite, vollständig umgearbeitete Auflage. Mit 443 in den Text gedruckten Figuren und 6 Tafeln. XII, 450 Seiten. 1910. Unveränderter Neudruck 1923. Gebunden RM 20.—

III. Band: **Die Wicklungen der Wechselstrommaschinen.** Von **E. Arnold.** Zweite, vollständig umgearbeitete Auflage. Mit 463 Textfiguren und 5 Tafeln. XII, 371 Seiten. 1912. Unveränderter Neudruck 1923. Gebunden RM 16.—

IV. Band: **Die synchronen Wechselstrommaschinen.** Generatoren, Motoren und Umformer. Ihre Theorie, Konstruktion, Berechnung und Arbeitsweise. Von **E. Arnold** und **J. L. la Cour.** Zweite, vollständig umgearbeitete Auflage. Mit 530 Textfiguren und 18 Tafeln. XX, 896 Seiten. 1913. Unveränderter Neudruck 1923. Gebunden RM 28.—

V. Band: **Die asynchronen Wechselstrommaschinen.**

1. Teil: **Die Induktionsmaschinen.** Ihre Theorie, Berechnung, Konstruktion und Arbeitsweise. Von **E. Arnold** und **J. L. la Cour** unter Mitarbeit von **A. Fraenckel.** Mit 307 in den Text gedruckten Figuren und 10 Tafeln. XVI, 592 Seiten. 1909. Unveränderter Neudruck 1923. Gebunden RM 24.—

2. Teil: **Die Wechselstromkommutatormaschinen.** Ihre Theorie, Berechnung, Konstruktion und Arbeitsweise. Von **E. Arnold, J. L. la Cour** und **A. Fraenckel.** Mit 400 in den Text gedruckten Figuren und 8 Tafeln. XVI, 660 Seiten. 1912. Unveränderter Neudruck 1923. Gebunden RM 26.—

Verlag von Julius Springer / Berlin

Theorie der Wechselstromübertragung. (Fernleitung und Umspannung). Von Dr.-Ing. **Hans Grünholz.** Mit 130 Abbildungen im Text und auf 12 Tafeln. VI, 222 Seiten. 1928.
Gebunden RM 36.75

Die Elektrotechnik und die elektromotorischen Antriebe. Ein elementares Lehrbuch für technische Lehranstalten und zum Selbstunterricht. Von Dipl.-Ing. **Wilhelm Lehmann.** Mit 520 Textabbildungen und 116 Beispielen. V, 451 Seiten. 1922. Gebunden RM 9.—

Das elektromagnetische Feld. Ein Lehrbuch von **Emil Cohn,** ehem. Professor der theoretischen Physik an der Universität Straßburg. Zweite, völlig neubearbeitete Auflage. Mit 41 Textabbildungen. VI, 366 Seiten. 1927. Gebunden RM 24.—

Vorlesungen über die wissenschaftlichen Grundlagen der Elektrotechnik. Von Professor Dr. techn. **Milan Vidmar,** Ljubljana. Mit 352 Abbildungen im Text. X, 451 Seiten. 1928.
RM 15.—; gebunden RM 16.50

Vorlesungen über Elektrizität. Von Prof. **A. Eichenwald,** Dipl.-Ing. (Petersburg), Dr. phil. nat. (Straßburg), Dr. phys. (Moskau). Mit 640 Abbildungen. VIII, 664 Seiten. 1928. RM 36.—; gebunden RM 37.50

Einführung in die Elektrizitätslehre. Von Prof. Dr. **R. W. Pohl,** Göttingen. Mit 393 Abbildungen. VII, 256 Seiten. 1927.
Gebunden RM 13.80

Die wissenschaftlichen Grundlagen der Elektrotechnik. Von Prof. Dr. **Gustav Benischke.** Sechste, vermehrte Auflage. Mit 633 Abbildungen im Text. XVI, 682 Seiten. 1922. Gebunden RM 18.—

Kurzes Lehrbuch der Elektrotechnik. Von Prof. Dr. **Adolf Thomälen,** Karlsruhe. Neunte, verbesserte Auflage. Mit 555 Textabbildungen. VIII, 396 Seiten. 1922. Gebunden RM 9.—

MIX
Papier aus verantwortungsvollen Quellen
Paper from responsible sources
FSC® C105338

If you have any concerns about our products,
you can contact us on
ProductSafety@springernature.com

In case Publisher is established outside the EU,
the EU authorized representative is:
**Springer Nature Customer Service Center GmbH
Europaplatz 3, 69115 Heidelberg, Germany**

Printed by Libri Plureos GmbH
in Hamburg, Germany